区间概念格及其应用

张春英　刘保相　王立亚　著

科学出版社

北　京

内 容 简 介

概念格是根据数据集中对象与属性之间的二元关系建立的一种概念层次结构，是进行数据分析和知识处理的有效工具. 经过三十多年的发展，概念格已经从经典概念格拓展出了模糊概念格、加权概念格、约束概念格、量化概念格、区间值概念格、粗糙概念格等，本书在详细分析概念格的最新研究进展的同时，提出了一种新的概念格结构——区间概念格，详细讨论了区间概念格的结构与性质、构造算法、维护原理、压缩方法、动态合并、参数优化、规则提取及其在多个领域的应用方法.

本书可供信息科学技术、计算机科学与技术、智能科学与技术、自动化、控制科学与工程、管理科学与工程和应用数学等专业的教师、研究生、高年级本科生使用，也可供科研人员、工程技术人员参考.

图书在版编目（CIP）数据

区间概念格及其应用 / 张春英，刘保相，王立亚著. —北京：科学出版社，2017.5

ISBN 978-7-03-052572-7

Ⅰ. ①区… Ⅱ. ①张… ②刘… ③王… Ⅲ. ①区间–研究 Ⅳ. ①O174.1

中国版本图书馆 CIP 数据核字（2017）第 083062 号

责任编辑：王胡权 / 责任校对：邹慧卿
责任印制：张 伟 / 封面设计：陈 敬

科 学 出 版 社 出版

北京东黄城根北街 16 号
邮政编码：100717
http://www.sciencep.com

北京凌奇印刷有限责任公司印刷

科学出版社发行 各地新华书店经销

*

2017 年 5 月第 一 版 开本：720×1000 B5
2019 年 1 月第三次印刷 印张：13 1/2
字数：270 000

定价：59.00 元

（如有印装质量问题，我社负责调换）

前　言

自从 20 世纪 80 年代德国 Wille 教授以形式概念分析(Formal Concept Analysis, FCA)重构格理论(Lattice Theory)之后，形式概念分析和基于形式概念分析的概念格相关理论与技术作为数据分析研究领域的重要方法和手段逐渐地受到国际学术界的广泛关注.

利用经典概念格提取的规则只能是确定性规则，导致在某些情况下挖掘成本过高、规则库过于庞大以及规则应用效率过于低下. 为此，国内外学者在经典概念格基础上进行了多种拓展研究，主要有模糊概念格、加权概念格、变精度概念格、区间值概念格、粗糙概念格等. 在一般的概念格中，外延是必须具备内涵中的所有属性来形成概念结点，进而进行格结构构建的，在概念格中查找具有部分属性的概念结点时必须要对概念进行合并，特别是对规模庞大的概念格来说时间代价太高. 粗糙概念格可以对具有内涵中部分属性的概念结点进行查找，然而会查找出大量仅具备概念内涵中一个属性的对象，由此挖掘出的关联规则的支持度和置信度都大大降低. 在实际应用中，管理者往往关心具备内涵中一定数量或比例的属性的对象集合，并由此进行关联规则挖掘，为制定有针对性的决策提供依据.

为了解决上述问题，作者提出了一种新型的概念层次结构——区间概念格，其概念外延是参数区间 $[\alpha, \beta]$ $(0 \leqslant \alpha \leqslant \beta \leqslant 1)$ 内满足内涵中属性的对象集合. 本书从区间概念格的研究背景和意义出发，阐述分析了概念格的基本理论及其应用；从区间概念格的结构、性质开始，对区间概念格的建格算法、动态压缩原理、纵横向动态维护、多区间概念格的动态合并、参数优化、带参规则挖掘及其应用进行了详细的分析，并给出具体的应用实例，为读者提供新的数据分析思路和方法.

全书共分 9 章. 第 1 章绪论，从概念格的构建、扩展、约简、规则提取及概念格与粗糙集的结合等方面，详细分析了国内外有关概念格的研究进展，讨论了目前研究中存在的问题和不足，引出区间概念格的研究意义. 第 2 章区间概念格的结构与性质，给出了区间概念格的定义，并对其结构特征及性质进行了详细分析，特别针对决策形式背景提出决策区间概念格的相关概念. 第 3 章区间概念格的构造算法与实现，从经典概念格的构造原理出发，基于作者提出的属性链表方法构造关联规则格的思路，提出基于属性集合幂集的区间概念格构造算法，通过实例验证了算法的高效性. 第 4 章区间概念格的动态压缩，从经典概念格的属性约简出发, 在运用概念格同构方法对概念格约简的基础上, 提出了基于覆盖的区间概念格动态压缩思想, 并构建了动态压缩模型, 实例证明了模型的有效性. 第 5 章区间概念格的动态维护, 介绍了基于属性链表的概念格纵向和横向维护算法, 详细阐述了区间概念格的横向和纵向维护原理, 提出了基于属性集合的区间概念格动态维护算法. 第 6 章多区间概念格的动态合并, 主要针对大量数据存在的情况, 提出对分时产生的多区间概念格进行动态合并的思想, 给出了纵向与横向合并的基本原理, 设计了动态合并算法, 为关联规则的进一步挖掘提供可操作性. 第 7 章区间概念格的带参数规则挖掘, 针对不确定规则的度量标准——精度和不确定度, 构建了基于区间概念格的带参数规则挖掘模型, 研究了区间参数对区间关联规则的影响; 进一步提出一种区间关联规则动态并行挖掘算法, 并通过算法分析与实例证明说明该算法的正确性和高效性. 第 8 章区间概念格的参数优化, 结合区间概念格结构特性, 提出了基于参数变化的格结构更新算法, 研究不同参数对区间概念及关联规则的影响度, 分别构建了基于学习、基于遗传算法和基于信息熵的区间参数优化模型, 对区间概念格的参数选取提供一种切实有效的方法. 第 9 章区间概念格的应用, 主要讨论概念格、区间概念格等的应用问题, 分别应用在群体决策、本体形式背景抽取、气象云图识别、中医喘证用药、三支决策、水库调度等领域, 取得了较好的应用效果.

　　本书在编写过程中得到了很多专家的指点, 特别是合肥工业大学的胡学钢教授提出了很多中肯的意见和建议, 非常感谢专家们的点拨指导. 这本书能够展示给各位读者, 离不开李明霞、张茹的认真编辑和校对, 谢谢你们. 另外, 本书引用了大量专家学者的文献, 给了我们很大的启发, 谢谢你们的无私奉献.

　　本书承蒙国家自然科学基金项目(课题名称: 区间概念格理论及在粗糙控制规则动态优化中的应用研究, 项目编号: 61370168)资助, 得到了河北省数据科学与应用重点实验室、华北理工大学河北省重点学科数学一级学科的大力支持, 在此一并表示感谢.

　　由于作者水平有限, 书中难免有疏漏之处, 敬请读者批评指正. 若有问题探讨, 可发邮箱 hblg_zcy@126.com, 非常感谢!

作　者

2016 年 5 月

目　　录

第1章　绪　　论

1.1　研究背景及目的意义

1.1.1　研究意义

概念格是根据数据集中对象与属性之间的二元关系建立的一种概念层次结构，是进行数据分析和知识处理的有效工具，现已被广泛应用于软件工程、知识工程、智能控制等领域. 特别地，由于概念格结点反映了概念内涵和外延的统一，结点间关系体现了概念之间的泛化和例化关系，因此适合于作为规则发现的基础性数据结构. 而规则提取是智能控制中至关重要的环节，规则挖掘的精度直接影响着控制的效率和准确度.

利用经典概念格提取的规则只能是确定性规则，这在某些情况下挖掘成本会过高、规则库会过于庞大、规则应用效率会过于低下. 为此，国内外学者在经典概念格基础上进行了多种拓展研究，主要有模糊概念格、加权概念格、约束概念格、量化概念格、区间值概念格、粗糙概念格等. 在模糊概念格中，基于隶属度阈值描述变精度概念，可查询一定隶属程度下的对象集，而隶属度阈值的选取始终具有一定的主观性；在加权概念格中，对概念的描述考虑了属性重要度，对概念格进行了一定程度的简化；不过二者依然是一定条件下基于外延完全具备内涵中所有属性进行构建，要查找具有部分属性的概念则要通过对概念格进行扫描，对概念进行合并，一般情况下会造成时空代价偏高，应用效率偏低；区间值概念格是基于对象的属性值在某一个区间 $[a,b]$ 范围内的信息表提出的，比模糊形式背景表示的数据隶属度范围 $[0,1]$ 更广泛，格上的每个概念仍然是要满足全部属性的，要进行部分检索同样存在着一定的困难；在粗糙概念格中，可以查找具有部分属性的概念，解决了确定-不确定概念描述问题，可同时提取确定性和不确定性规则，然而由于其概念的上近似外延只要求属性与内涵的交集非空即可，这样可能会存在大量仅具备内涵中一个属性的对象，由此构建的规则支持度和置信度大大降低. 因此使用粗糙集理论中的属性约简等方法对规则进行简化，或应用粗糙概念格等工具进行不确定性规则挖掘，虽部分缓解了规则库庞大等问题，但也带来了规则置信度难以测度与调控的新问题，产生了规则挖掘成本、应用效率与可靠性之间的矛盾. 将规则作为控制规则应用于智能控制特别是粗糙控制时，这一矛盾成为粗糙控制实用化难以解决的瓶颈.

为了解决上述问题, 作者提出并初步研究了一种新型概念层次结构——区间概念格[1], 其概念外延是区间 $[\alpha, \beta]$ $(0 \leqslant \alpha \leqslant \beta \leqslant 1)$ 范围内满足内涵属性的对象集. 通过研究区间概念格的理论、建格与带参数的规则挖掘算法, 挖掘区间参数 $[\alpha, \beta]$ 与规则置信度 μ 的互动规律, 进而构建依 μ 调控区间参数 $[\alpha, \beta]$ 的机理和方法; 将其应用于粗糙控制, 建立控制规则动态优化的数学模型, 以期达到规则挖掘成本、应用效率与可靠性的整体最优. 基于区间概念格进行的规则挖掘具有动态优化的挖掘特性, 对于规则提取及其质量控制有着重要的理论意义与应用价值.

1.1.2　国内外研究现状分析

区间概念格是经典概念格、粗糙概念格的拓展, 重点研究区间概念格的构建算法、概念格约简、规则挖掘, 以及与其他扩展概念格的比较, 故重点从以下几个方面进行现状分析:

1. 概念格的构建

国内外学者和研究人员对此进行了深入研究, 提出了一些有效算法来生成概念格, 一般分为两类: 批处理算法和增量算法. 增量算法因其效率较高更受关注, 最典型的为 Godin 算法[2]. 在此基础上, 国内吉林大学的刘大有等[3]提出了一种基于搜索空间划分的概念生成算法; 北京科技大学的杨炳儒等[4]通过构建树结构, 缩小产生子格结点的范围, 设计了增量式广义概念格构建算法; Lv 等[5]提出了一种通过增加标志对渐进式算法进行改进; 合肥工业大学胡学钢等[6]提出了一个构造概念格的批处理和渐进式混合算法; 上海大学的刘宗田等[7]通过对概念格进行纵向与横向合并形成一个新的概念格, 提高了建格效率; 山西大学梁吉业等提出了基于优势关系的概念格定义及构建方法[8]; 作者给出了基于属性链表的概念格渐进式构造算法和纵横向维护算法[9]. 国外 Valerie 等[10]基于阈值和模糊闭合算子给出了模糊概念格的渐进式构造算法. 姚佳岷等[11]提出一种基于概念内涵、外延升降序的双序渐进式合并算法, 同时实现子概念格的纵横向合并. 这些算法提高了概念格的构造效率, 是概念格构建方面重要的研究成果.

2. 概念格的扩展

目前对概念格的扩展主要有: 模糊概念格、实区间格、量化概念格、加权概念格、约束概念格、扩展概念格、粗糙概念格等, 其中模糊概念格广受国内外学者关注, 是目前的研究热点. Isabelle 基于双枝模糊集对概念格进行了拓展研究[12]. Michal 等[13]通过修改输入数据对模糊概念格进行分解; Pavel[14]详细分析了模糊概念格中基于 L-平等的 L-序集和基于 L-脆平等的 L-序集之间的关系;刘宗田等[15, 16]提出了一种模糊概念格模型,定义了模糊概念的模糊参数 σ 和 λ,给出了模糊概念格渐进式构造算法;仇国芳等[17]在两个完备格之间引入外延内涵算子与内涵外延算子,由两个完备格及两个算子组成的四元组构成了概念粒计算系统;作者对模糊概念格中参数选择及其优化进行了研究,给出了一种切实可行的选择优化方法[18]. 实区间格则是基于区间值 $[a,b]$ 形式背景构建的,其区间值比模糊形式背景中的隶属度值 $[0,1]$ 更广泛,刘宗田等[19]采用区间属性定标方法对区间数进行分解,将基于区间值的信息表转化为区间值形式背景,所构建的区间值概念格具有较合理的时空性能.

3. 概念格的约简

在概念格的渐进式构造过程中,采用剪枝的方法消除冗余信息,使概念格内涵的比较次数减少,提高了建格效率[7]. Aswanikumar 等[20]提出了一种基于 K-均值模糊聚类方法对概念格进行剪枝的方法. Michal 等[13] 研究了通过分解减小模糊概念格的方法.

在结点外延不变的前提下,对概念格结点的内涵进行约简,减少基于概念格的规则提取时出现的冗余. Li[21]等基于模糊形式背景提出了 δ-约简概念,并给出了相关性质和定理. 张文修等[22]借鉴粗糙集约简理论提出了形式背景概念格的约简判定定理;仇国芳等[23]研究了外延集类上的等价关系和交的一致关系,得出了决策形式背景下规则提取与属性约简方法.

4. 概念格的规则提取

国内外学者在基于概念格的关联规则挖掘方面进行了深入的研究,Valtchev 等[24]提出利用概念格挖掘频繁闭项目集的算法;Zaki 等[25]利用概念格的闭合特性,提出了挖掘无冗余的关联规则算法;梁吉业等[26]提出了一种基于闭标记的渐进式规则提取算法;刘宗田等[27]提出利用容差关系建立广义概念格提取近似规则;胡学钢等[28]提出一种基于约简概念格的关联规则快速求解算法;李金海等提出基于概念格的决策形式背景属性约简及规则提取算法[29];仇国芳、张文修等通过决策推理将变精度概念格生成的少数决策规则集拓展为所有方案集上的全部决策推理规则,获得了方案集的下近似决策推理规则和上近似决策推理规则[16,30];Tang 等基于分类概念格提出了分类规则挖掘算法[31];Greco 等基于模糊粗糙集给出了一种从粗糙集的上下近似中提取渐进决策规则的方法[32];Fan 等基于粗糙集给出增量规则抽取方法,提高了工作效率[33];Wu 等针对区间值信息系统提出了一种基于粗集方法的分类规则发现方法[34];Tzung 等基于模糊粗糙集理论提出一种从不完备系统中同时提取确定和不确定模糊规则的方法，并估计了学习过程中的遗漏值[35]；董威等基于可变精度粗糙集理论提出一种根据粗糙规则集的不确定性量度进行粗糙规则挖掘的算法[36]，该方法具有一定的容错能力，但是如何动态修正规则集以及阈值如何调整才能获得最适合的规则并未给出；王国胤等针对面向领域用户的决策规则挖掘问题，用属性序描述领域用户的需求和兴趣，提出了一种属性序下的分层递阶决策规则挖掘算法[37]；黄加增运用粗糙概念格给出了决策形式背景下的多属性约简与规则提取方法[38]；粗糙集已获得了一些成功的应用实例，但始终应用有限，究其原因应是其在技术上还存在着一些问题，如置信水平低、规则数量庞大等.

通过以上的分析可知，运用粗糙集进行属性约简、提取规则或者直接运用粗糙概念格挖掘规则，虽然能够同时提取确定性-不确定性规则，也部分地缓解了规则库过于庞大并提高了规则挖掘的实效性，但是其置信度和支持度仍然过于低下. 于是，寻找一种更高效的规则表示模型和挖掘算法是当前需要迫切解决的问题. 区间概念格是在粗糙概念格基础上，考虑概念外延为区间 $[\alpha, \beta](0 \leqslant \alpha \leqslant \beta \leqslant 1)$ 范围内满足内涵属性的对象集而得到的一种新的概念层次结构，其能够描述决策中对符合一定条件范围的规则进行提取的实际问题.

5. 概念格与粗糙集的结合

采用粗糙集方法对概念格特征进行分析：Yao 等[39]在形式概念分析中引入粗糙近似概念，定义两种不同类型的近似算子，并对形式概念分析和粗糙集的异同进行了研究；张文修等在文献[40]中对概念格和粗糙集理论进行了详细分析；梁吉业等[41]利用形式概念分析中名义梯级背景的概念，证明了粗糙集理论中的划分、上下近似、独立、依赖、约简等核心概念都可以在相应的衍生背景中进行表示. 作者则探讨了概念格上的粗集、S-粗集和变异粗集特征[42].

(1) 采用粗糙集理论方法对概念格内涵进行处理：文献[43]利用粗糙集方法重新认识形式概念和概念格，为概念格的约简提供了一种新的思路和方法. 文献[44]中基于可变精度粗糙集的决策规则格，每一结点均可表示为相应的决策规则；文献[45]基于粗糙集理论给出一种多级属性约简方法和对象约简方法；文献[46]提出一种概念格约简的灰色粗集方法.

(2) 采用粗糙集理论对概念格进行扩展：近年来，为解决一些带有不确定性的现实问题，杨海峰等[47]融合粗糙集理论，定义概念格中内涵所拥有的上近似外延和下近似外延，形成新的格结构-粗糙概念格. 杨凌云等[48]对基于剩余格的 L-形式背景引入了 L-可定义集和 L-粗糙概念格，给出全体 L-可定义集恰为 L-粗糙概念外延的一个充要条件. 胡学钢等[49]基于变精度粗糙集建立了近似概念格模型，对概念格结点通过近似关系进行合并.

粗糙概念格体现了对象与特征之间的确定与不确定关系. 利用粗糙概念格进行规则挖掘无疑扩大了概念格理论的应用范围, 但由于不同概念结点的上、下近似集的比值不同且有可能差距过大, 使得规则挖掘质量无法控制或者规则置信度过低, 严重影响了获取的规则的可靠性. 作者提出了一种基于粗糙概念格的 $L(P)$ 关联规则挖掘算法, 给出了一些特殊情况下提高和调控规则置信度的方法.

1.2 经典概念格

1.2.1 概念格的基本概念

定义 1.1 称 (U,A,R) 为一个形式背景, 其中 $U = \{x_1, x_2, \cdots, x_n\}$ 为对象集, 每个 $x_i(i \leq n)$ 称为一个对象; $A = \{a_1, a_2, \cdots, a_m\}$ 为属性集, 每个 $a_j(j \leq m)$ 称为一个属性; R 为 U 和 A 之间的二元关系, $R \subseteq U \times A$. 若 $(x,a) \in R$, 则称 x 具有属性 a, 记为 xRa.

定义 1.2 对于形式背景 (U,A,R), 算子 f, g 定义为

$\forall x \in U, f(x) = \{y \mid \forall y \in A, xRy\}$, 即 f 是对象 x 与其具有的所有属性的映射;

$\forall y \in A, g(y) = \{x \mid \forall x \in U, xRy\}$, 即 g 是属性 y 与其覆盖的所有对象的映射.

定义 1.3 对于形式背景 (U,A,R), 若对于 $X \subseteq U$, $Y \subseteq A$, 有 $f(x) = Y$, $g(y) = X$, 则称序偶 (X,Y) 是一个形式概念, 简称概念. 其中 X 称为概念的外延, Y 称为概念的内涵.

定义 1.4 用 $L(U,A,R)$ 表示形式背景 (U,A,R) 的全体概念, 记:

$$(X_1, Y_1) \leqslant (X_2, Y_2) \Leftrightarrow X_1 \subseteq X_2 (\Leftrightarrow Y_1 \supseteq Y_2)$$

则 "$\leqslant$" 是 $L(U,A,R)$ 上的偏序关系.

定义 1.5 若 $L(U,A,R)$ 中的所有概念满足 "$\leqslant$" 偏序关系, 则可得到一个有序集 $\overline{CS(L)} = (L, \leqslant)$, 形成一个完备格, 称 $\overline{CS(L)}$ 是形式背景 (U,A,R) 的概念格.

定义 1.6 如果 $(X_1, Y_1) \leqslant (X_2, Y_2)$, 且二者之间不存在概念 (X_3, Y_3), 满足:

$$(X_1, Y_1) \leqslant (X_3, Y_3) \leqslant (X_2, Y_2)$$

则称 (X_1, Y_1) 是 (X_2, Y_2) 的子概念, (X_2, Y_2) 是 (X_1, Y_1) 的父概念.

定义 1.7 若只考虑 R 是对象和属性间的布尔关系的情形, 且有 (X_1, Y_1), (X_2, Y_2) 是 $\overline{CS(L)}$ 上的两个概念, 则定义二者的最大下界、最小上界为

$$(X_1, Y_1) \vee (X_2, Y_2) = (g(Y_1 \cap Y_2), (Y_1 \cap Y_2))$$

$$(X_1, Y_1) \wedge (X_2, Y_2) = ((X_1 \cap X_2), f(X_1 \cap X_2))$$

可知，$\overline{CS(L)}$ 上的最大元为 $(U,f(U))$，最小元为 $(g(A),A)$；并且 $X \subseteq U$，$Y \subseteq A$，则 $(g(f(X)),f(X))$ 或 $(g(Y),f(g(Y)))$ 是 $\overline{CS(L)}$ 的概念.

表 1.1 所示为一个简单的形式背景，图 1.1 是其对应的概念格.

表 1.1　一个简单的形式背景

	a	b	c	d	e	f	g	h	i
1	1	0	1	0	0	1	0	1	0
2	1	0	1	0	0	0	1	0	1
3	1	0	0	1	0	0	1	0	1
4	0	1	1	0	0	1	0	1	0
5	0	1	0	0	1	0	1	0	0

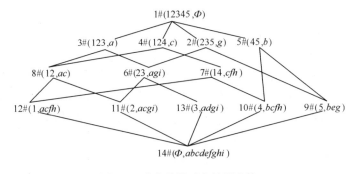

图 1.1　形式背景对应的概念格

1.2.2　概念格的结构特征

1. 概念格的分层特征

概念格有明显的分层特征[50]，基于此，可以进行快速建格.

定义 1.8　在概念格 $\overline{CS(L)}$ 中，若概念 (X,Y) 到格中最大结点的极大链的长度为 N，则称 (X,Y) 是第 N 层的格结点.

由此可得概念格的如下性质特征.

性质 1.1　同层格结点之间相互是不可比的.

证明　设 C_1,C_2 为同一层格结点，若 C_1 与 C_2 是可比较的，则 C_1 与 C_2 之间有链；因此，当 $C_1 \leqslant C_2$，则 C_1 到最大格结点的极大链的长度大于 C_2 到极大链的长度，这与它们在同一层的定义矛盾.

性质 1.2　任一个第 $N+1$ 层的格结点，至少被一个第 N 层的格结点所覆盖.

证明 由定义，若一个第 $N+1$ 层的格结点，不被任何第 N 层的格结点所覆盖，则它只能被第 $N-1$ 层的格结点或 $N-1$ 层以上的结点覆盖. 这样，此结点到最大元的极大链的长度至多为 N，这与它是第 $N+1$ 层的格结点矛盾.

性质 1.3 若第 N 层的格结点 (X_N,Y_N) 覆盖了第 $N+1$ 层的格结点 (X_{N+1},Y_{N+1})，则 $\forall y \in Y_{N+1}-Y_N$，有 $g(y)\bigcap g(Y_N)=X_{N+1}$.

证明 若存在 $\forall y \in Y_{N+1}-Y_N$，有 $g(y)\bigcap g(Y_N)\neq X_{N+1}$，则若 $g(y)\bigcap g(Y_N)\subset X_N$ 时，由概念的定义：$X_{N+1}=g(Y_{N+1})=\bigcap_{y\in Y_{N+1}}g(y)\subset(g(y)\bigcap g(Y_N))\supset X_N$，导出矛盾.

若 $g(y)\bigcap g(Y_N)\supset X_{N+1}$，则 $X_{N+1}=g(Y_{N+1})=\bigcap_{y\in Y_{N+1}}g(y)\subset(g(y)\bigcap g(Y_N))\supset X_N$，也导出矛盾，命题成立.

性质 1.4 在概念格中除去 $(g(A),A)$ 结点外，至多可分为 T_0 层，且

$$T_0=\max\left(\sum_{j=1}^n R(x_1,y_j),\sum_{j=1}^n R(x_2,y_j),\cdots,\sum_{j=1}^n R(x_m,y_j)\right)$$

并且，对任意的格结点 (X,Y)，若 $|Y|=T_0$，则 (X,Y) 覆盖 $(g(A),A)$ 或者 $(X,Y)=(g(A),A)$.

证明 由于层数每增加 1 时，下 1 层格结点的属性集中的属性至少增加 1 个；所以，由此性质可知：

$$T_0=\max\left(\sum_{j=1}^n R(x_1,y_j),\sum_{j=1}^n R(x_2,y_j),\cdots,\sum_{j=1}^n R(x_m,y_j)\right)$$

$$=\max\{|f(x)|\,|\,x\in I\}\geqslant\left|\bigcap_{x\in X}f(x)\right|$$

这里 T_0 实际上是单个对象的属性个数的最大值.

2. 概念格上的粗集特征

根据概念格形式背景的二值性特点，由概念格结点划分等价类的时候只能根据属性值，将对象集分为两类，即具有该属性的对象的集合和不具有该属性的对象的集合. 然而，实际上，按照粗糙集的特点，对象集合在划分时可能出现部分具有属性的特点，因此，概念格上结点具有粗糙集特征[35].

定理 1.1 对于简单形式背景 (U,A,R)，设 $d\in A$，$x\in X\subseteq U$，令

$$C_d=\{\text{Concept}\,|\,d\in\text{Intent}(\text{Concept})\}$$

其中，$\text{Intent}(\text{Concept})$ 表示概念 Concept 的内涵. 则 $[x]_d=\{\text{Extent}(\text{Sup}(C_d))\}$ 或者 $[x]_d=\{U-\text{Extent}(\text{Sup}(C_d))\}$ 即 $U/\text{IND}(d)=\{\{\text{Extent}(\text{Sup}(C_d))\},\{U-\text{Extent}(\text{Sup}(C_d))\}\}$

定义 1.9 令 $C_d=\{\text{Concept}\,|\,d\in\text{Intent}(\text{Concept})\}$，定义 $X\subset P(U)$ 的下近似：

$$R_-(X) = \bigcup[x]_d = \{x \mid x \in P(U), [x]_d \subset X\}$$
$$= \{x \mid x \in P(U), \mathrm{Extent}(\mathrm{Sup}(C_d)) \subset X\}$$

定义 1.10 令 $C_d = \{\mathrm{Concept} \mid d \in \mathrm{Intent}(\mathrm{Concept})\}$，定义 $X \subset P(U)$ 的上近似：

$$R^-(X) = \bigcup[x]_d = \{x \mid x \in P(U), [x]_d \bigcap X \neq \varnothing\}$$
$$= \{x \mid x \in P(U), \mathrm{Extent}(\mathrm{Sup}(C_d)) \bigcap X \neq \varnothing\}$$

定义 1.11 称 $(R_-(X), R^-(X))$ 构成的集合对为概念格上 $X \subset P(U)$ 的 R-粗集，记作：$(R_-(X), R^-(X))$．

定义 1.12 称 $\mathrm{Bnr}(X)$ 为集合 $X \subset P(U)$ 的 R-边界，且 $\mathrm{Bnr}(X) = R^-(X) - R_-(X)$．

3. 概念格上的 S-粗集特征

由于概念格上的结点并不是一成不变的，随着形式背景数据的增加、删除和修改，概念格上的结点也会相应地发生变化，有的结点外延增加属性减少，有的结点外延减少属性增加，也有的结点可能会被删除，还有可能会增加一些新的结点，这样概念格就是动态变化的，这种动态变化的特性用粗集就无法解释了，为此将 S-粗集的特性引入，对概念格结点的这种变化进行分析，以便更好地发掘规律[35]．

当增加一个对象时，会有三种类型的结点，即不变结点、更新结点和产生子结点．此时，更新结点 $C_d(\mathrm{new})$ 的外延为 $\mathrm{Extent}(C_d) \bigcup \{\mathrm{new}\}$，而产生子结点为 $(\mathrm{Extent}(C_d) \bigcup \{\mathrm{new}\}, \mathrm{Intent}(C_r) \bigcap f(\mathrm{new}))$；当删除一个对象时，会有四种类型的结点，即不变结点、删除格结点、冗余结点和更新结点．除了不变结点，其余类型的结点都要做相应的调整，即外延和内涵要发生变化．在概念格的维护中，也就出现了等价类中的元素迁移，即结点中外延的膨胀或萎缩，这与 S-粗集中元素的迁移很类似．

为了表述方便，规定如下：设 (U, A, R) 是一个简单的形式背景，其中 U 是对象集合，A 是属性结合，R 是 U 上的关系．$X \subset P(U)$，f，$f^{\cdot}$ 是 $X \subset P(U)$ 上的元素迁移，$F = \{f_1, f_2, \cdots, f_n\}$，$F^{\cdot} = \{f_1^{\cdot}, f_2^{\cdot}, \cdots, f_m^{\cdot}\}$ 是 $X \subset P(U)$ 上的元素迁移族，$F^{\wedge} = F \bigcup F^{\cdot}$．$C_d = \{\mathrm{Concept} \mid d \in \mathrm{Intent}(\mathrm{Concept})\}$，$[X]_d = \{U - \mathrm{Extent}(\mathrm{Sup}(C_d))\}$．

定义 1.13 称 X° 是概念格上 $X^{\circ} \subset P(U)$ 的单向 S-集合，如果

$$X^{\circ} = X \bigcup \{u \mid u \in P(U), u \cdot X, f(u) = x \in X\}$$

X^f 是概念格上 $X \subset P(U)$ 的 f-扩张，而且 $X^f = \{x \mid u \in P(U), u \cdot X, f(u) = x \in X\}$．

定义 1.14 称 $X^{\cdot}$ 是概念格上 $X^{\cdot} \subset P(U)$ 的双向 S-集合，如果

$$X^* = X' \bigcup \{u | u \in P(U), u \cdot X, f(u) = x \in X\}$$

X^* 称为 X 的亏集. $X^{f'}$ 是概念格上 $X^* \subset P(U)$ 的 f'-萎缩，而且 $X^{f'} = \{x | x \in X, f^*(x) = u \cdot X\}$，其中，$X' = X - \{x | x \in X, f^*(x) = u \cdot X\}$.

定义 1.15 称 $(d, F)_\circ(X^*) = \bigcup [x]_d = \{x | x \in X^*, [x]_d \subseteq X^*\}$ 是概念格上 $X^* \subset P(U)$ 的双向 S-集合 X^* 的下近似.

定义 1.16 称 $(d, F)^\circ(X^*) = \bigcup [x]_d = \{x | x \in X^*, [x]_d \bigcap X^* \neq \phi\}$ 是概念格上 $X^* \subset P(U)$ 的双向 S-集合 X^* 的上近似.

定义 1.17 称集合对 $((d, F)_\circ(X^*), (d, F)^\circ(X^*))$ 为概念格上 $X^* \subset P(U)$ 的双向 S-粗集.

定理 1.2 对于形式背景 (U, A, R) 建立的概念格 L，若 $X \subset P(U)$ 上发生了 f-扩张，则与其对应的概念格结点必然是外延扩张内涵缩减，该结点提升为原结点的父结点.

证明 对于形式背景 (U, A, R) 建立的概念格 L，若 $X \subset P(U)$ 上发生了 f-扩张，即有新的对象迁移到 $X \subset P(U)$ 中，而这新的对象必将添加到概念格的某个结点中，使概念格发生变化，从而该结点的外延增加，与其对应的结点的内涵必然缩减，则该结点提升为原结点的父结点.

定理 1.3 对于形式背景 (U, A, R) 建立的概念格 L，若 $X \subset P(U)$ 上发生了 f'-萎缩，则与其对应的概念格结点必然是外延缩减内涵增加，该结点变为原结点的子结点.

证明 根据概念格的性质，从格中迁移出的某个对象，必然外延缩减内涵增加.

定理 1.4 当概念格 L 上 $X \subset P(U)$，增加对象 $x \in X$，但 $x \in P(U)$ 时，会产生更新结点，更新结点的外延增加内涵缩小，即导致了 $X \subset P(U)$ 上的元素迁移，产生 f-扩张.

证明 根据概念格的性质，当增加新对象时，会产生更新结点，而更新结点的外延比原结点的外延增加，内涵缩小，从而导致了元素的迁移，产生了 f-扩张.

定理 1.5 如果概念格 L 上要删除一个对象 x，$x \in X$，则必然会有更新结点的外延缩小，甚至变为空，导致概念格上 $X \subset P(U)$ 上的元素迁移，产生 f'-萎缩.

证明 当删除概念格中某个对象时，也会产生更新结点，而且其外延缩小，导致迁移，产生 f'-萎缩.

1.3　扩展概念格

国内外学者在经典概念格基础上进行了多种拓展研究，主要有加权概念格[51]、随机概念格[52]、模糊概念格[15]、粗糙概念格[47]、区间值属性概念格[19]、P-概念格[53]等.

1.3.1　加权概念格

定义 1.18　设 $W(D) = \omega$ ，D 为内涵，且 $0 \leqslant \omega \leqslant 1$ ，标识内涵的重要性.

定义 1.19　令 D 表示单属性内涵集，称 $L_\omega = (U, A, R, W)$ 为加权概念格（WCL），$h_\omega = (O, D, \omega)$ 为加权概念. 设 $D = D_1 \bigcup D_2 \bigcup \cdots \bigcup D_k$ ，其中 $D = D_{\omega 1} \bigcup D_{\omega 2} \bigcup \cdots \bigcup D_{\omega k}$ 为 $D_1, D_2, \cdots, D_k$ 的权值，$W(D) = \dfrac{1}{k} \displaystyle\sum_{i=1}^{k} \omega i$.

定义 1.20　设根据用户对内涵(属性集、项目集)感兴趣程度定义内涵重要性的最小阈值 $\theta_{\min}$ ，$0 \leqslant \theta_{\min} \leqslant 1$ ，若 $h_\omega = (O, D, \omega)$ 中，$\omega \geqslant \theta_{\min}$ ，称 h_ω 为频繁加权概念，若 $\omega < \theta_{\min}$ ，称 h_ω 为非频繁加权概念.

定义 1.21　设 $L_\omega = (U, A, R, W)$ 是一加权概念格，如果 L_ω 的每一结点是频繁概念，则称 L_ω 是一个频繁加权概念格(Frequent Weighted Concept Lattice，为 FWCL).

1.3.2　随机概念格

在实际生活中，对象与决策属性之间的关系有时呈现不确定的随机性，如果利用概率来表示这种不确定关系，此类决策形式背景就是随机决策形式背景. 在随机决策形式背景上可以产生随机概念，进而构造随机概念格，并从随机概念格中提取随机信息的关联规则.

定义 1.22　称 (U, A, R, B, J) 是一个随机决策形式背景，其中 $U = \{x_1, x_2, \cdots, x_n\}$ 为对象集，每个 $x_i (i \leqslant n)$ 称为一个对象；$A = \{a_1, a_2, \cdots, a_m\}$ 为条件属性集，每个 $a_j (j \leqslant m)$ 称为一个条件属性；$B = \{b_1, b_2, \cdots, b_k\}$ 为决策的属性集，每个 $a_q (q \leqslant k)$ 称为一个决策属性；R 为 U 到 A 上的二元关系，若 $(x, a) \in R$ ，则称 x 具有属性 a ，若 $(x, a) \notin R$ ，则称 x 不具有属性 a ；J 为 U 到 B 上的二元关系，若 $(x, b) \in J$ ，则称 x 可能发生结果 b ，若 $(x, b) \notin J$ ，则称 x 不可能发生结果 b .

$(x, a) \in R$ 用 1 表示，$(x, a) \notin R$ ，用 0 表示；$(x, b) \in J$ 时，x 可能发生结果 b 的概率 p 用 $(0, 1]$ 上的数表示，$(x, b) \notin J$ 时，用 0 表示. 这样，随机决策形式背景就

可以表示为[0,1]上的表格. 当 p 全为 0 或 1 时, 随机决策形式背景退化为经典集合下的形式背景, 此时的随机信息是确定性信息.

定义 1.23 设 (U, A, R, B, J) 是一个随机决策形式背景, 其中 $U = \{x_1, x_2, \cdots, x_n\}$, $A = \{a_1, a_2, \cdots, a_m\}$, $B = \{b_1, b_2, \cdots, b_k\}$, 有一个二元组 (X, C), 则有

$$X^{\triangledown} = \{c \mid c \in C, \forall x \in X, (x, c) \neq 0\}$$

$$C^{\triangledown} = \{x \mid x \in U, \forall c \in C, (x, c) \neq 0\}$$

$X^{\triangledown}$ 表示 X 中所有对象共同具有的属性集合, 包括条件属性和决策属性; $C^{\triangledown}$ 表示具有 C 中所有属性的对象的集合, 包括条件属性和决策属性. 因为在随机决策形式背景中, 条件属性中的值用 0 和 1 表示, 决策属性中的值用[0,1]中的数字表示, 仅仅是数字上的不同. $(x, y) \in R$ 与 $(x, y) \in J$ 在随机决策形式背景中的表现均为非 0, 即 $(x, c) \neq 0$.

性质 1.5 设 (U, A, R, B, J) 是一个随机决策形式背景, $C = (A, B)$, X_1, X_2 是 U 的子集, C_1, C_2 是 C 的子集, 有以下性质成立:

(1) $X_1 \subseteq X_2 \Rightarrow X_2^{\triangledown} \subseteq X_1^{\triangledown}$, $C_1 \subseteq C_2 \Rightarrow C_2^{\triangledown} \subseteq C_1^{\triangledown}$;

(2) $X \subseteq X^{\triangledown\triangledown}, C \subseteq C^{\triangledown\triangledown}$;

(3) $X^{\triangledown} = X^{\triangledown\triangledown\triangledown}, C^{\triangledown} = C^{\triangledown\triangledown\triangledown}$;

(4) $X \subseteq C^{\triangledown} \Leftrightarrow C \subseteq X^{\triangledown}$;

(5) $(X_1 \bigcup X_2)^{\triangledown} = X_1^{\triangledown} \bigcap X_2^{\triangledown}, (C_1 \bigcup C_2)^{\triangledown} = C_1^{\triangledown} \bigcap C_2^{\triangledown}$;

(6) $(X_1 \bigcap X_2)^{\triangledown} \supseteq X_1^{\triangledown} \bigcup X_2^{\triangledown}, (C_1 \bigcap C_2)^{\triangledown} \supseteq C_1^{\triangledown} \bigcup C_2^{\triangledown}$.

证明 显然, 由(1)与(2)可以证明 $X^{\triangledown\triangledown\triangledown} \subseteq X^{\triangledown}$, 同时用 $X^{\triangledown}$ 代替 X, 用(2)可以证明 $X \subseteq X^{\triangledown\triangledown\triangledown}$, 于是 $X^{\triangledown} = X^{\triangledown\triangledown\triangledown}$, 则证明了(3), 其他可类似证明.

显然, 算子 $(\triangledown, \triangledown)$ 满足伽罗瓦连接.

定义 1.24 设 (U, A, R, B, J) 是一个随机决策形式背景, 令 $C = (A, B)$, C 为所有属性的集合. 每个关系 J 中的元素均存在一个概率 $p(0 \leqslant p \leqslant 1)$. 如果存在 U 的子集 X, C 的子集 D, 且满足 $X^{\triangledown} = D$ 且 $D = C^{\triangledown}$, 则称 (X, D, P) 是一个随机概念. X 称为随机概念的外延, D 称为随机概念的内涵, 其中 $A \neq \phi$ 为条件内涵, B 为决策内涵, P 称为随机概念的概率量度, 它是各外延具有决策属性概率的最小值.

定义 1.25 用 $L(U, A, R, B, J)$ 表示随机决策形式背景 (U, A, R, B, J) 上的全体随机概念, $C = (A, B), X_1, X_2 \subseteq U, C_1, C_2 \subseteq C$, 如果 $(X_1, C_1, P_1) \leqslant (X_2, C_2, P_2) \Leftrightarrow X_1 \subseteq X_2 (\Leftrightarrow C_1 \supseteq C_2, P_1 \geqslant P_2)$, 则 "$\leqslant$" 是 $L(U, A, R, B, J)$ 上随机偏序关系.

定义 1.26 如果 $(X_1, C_1, P_1) \leqslant (X_2, C_2, P_2)$, 且二者之间不存在随机概念 (X_3, C_3, P_3), 满足: $(X_1, C_1, P_1) \leqslant (X_3, C_3, P_3) \leqslant (X_2, C_2, P_2)$, 则称 (X_1, C_1, P_1) 是 (X_2, C_2, P_2)

的子结点，(X_2,C_2,P_2) 是 (X_1,C_1,P_1) 的父结点.

定义 1.27 若 $L(U,A,R,B,J)$ 上的所有随机概念满足 "≤" 随机偏序关系，则称 $L(U,A,R,B,J)$ 是随机决策形式背景 (U,A,R,B,J) 上的随机概念格.

定理 1.6 若 (X_1,C_1,P_1) 和 (X_2,C_2,P_2) 是随机概念，则

$$(X_1,C_1,P_1)\wedge(X_2,C_2,P_2)=(X_1\bigcap X_2,(C_1\bigcup C_2)^{\triangledown\triangledown},P_3)$$

$$(X_1,C_1,P_1)\vee(X_2,C_2,P_2)=((X_1\bigcap X_2)^{\triangledown\triangledown},C_1\bigcup C_2,P_4)$$

也是随机概念，从而 $L(U,A,R,B,J)$ 是完备格.

证明 若 (X_1,C_1,P_1) 和 (X_2,C_2,P_2) 是随机概念，$X_1=C_1^\triangledown$，$X_1^\triangledown=C_1$ 和 $X_2=C_2^\triangledown$，$X_2^\triangledown=C_2$.

由性质 1.5(5)有

$$(X_1\bigcup X_2)^\triangledown=(C_1^\triangledown\bigcap C_2^\triangledown)^\triangledown=(C_1\bigcup C_2)^{\triangledown\triangledown}$$

$$(C_1\bigcup C_2)^{\triangledown\triangledown\triangledown}=(C_1\bigcup C_2)^\triangledown=C_1^\triangledown\bigcap C_2^\triangledown=X_1\bigcap X_2$$

则 $(X_1\bigcap X_2,(C_1\bigcap C_2)^{\triangledown\triangledown},P_3)$ 是随机概念. 可类似证明 $((X_1\bigcap X_2)^{\triangledown\triangledown},C_1\bigcup C_2,P_4)$ 是随机概念，又因为 $(U,\varphi),(\varphi,A)\in L(U,A,R,B,J)$，所以 $L(U,A,R,B,J)$ 是完备格.

1.3.3 模糊概念格

大多已提出的概念格都是针对标准形式背景的. 然而，现实生活中的数据通常是模糊的或不确定的. 刘宗田等给出了一种模糊概念格模型，其能处理形式背景中含有的连续隶属度值[15].

定义 1.28 模糊形式背景 (U,A,R) 中，U 表示对象集，A 表示属性集，映射 R 称为隶属度函数，R 满足：

$I:U\times A\to[0,1]$，或记作 $I(o,d)=m$，其中 $o\in U,d\in A,m\in[0,1]$.

$I:U\times A\to[0,1]$，即隶属度的取值范围在 0 到 1 之间，是一个连续的区间.

定义 1.29 对 (U,A,R) 中的每个属性，选取两个阈值，分别为 θ_d 和 φ_d，满足 $0\le\theta_d\le\varphi_d\le1$. θ_d 和 φ_d 构成窗口，θ_d 和 φ_d 分别称为窗口的下沿和上沿.

两个阈值可以根据相关的背景知识来决定，也可以根据用户实际的应用目的来确定.

定义 1.30 映射 f 和 g 在 (U,A,R) 中，$O\in P(U)$，$D\in P(A)$（P 是幂集符号），在 $P(U)$ 和 $P(A)$ 间可定义两个映射 f 和 g：

$$f(O)=\{d\,|\forall o\in O,\theta_d\le R(o,d)\le\varphi_d\}$$

$$g(D)=\{o\,|\forall d\in D,\theta_d\le R(o,d)\le\varphi_d\}$$

定义 1.31 对于对象集 $O\in P(U)$ 和属性集 $D\in P(A)$，其中，$D=f(O)$，

$o \in O, d \in D$ ，$|O|$ 和 $|D|$ 分别是集合 O 和集合 D 的势，如果 $|O| \neq 0$ 和 $|D| \neq 0$ ，则

$$\sigma_d = \frac{1}{|O|} \sum_{o \in O} I(o,d) \tag{1.1}$$

$$\sigma = \sum_{d \in D} (\sigma_d / d) \tag{1.2}$$

式中，$\sum$ 为模糊集合中的符号.

对具体的 (O,D) ，模糊参数 σ_d 和 σ 分别记作 $\sigma_d(O,D)$ 和 $\sigma(O,D)$.

定义 1.32 模糊参数 λ 对于对象集 $O \in P(U)$ 和属性集 $D \in P(A)$ ，其中，$D = f(O)$ ，$o \in O$ ，$d \in D$ ，$|O|$ 和 $|D|$ 分别是集合 O 和集合 D 的势，如果 $|O| \neq 0$ 和 $|D| \neq 0$ ，则

$$\lambda_d = \sqrt{\frac{\sum_{o \in O}(I(o,d) - \sigma_d)^2}{|O|}}$$

$$\lambda = \frac{1}{|D|} \sum_{d \in D} \lambda_d$$

对具体的 (O,D) ，模糊参数 λ_d 和 λ 分别记作 $\lambda_d(O,D)$ 和 $\lambda(O,D)$.

定义 1.33 如果对象集 $O \in P(U)$ 和属性集 $D \in P(A)$ 满足 $O = g(D)$ 和 $D = f(O)$ ，则 $C = (O,D,\sigma,\lambda)$ 被称为模糊形式背景的一个模糊概念，简记为 $C = (O,D)$ ，O 和 D 分别是 C 的外延和内涵，σ 和 λ 分别根据定义计算.

在模糊概念中，σ 表示概念的外延对于每个属性的平均隶属度，λ 是概念外延中各个对象对应于各属性的隶属度偏离平均值的平均程度；分别体现了概念具有各个属性的程度和概念的发散程度. σ 和 λ 对于将模糊概念格应用到模糊规则提取和聚类等方面有非常重要的作用.

定义 1.34 形式背景 (U,A,R) 中的所有模糊概念构成的集合记为 $CS(K)$. 如果 $O_1 \subseteq O_2$ ，则 $(O_1,D_1) \leqslant (O_2,D_2)$. 通过这种关系得到的有序集合 $CS(K) = (CS(K),\leqslant)$ 就称为模糊概念格.

1.3.4 粗糙概念格

定义 1.35 对于形式背景 (U,A,R) ，$L(U,A,R)$ 是其诱导的经典概念格，$\langle X,Y \rangle$ 是 L 上的经典概念. 上近似外延 M 定义为

$$M = \{x \mid x \in U, f(x) \bigcap Y \neq \phi\}$$

式中，Y 表示经典概念的内涵，$f(x)$ 为定义 1.2 中的算子.

定义 1.36 对于形式背景 (U,A,R) ，$L(U,A,R)$ 是其诱导的经典概念格，

(X,Y) 是 L 上的经典概念. 下近似外延 N 定义为

$$N = \{x \mid x \in X, f(x) \bigcap Y = Y\}$$

式中，X 表示经典概念的外延.

定义 1.37　设形式背景 (U,A,R)，三元序偶 (M,N,Y) 为由偏序关系 R 产生格结构 L 的任一结点，其中：Y 为内涵，是概念的描述；M 与 N 分别是上近似外延和下近似外延，如果满足条件：

$$M = \{x \mid x \in U, \exists y \in A, xRy\}$$
$$N = \{x \mid x \in U, \forall y \in A, xRy\}$$
$$Y = \{y \mid y \in A, \forall x \in M, \exists y \in A, xRy\}$$

则称 L 为由 (U,A,R) 所诱导的粗糙概念格，简记为 RL.每个结点 (M,N,Y) 就是一个粗糙概念.

定义 1.38　设 $C_1 = (M_1,N_1,Y_1)$，$C_2 = (M_2,N_2,Y_2)$ 是粗糙概念格的两个不同结点，如果不存在 $C_3 = (M_3,N_3,Y_3)$，使得 $C_1 \leqslant C_3 \leqslant C_2$，则 C_2 是 C_1 的父结点(直接前驱)，C_1 是 C_2 的子结点(直接后继).

1.3.5　区间值属性概念格

定义 1.39　一个区间 $c = [a,b]$ 是一个实数集合 $\{x \mid a \leqslant x \leqslant b\}$，称 c 是一个区间数. 区间可以用两个实数表示. 用"$\wedge$"和"$\vee$"表示两个数间的最小值和最大值的运算.

定义 1.40　(U,A,R) 为区间值形式背景，$U = \{x_1,x_2,\cdots,x_n\}$ 为对象集，每个 $x_i(i \leqslant n)$ 称为一个对象；$A = \{a_1,a_2,\cdots,a_m\}$ 为区间属性集，每个 $a_j(j \leqslant m)$ 称为一个区间值属性.

在区间值形式背景 (U,A,R) 中，用 $a_{ij}(i \leqslant n, j \leqslant m)$ 表示对象 x_i 在属性 a_j 下的取值，若 $a_{ij} = \varphi$，则称对象 x_i 不具有属性 a_j，$H_{x_i} = (a_{i1},a_{i2},\cdots,a_{im})$ 表示对象 x_i 所具有的 $|A|$ 维区间值属性向量($|A|$ 表示区间值属性集 A 的基数). 对于任意的 $x_i,x_j \in U(i,j \leqslant n)$，定义

$$H_{x_i} \bigcap H_{xj} = (a_{i1} \bigcap a_{j1}, a_{i2} \bigcap a_{j2}, \cdots, a_{im} \bigcap a_{jm})$$
$$H_{x_i} \bigcup H_{xj} = (a_{i1} \bigcup a_{j1}, a_{i2} \bigcup a_{j2}, \cdots, a_{im} \bigcup a_{jm})$$

$H_{x_i} \subseteq H_{xj} \Leftrightarrow a_{i1} \subseteq a_{j1}, a_{i2} \subseteq a_{j2}, \cdots, a_{im} \subseteq a_{jm}$. 称 H_{x_i} 是 H_{xj} 的子向量.

区间值形式背景 (U,A,R)，记 $^\wedge H = \bigcup\limits_{x_i \in X} H_{x_i}$ 为所有对象 x_i 具有 $|A|$ 维区间值属性向量的并.

定义 1.41 (U,A,R) 是一个区间值形式背景，对于 $\forall X \subseteq U$，$H \subseteq {}^{\wedge}H$. 记

$$X^* = \bigcap_{x \in X} H_x, H' = \{x \in U \mid H \subseteq H_x\}$$

X^* 表示 X 中所有对象共同具有区间值属性向量，H' 表示所有区间值属性向量包含 H 中的区间值属性向量的对象集合. 若 $\forall x_i \in U$，$\{x_i\}^* \neq \bigcap_{x \in U} H_x$，$\{x_i\}^* \neq \bigcup_{x \in U} H_x$ 且 $\forall a_j \in A, a_{ij} \neq \varphi(i \leqslant n)$，$a_{ij}(i \leqslant n)$ 不全相等，则称区间值形式背景是正则的.

定义 1.42 (U,A,R) 是一个区间值形式背景，对于 $X \subseteq U$，$H \subseteq {}^{\wedge}H$，若 $X^* = H$，$H' = X$，称 (X,H) 为区间值属性概念. X 表示区间值属性概念的外延，H 表示区间值属性概念的内涵.

用 $L(U,A,R)$ 表示区间值形式背景 (U,A,R) 的全体概念，记 $(X_1,H_1) \leqslant (X_2,H_2) \Leftrightarrow X_1 \subseteq X_2(\Leftrightarrow H_1 \supseteq H_2)$，则"$\leqslant$"是 $L(U,A,R)$ 上的偏序关系.

定理 1.7 若 (X_1,H_1) 和 (X_2,H_2) 为任意区间值属性概念，且

$$(X_1,H_1) \wedge (X_2,H_2) = (X_1 \cap X_2, (H_1 \cup H_2)'^*)$$

$$(X_1,H_1) \vee (X_2,H_2) = ((X_1 \cup X_2)'', H_1 \cap H_2)$$

也是区间值属性概念，从而 $L(U,A,R)$ 是区间值属性概念格，并且是完备格.

1.3.6 P-概念格

随着信息技术的飞速发展，数据量越来越大，动态信息越来越丰富，对动态数据的结构描述与规则提取逐渐成为研究的热点. 文献[53]遵循"量变与质变"的哲学规律，将动态变化性加入到有限普通集合 X，提出 P-集合的概念，提供了一种人们认识动态信息目标，动态信息系统的新的视觉尺度、新的分析工具与方法.

将 P-集合理论与形式概念相结合，构造 P-形式概念分析(Packet Formal Concept Analysis)，简称 PFCA. 在 P-形式概念分析中，形式背景由信息系统表示，其嬗变特征客观反映了事物永恒的变化性.

1. P 集合与概念嬗变

定义 1.43 假定有限普通集 $X = \{x_1, x_2, \cdots, x_m\} \subset U$，集合 $\alpha = \{\alpha_1, \alpha_2, \cdots, \alpha_k\} \subset V$ 是 X 的属性集，称 $X^{\bar{F}}$ 是 X 生成的内 P-集合，简称 $X^{\bar{F}}$ 是内 P-集合，且

$$X^{\bar{F}} = X - X^-$$

X^- 是 X 的 $\bar{F}$-元素删除集合，且

$$X^- = \{x \mid x \in X, \bar{f}(x) = \mu \notin X, \bar{f} \in \bar{F}\}.$$

如果 $X^{\overline{F}}$ 的属性集合 α^F 满足

$$\alpha^F = \alpha \bigcup (\alpha' \,|\, f(\beta) = \alpha' \in \alpha, f \in F)$$

式中，$\beta \in V, \beta \notin \alpha$.

定义 1.44 设 U 为非空元素论域，V 是非空属性论域，称 X^F 是 X 生成的外 P-集合，简称 X^F 是外 P-集合，且 $X^F = X \bigcup X^+$，X^+ 称作 X 的 F-元素补充集合，且

$$X^+ = \{\mu \,|\, \mu \in U, \mu \notin X, f(\mu) = x' \in X, f \in F\}$$

如果 X^F 的属性集合 $\alpha^{\overline{F}}$ 满足

$$\alpha^{\overline{F}} = \alpha - (\beta_i \,|\, \overline{f}(\alpha_i) = \beta_i \notin \alpha, \overline{f} \in \overline{F})$$

式中，$\alpha_i \in \alpha$.

定义 1.45 由内 P-集合 $X^{\overline{F}}$ 与外 P-集合 X^F 构成的集合对，称作普通集合 X 生成的 P-集合，简称 P-集合.

形式背景是由元素集、对应的属性集与定义其上的关系族 R 构成的，根据 P-集合理论，形式背景的元素集和概念子集都在发生着动态的变化，由此可以定义形式背景与概念的 P-嬗变.

定义 1.46 给定形式背景 $K = (U, A, R)$，其中 U 是非空元素集合，A 是对应的属性集合，在一定条件的影响下，如果形式背景发生如下变化：元素的迁入，论域 U 变为 U^F；属性的迁出，属性集合 A 变为 $A^{\overline{F}}$，则称形式背景发生了外 P-嬗变，记外 P-嬗变后的形式背景为 $K^F = (U^F, A^{\overline{F}}, R)$.

相应地，如果形式背景发生如下变化：元素的迁出，论域 U 变为 $U^{\overline{F}}$；属性的迁入，属性集合 A 变为 A^F，则称形式背景发生了内 P-嬗变，记内 P-嬗变后的形式背景为 $K^F = (U^{\overline{F}}, A^F, R)$.

定义 1.47 对于形式背景 $K = (U, A, R)$ 和它的概念 (X, Y)，若形式背景的外 P-嬗变导致了概念 (X, Y) 的改变，则称概念发生了外 P-嬗变，记作 $(X^F, Y^{\overline{F}})$.

如果形式背景的内 P-嬗变导致了概念 (X, Y) 的改变，则称概念发生了内 P-嬗变，记作 $(X^{\overline{F}}, Y^F)$.

2. P-概念格

随着元素或属性的迁移，形式背景 (U, A, R) 及其概念格也在发生着动态的变化，以满足规则的实时需求. 以下给出形式背景的 P-嬗变下的概念格结构 P-概念格. P-概念格由外 P-概念格和内 P-概念格构成.

(1) 外 P-概念格.

定义 1.48 对于形式背景 $(U^F, A^{\bar{F}}, R)$，记 $P(U^F)$ 和 $P(A^{\bar{F}})$ 分别为 U^F 和 $A^{\bar{F}}$ 的幂集. 对于 $X^F \in P(U^F)$，$Y^{\bar{F}} \in P(A^{\bar{F}})$，定义以下两个映射.

属性映射 $f : P(U^F) \to P(A^{\bar{F}})$，$f(X^F) = \{a \,|\, a \in A, \forall x \in X^F, (x, a) \in R\}$

元素映射 $g : P(A^{\bar{F}}) \to P(U^F)$，$g(Y^{\bar{F}}) = \{x \,|\, x \in U, \forall a \in Y^{\bar{F}}, (x, a) \in R\}$

其中，$f(X^F)$ 表示 "X^F 中全体对象共有的属性集". $g(Y^{\bar{F}})$ 表示 "具有 $Y^{\bar{F}}$ 中所有属性的对象集合".

定义 1.49 形式背景 $(U^F, A^{\bar{F}}, R)$ 中的一个外 P-概念是一个对 $(X^F, Y^{\bar{F}})$，其中 $X^F \in P(U^F)$，$Y^{\bar{F}} \in P(A^{\bar{F}})$，满足 $f(X^F) = Y^{\bar{F}}$ 且 $g(Y^{\bar{F}}) = X^F$. $(X^F, Y^{\bar{F}})$ 称为由 (X, Y) 生成的外 P-概念. X^F，$Y^{\bar{F}}$ 分别称为 $(X^F, Y^{\bar{F}})$ 的外延和内涵.

注 随着元素和属性的不断迁入，X^F，$Y^{\bar{F}}$ 形成一个序列(族)，因此，外 P-概念 $(X^F, Y^{\bar{F}})$ 也随之不停地发生着变化.

因为 $(X^F, Y^{\bar{F}})$ 具有动态性，外 P-概念的一般形式表示为 $(X^F, Y^{\bar{F}})_i$，$i \in I$，I 为指标集.

定义 1.50 给定一个形式背景的两个外 P-概念 $PF_1 = (X_1^F, Y_1^{\bar{F}})$ 和 $PF_2 = (X_2^F, Y_2^{\bar{F}})$，定义如下关系：

$$PF_1 \leqslant PF_2 \Leftrightarrow X_1^F \subseteq X_2^F \,(Y_2^{\bar{F}} \subseteq Y_1^{\bar{F}})$$

那么 PF_1 称为 PF_2 的子概念，PF_2 称为 PF_1 的父概念. 关系 "$\leqslant$" 是形式概念集上的偏序关系. 按此方式有序排列的 $(U^F, A^{\bar{F}}, R)$ 的所有外 P-概念的集合表示为 $PF(U^F, A^{\bar{F}}, R)$，称为形式背景 $(U^F, A^{\bar{F}}, R)$ 的外 P-概念格.

(2) 内 P-概念格.

定义 1.51 对于形式背景 $(U^{\bar{F}}, A^F, R)$，记 $P(U^{\bar{F}})$ 和 $P(A^F)$ 分别为 $U^{\bar{F}}$ 和 A^F 的幂集. 对于 $X^{\bar{F}} \in P(U^{\bar{F}})$，$Y^F \in P(A^F)$，定义以下两个映射.

属性映射 $f : P(U^{\bar{F}}) \to P(A^F)$，$f(X^{\bar{F}}) = \{a \,|\, a \in A, \forall x \in X^{\bar{F}}, (x, a) \in R\}$

元素映射 $g : P(A^F) \to P(U^{\bar{F}})$，$g(Y^F) = \{x \,|\, x \in U, \forall a \in Y^F, (x, a) \in R\}$

其中，$f(X^{\bar{F}})$ 表示 "$X^{\bar{F}}$ 中全体对象共有的属性集". $g(Y^F)$ 表示 "具有 Y^F 中所有属性的对象集合".

定义 1.52 形式背景 $(U^{\bar{F}}, A^F, R)$ 中的一个内 P-概念是一个对 $(X^{\bar{F}}, Y^F)$，其中 $X^{\bar{F}} \in P(U^{\bar{F}})$，$Y^F \in P(A^F)$，满足 $f(X^{\bar{F}}) = Y^F$ 且 $g(Y^F) = X^{\bar{F}}$. $(X^{\bar{F}}, Y^F)$ 称为由

(X,Y) 生成的内 P-概念. $X^{\overline{F}}$ ，Y^F 分别称为 $(X^{\overline{F}},Y^F)$ 的外延和内涵.

定义 1.53　如果 $P\overline{F} = (X_1^{\overline{F}},Y_1^F)$ 和 $PF_2 = (X_2^{\overline{F}},Y_2^F)$ 是一个形式背景的两个内 P-概念，定义如下关系：

$$PF_1 \leqslant PF_2 \Leftrightarrow X_1^{\overline{F}} \subseteq X_2^{\overline{F}}(Y_2^F \subseteq Y_1^F)$$

那么 $P\overline{F}_1$ 称为 $P\overline{F}_2$ 的子概念，$P\overline{F}_2$ 称为 $P\overline{F}_1$ 的父概念. 关系"$\leqslant$"是形式概念集上的偏序关系. 按此方式有序排列的 $(U^{\overline{F}},A^F,R)$ 的所有内 P-概念的集合表示为 $PF(U^{\overline{F}},A^F,R)$，称为形式背景 $(U^{\overline{F}},A^F,R)$ 的内 P-概念格.

(3) P-概念格的基本性质.

定理 1.8(外 P-概念与普通概念的关系定理)　给定外 P-概念 $(X^F,Y^{\overline{F}})$ 与普通概念 (X,Y)，若 $F = \overline{F} \neq \phi$，则 $(X^F,Y^{\overline{F}}) = (X,Y)$.

证明　如果 $F = \overline{F} = \phi$，则

$$X^+ = \{\mu \big| \mu \in U, \mu \notin X, f(\mu) = x' \in X, f \in F\} = \phi$$

$$\alpha^{\overline{F}} = \alpha - (\beta_i \big| \overline{f}(\alpha_i) = \beta_i \notin \alpha, \overline{f} \in \overline{F}) = \phi$$

则

$$X^F = X \bigcup X^+ = X，\quad Y^{\overline{F}} = Y - Y^- = Y$$

即 $(X^F,Y^{\overline{F}}) = (X,Y)$.

定理 1.8 指出，若 $F = \overline{F} = \phi$，P-概念 $(X^F,Y^{\overline{F}})$ 还原成普通概念 (X,Y).

定理 1.9(内 P-概念与普通概念的关系定理)　给定内 P-概念 $(X^{\overline{F}},Y^F)$ 与普通概念 (X,Y)，若 $F = \overline{F} \neq \phi$，则 $(X^{\overline{F}},Y^F) = (X,Y)$.

性质 1.6(外 P-概念格的伽罗瓦连接)　设三元组 $(U^F,A^{\overline{F}},R)$ 是一个形式背景，令 $(X^F,Y^{\overline{F}})$ 是其外 P-概念，f，g 为属性映射和元素映射，则

$$f(X^F) = \{a \big| a \in A, \forall x \in X^F, (x,a) \in R\}$$

$$g(Y^{\overline{F}}) = \{x \big| x \in U, \forall a \in Y^{\overline{F}}, (x,a) \in R\}$$

由外 P-概念的定义知 $f(X^F) = Y^{\overline{F}}$，$g(Y^{\overline{F}}) = X^F$，即 $X^F \subseteq g(Y^{\overline{F}}) \Leftrightarrow f(X^F) \subseteq Y^{\overline{F}}$，伽罗瓦连接存在.

性质 1.7(内 P-概念格的伽罗瓦连接)　设三元组 $(U^{\overline{F}},A^F,R)$ 是一个形式背景，令 $(X^{\overline{F}},Y^F)$ 是其内 P-概念，f，g 为属性映射和元素映射，则

$$f(X^{\overline{F}}) = \{a \big| a \in A, \forall x \in X^{\overline{F}}, (x,a) \in R\}$$

$$g(Y^F) = \{x \mid x \in U, \forall a \in Y^F, (x,a) \in R\}$$

由内 P-概念的定义知 $f(X^{\bar F}) = Y^F$，$g(Y^F) = X^{\bar F}$，即 $X^{\bar F} \subseteq g(Y^F) \Leftrightarrow f(X^{\bar F}) \subseteq Y^F$，伽罗瓦连接存在.

性质 1.8 对于形式背景 $(U^F, A^{\bar F}, R)$ 及其两个外 P-概念 $PF_1 = (X_1^F, Y_1^{\bar F})$ 和 $PF_2 = (X_2^F, Y_2^{\bar F})$，$f$，$g$ 为属性映射和元素映射，则

(1) $X_1^F \subseteq X_2^F \Rightarrow f(X_2^F) \subseteq f(X_1^F)$；

(2) $Y_1^{\bar F} \subseteq Y_2^{\bar F} \Rightarrow g(Y_2^{\bar F}) \subseteq g(Y_1^{\bar F})$；

(3) $g(Y^{\bar F}) \subseteq g \circ f(X^F)$；

(4) $f(X^F) \subseteq f \circ g(Y^{\bar F})$.

证明

(1),(2)：由定义知 $g(Y_1^{\bar F}) = X_1^F$，$g(Y_2^{\bar F}) = X_2^F$，$f(X_1^F) = Y_1^{\bar F}$，$f(X_2^F) = Y_2^{\bar F}$，$X_1^F \subseteq X_2^F \Leftrightarrow Y_2^{\bar F} \subseteq Y_1^{\bar F}$，即得 $X_1^F \subseteq X_2^F \Rightarrow f(X_2^F) \subseteq f(X_1^F)$.

(3),(4)：

$$g \circ f(X^F) = g(Y^{\bar F}) = \{x \mid x \in U, \forall a \in Y^F, (x,a) \in R\}$$

$$f \circ g(Y^{\bar F}) = f(X^F) = \{a \mid a \in A, \forall x \in X^F, (x,a) \in R\}$$

性质 1.9 对于形式背景 $(U^{\bar F}, A^F, R)$ 及其两个内 P-概念 $PF_1 = (X_1^{\bar F}, Y_1^F)$ 和 $PF_2 = (X_2^{\bar F}, Y_2^F)$，$f$，$g$ 为属性映射和元素映射，则

(1) $g(Y_1^F) \subseteq g(Y_2^F) \Rightarrow f(X_2^{\bar F}) \subseteq f(X_1^{\bar F})$；

(2) $f(X_1^{\bar F}) \subseteq f(X_2^{\bar F}) \Rightarrow g(Y_2^F) \subseteq g(Y_1^F)$；

(3) $g(Y^F) \subseteq g \circ f(X^{\bar F})$；

(4) $f(X^{\bar F}) \subseteq f \circ g(Y^F)$.

1.3.7 几种概念格的比较研究

为了简洁表示各概念格的主要不同，分别从对象与属性之间的二元关系、概念的序偶形式、概念格中前驱后继之间的关系及参数的设定集取值范围对各种概念格进行了比较[54]，见表 1.2.

表 1.2 各种概念格的比较

概念格种类	二元关系	概念序偶	前驱后继关系	参数
经典概念格	确定	二元	$(X_1, Y_1) \leqslant (X_2, Y_2) \Leftrightarrow X_1 \subseteq X_2$ $(\Leftrightarrow Y_1 \supseteq Y_2)$	无

概念格种类	二元关系	概念序偶	前驱后继关系	参数
模糊概念格	模糊	二元	$(O_1, D_1) \leqslant (O_2, D_2) \Leftrightarrow O_1 \subseteq O_2$ $(\Leftrightarrow D_1 \supseteq D_2)$	根据背景或应用目的指定，对每个属性，选取 θ_d 和 φ_d 满足构成窗口的下沿和上沿，其满足 $0 \leqslant \theta_d < \varphi_d \leqslant 1$
粗糙概念格	确定	三元	$(M_1, N_1, Y_1) \leqslant (M_2, N_2, Y_2)$ $\Leftrightarrow Y_1 \subseteq Y_2, M_2 \supseteq M_1, \ N_2 \subseteq N_1$	参数不确定，上近似外延形成中参数为1，下近似外延形成中参数为(0,1]的数
区间概念格	确定	三元	$(M_1^\alpha, M_1^\beta, Y_1) \leqslant (M_2^\alpha, M_2^\beta, Y)$ $\Leftrightarrow Y_1 \subseteq Y_2$	根据实际定参数 $0 \leqslant \alpha \leqslant \beta \leqslant 1$，形成概念过程中不再改变

从表 1.2 可以看出，概念格的研究一直处于发展阶段，学者们提出了具有各自特色的概念格模型. 从概念格只能对单值形式背景进行聚类到可以考虑属性值的模糊性，从外延中对象全部包含内涵中的属性到外延对象与内涵属性之间可以具有不确定关系.

1.4　关联规则挖掘

1.4.1　经典关联规则理论

设 $I = \{i_1, i_2, \cdots, i_n\}$ 是项的集合，与任务相关的数据 D 是数据库中的事务集合，其中每个事务 T 是项的集合，满足 $T \subseteq I$；设 A 为项的集合，当且仅当满足 $A \subseteq T$，称事务 T 包含 A[55].

关联规则[55]是形如 $A \Rightarrow B$ 的蕴含式，其中有：$A \subset I$，$B \subset I$，并且满足 $A \cap B = \varnothing$；在事务集合 D 中，关联规则 $A \Rightarrow B$ 具有支持度 s 和置信度 θ. 其中支持度 s 是概率 $P(A \cup B)$，表示事务包含 $A \cup B$ 的百分比；置信度 θ 是条件概率 $P(B|A)$，表示 D 中包含的事务在包含 A 的同时也包含 B 的百分比；分别定义为

$$\mathrm{Sup}(A \Rightarrow B) = P(A \cup B)$$
$$\mathrm{Conf}(A \Rightarrow B) = P(B \mid A)$$

关联规则的支持度描述一个关联规则的有用性，置信度描述了其确定性[55]. 如将商场中所有的商品设成一个集合，顾客购买面包的同时也购买牛奶的关联规则支持度为 1.5%，就表示所有数据中有 1.5%的交易记录同时包含面包和牛奶；其置信度为 55%就表示在所有交易记录中有 55%的顾客在购买面包的情况下还会

购买牛奶.

满足最小支持度阈值 min_Sup 和最小置信度阈值 min_Conf 的规则称作强规则，可以用百分数表示支持度和置信度；一般，由用户或者专家来设置阈值 min_Sup 和 min_Conf.

项集表示的是数据项的集合；k-项集表示包含 k 个数据项的项集. 一个项集的出现频度，也称为该项集的支持频度即 D 中包含该项集的记录数. 如果某个项集满足最小支持度阈值，则说明该项集的出现频度大于数据集 D 中的记录数乘以最小支持度阈值；最小支持频度就是记录中满足最小支持度阈值的记录数. 满足最小支持度阈值的项集称为频繁项集[55].

挖掘关联规则的主要步骤如下：

步骤 1：发现所有的频繁项集，这些项集的频度至少等于最小支持频度；

步骤 2：根据上一步中得到的频繁项集，产生满足支持度阈值与置信度阈值的关联规则.

1.4.2 基于概念格的关联规则挖掘

将概念格结点和关联规则相对应[28]，对于关联规则 $A \Rightarrow B$，它唯一地对应于概念中的结点二元组 (C_1, C_2)，其中 $C_1 = (g(A), f(g(A)))$，$C_2 = (g(A \cup B), f(g(A \cup B)))$，称规则 $A \Rightarrow B$ 由结点二元组 (C_1, C_2) 生成，(C_1, C_2) 为规则的生成二元组，而且必然有 $C_1 \geqslant C_2$. 规则 $A \Rightarrow B$ 的支持度和置信度可以直接根据其生成二元组 (C_1, C_2) 计算得出：

$$\text{Sup}(A \Rightarrow B) = \text{Extension}(C_2) / |U|$$

$$\text{Conf}(A \Rightarrow B) = \text{Extension}(C_2) / \text{Extension}(C_1)$$

这里，先对数据集中的对象进行约简，先不考虑用户给定的支持度阈值 θ，只要支持度记数不小于 $|U| * \theta$，即为频繁项集，对应到给出的对象可约简的概念格，只要概念外延中的对象数不小于 $|U| * \theta$，就为频繁结点. 我们说 (U, ϕ) 和 (ϕ, A) 都不是频繁结点，因为 (U, ϕ) 和 (ϕ, A) 中没有支持度. 这样，可以根据概念格上的序关系，自下而上按层次扫描概念格，首先输出满足支持度记数不小于 $|U| * \theta$ 的所有概念，则概念的内涵至少为频繁 1 项集合，然后求出这些内涵的所有非空子集，这些子集描述的规则集合称为基本规则集，在基本规则集里面按照用户给定的支持度阈值生成新的频繁项集，提取对用户有意义的规则. 这种方法主要是利用概念格求出基本规则集，然后再求关联规则. 比利用粗糙理论求频繁项集和利用背景的可辨别矩阵求频繁项集再求关联规则更加直观，而且容易操作.

1.5　本章小结

　　本章讨论了区间概念格的研究背景及意义,从概念格的构建、概念格的扩展、概念格的约简、基于概念格的规则提取及概念格与粗糙集的结合等方面对国内外研究现状进行了分析,从而得出目前的概念格模型在查找具有部分属性的对象、提取确定-不确定性规则等方面存在一定的缺陷,有必要对其进行深入分析,给出一种更高效的规则表示模型和挖掘算法,以达到对符合一定条件范围的规则进行提取的目的.

第2章 区间概念格的结构与性质

2.1 区间概念格的提出

在经典概念格及其扩展的模糊概念格、加权概念格等概念格中，对概念的描述都是基于外延完全具备内涵中的所有属性来进行构建的，要查找具有部分属性的概念则要通过扫描概念格，对概念进行合并，这对庞大的概念格来说时间代价高、效率低. 在粗糙概念格中，利用粗糙集中上、下近似的理论，描述概念格中内涵所拥有的外延，从而对于特定的内涵，在其描述的外延中能够表示出某种属性可能覆盖的对象及其拥有的外延具有的不确定的性质. 由于其概念的上近似外延只要求属性与内涵的交集非空即可，这样可能会存在大量仅具备内涵中一个属性的对象，由此构建的关联规则支持度和置信度都将大大降低. 在实际应用中，用户往往关心的是具备一定数量或比例的内涵中属性的对象集合，并由此进行关联分析，挖掘更具针对性的关联规则. 例如，在超市购物系统中推销部经理往往更关注同时购买 $k(k>1)$ 种及以上商品的客户以及这些客户对这些商品的潜在需求，从而有针对性地对这些客户进行产品宣传，以达到最小的宣传最大的效益. 在目前已有的概念格结构中均不能直接进行这种查询，都要进行一定的合并连接或者筛选，时间代价和空间代价较高. 为此提出一种新的概念格结构——区间概念格[1]，并对其结点特征和结构特性进行了研究[54, 56, 57].

2.2 区间概念格的定义及其结构

2.2.1 区间概念格的定义

定义 2.1 对于形式背景 (U,A,R) ，$RL(U,A,R)$ 是其诱导的粗糙概念格，(M,N,Y) 是 RL 上的粗糙概念. 设有区间 $[\alpha,\beta](0 \leqslant \alpha \leqslant \beta \leqslant 1)$ ，则 α 上界外延 M^{α} ：

$$M^{\alpha} = \{x \mid x \in M, |f(x) \bigcap Y|/|Y| \geqslant \alpha, 0 \leqslant \alpha \leqslant 1\}$$

式中，Y 是概念的内涵，$f(x)$ 是定义 1.2 中的算子，$|Y|$ 是集合 Y 中包含元素

的个数，即基数.M^α表示可能被Y中至少$\alpha\times|Y|$个内涵属性所覆盖的对象.

定义 2.2　对于形式背景(U,A,R)，RL(U,A,R)是其诱导的粗糙概念格，(M,N,Y)是RL上的粗糙概念. 设有区间$[\alpha,\beta](0\leqslant\alpha\leqslant\beta\leqslant1)$，则$\beta$下界外延$M^\beta$：

$$M^\beta=\{x|x\in M,|f(x)\bigcap Y|/|Y|\geqslant\beta,0\leqslant\alpha\leqslant\beta\leqslant1\}$$

式中，X是经典概念的外延，$f(x)$是定义 1.2 中的算子，Y是概念的内涵.M^β表示可能被Y中至少$\beta\times|Y|$个内涵属性所覆盖的对象.

定义 2.3　设形式背景(U,A,R)，三元序偶(M^α,M^β,Y)称为区间概念，其中：Y为内涵，是概念的描述；M^α为α上界外延；M^β为β下界外延.

定义 2.4　用$L_\alpha^\beta(U,A,R)$表示形式背景(U,A,R)的全体$[\alpha,\beta]$区间概念，记：

$$\left(M_1^\alpha,M_1^\beta,Y_1\right)\leqslant\left(M_2^\alpha,M_2^\beta,Y_2\right)\Leftrightarrow Y_1\subseteq Y_2$$

则"$\leqslant$"是$L_\alpha^\beta(U,A,R)$上的偏序关系.

定义 2.5　用$L_\alpha^\beta(U,A,R)$表示形式背景(U,A,R)的全体$[\alpha,\beta]$区间概念，若$L_\alpha^\beta(U,A,R)$中的所有概念满足"$\leqslant$"偏序关系，则称$L_\alpha^\beta(U,A,R)$是形式背景(U,A,R)的区间概念格.

定义 2.6　设区间概念格结点$G_1=\left(M_1^\alpha,M_1^\beta,Y_1\right)$，$G_2=\left(M_2^\alpha,M_2^\beta,Y_2\right)$，则$G_1\leqslant G_2\Leftrightarrow Y_1\supseteq Y_2$，如果不存在$G_3=\left(M_3^\alpha,M_3^\beta,Y_3\right)$，使得$G_1\leqslant G_3\leqslant G_2$，则$G_2$是$G_1$的父结点(直接前驱)，$G_1$是$G_2$的子结点(直接后继).

定义 2.7　设$L_\alpha^\beta(U,A,R)$是区间概念格，如果结点是(除自身外)所有结点的前驱，则称该结点为区间概念格的根结点；如果结点是(除自身外)所有结点的后继，则称该结点为区间概念格的末梢结点.

2.2.2　区间概念的度量

定义 2.8　设序偶(M^α,M^β,Y)为区间概念格的任一结点，$\tau_\beta^\alpha(Y)=|M^\beta|/|M^\alpha|$，表示属性集$Y$在指定的参数$\alpha,\beta$下所覆盖的对象关于指定关系$R$的近似精度，$\rho_\beta^\alpha(Y)=1-\tau_\beta^\alpha(Y)$，表示相应的粗糙度.

性质 2.1　$0<\tau_\beta^\alpha(Y)\leqslant1$，当且仅当$\alpha=\beta$时，$\tau_\beta^\alpha(Y)=1$.

定义 2.9　设β下界外延为区间概念格中的一个概念结点，对于M^α中的任意对象$u\in M^\alpha$，u相对概念G的覆盖度定义为

$$\varphi(u\,|\,G) = \frac{|u'|}{|Y|}$$

其中，$|u'|$ 为对象 u 的属性集的基数.

性质 2.2　$\varphi(u\,|\,G) \leqslant 1$，当且仅当 $u' = Y$ 时等号成立.

定义 2.10　设 $G = (M^{\alpha}, M^{\beta}, Y)$ 为区间概念格中的一个概念结点，$u_i \in M^{\alpha}(i = 1, 2, \cdots, |M^{\alpha}|)$，$\alpha$ 上界外延对象集相对于概念 G 的最小覆盖度为

$$\varphi_{\min}(M^{\alpha}\,|\,G) = \text{Min}_{i=1}^{|M^{\alpha}|}(\varphi(u_i\,|\,G))$$

α 上界外延对象集相对于概念 G 的最大覆盖度为

$$\varphi_{\max}(M^{\alpha}\,|\,G) = \text{Max}_{i=1}^{|M^{\alpha}|}(\varphi(u_i\,|\,G))$$

α 上界外延对象集相对于概念 G 的平均覆盖度为

$$\varphi_{\text{ave}}(M^{\alpha}\,|\,G) = \sum_{i=1}^{|M^{\alpha}|}(\varphi(u_i\,|\,G))$$

定义 2.11　规定 $u \notin M^{\alpha}$ 时，$\varphi(u\,|\,G) = 0$，则 $\varphi(M^{\alpha}\,|\,G) = (\varphi(u_i\,|\,G)), i = 1, 2, \cdots, k(k = |M^{\alpha}|)$，称为 α 上界外延对象集相对于概念 G 的覆盖向量，这是一个 k 维向量.

性质 2.3　$\varphi_{\min}(M^{\alpha}\,|\,G) \leqslant \varphi_{\text{ave}}(M^{\alpha}\,|\,G) \leqslant \varphi_{\max}(M^{\alpha}\,|\,G)$.

定义 2.12　设 $(M^{\alpha}, M^{\beta}, Y)$ 为区间概念格中的一个概念结点，对于 M^{β} 中的任意对象 $v \in M^{\beta}$，β 下界外延对象 v 相对概念 G 的覆盖度定义为

$$\omega(v\,|\,G) = \frac{|v'|}{|Y|}$$

其中，$|v'|$ 为对象 u 的属性集的基数.

性质 2.4　$\omega(v\,|\,G) \leqslant 1$，当且仅当 $v' = Y$ 时等号成立.

定义 2.13　设 $G = (M^{\alpha}, M^{\beta}, Y)$ 为区间概念格中的一个概念结点，$v_i \in M^{\beta}$ $(i = 1, 2, \cdots, |M^{\beta}|)$，$\beta$ 下界外延对象集相对于概念 G 的最小覆盖度为

$$\omega_{\min}(M^{\beta}\,|\,G) = \text{Min}_{i=1}^{|M^{\beta}|}(\omega(v_i\,|\,G))$$

β 下界外延对象集相对于概念 G 的最大覆盖度为

$$\omega_{\max}(M^{\beta}\,|\,G) = \text{Max}_{i=1}^{|M^{\beta}|}(\omega(v_i\,|\,G))$$

β 下界外延对象集相对于概念 G 的平均覆盖度为

$$\omega_{\text{ave}}(M^{\beta}\,|\,G) = \sum_{i=1}^{|M^{\beta}|}(\omega(v_i\,|\,G)),$$

定义 2.14　规定 $v \notin M^{\beta}$ 时，$\omega(v\,|\,G) = 0$，则 $\omega(M^{\beta}\,|\,G) = (\omega(v_i\,|\,G)), i = 1, 2, \cdots, n(n = |M^{\beta}|)$，称为 β 下界外延对象集相对于概念 G 的覆盖向量，这是一

个 n 维向量.

性质 2.5　$\omega_{\min}(M^{\beta}\mid G)\leqslant\omega_{\text{ave}}(M^{\beta}\mid G)\leqslant\omega_{\max}(M^{\beta}\mid G)$.

性质 2.6　$\omega_{\min}(M^{\beta}\mid G)\geqslant\varphi_{\min}(M^{\beta}\mid G)$.

性质 2.7　$\omega_{\max}(M^{\beta}\mid G)\geqslant\varphi_{\max}(M^{\beta}\mid G)$.

性质 2.8　$\omega_{\text{ave}}(M^{\beta}\mid G)\geqslant\varphi_{\text{ave}}(M^{\beta}\mid G)$.

2.3　区间概念格的性质

区间概念格是在粗糙概念格上进行的拓展，其适用范围更加广泛.

定理 2.1　区间概念格是粗糙概念格的拓展，粗糙概念格是区间概念格的特例.

证明　设形式背景 (U,A,R) ，据其构造的区间概念格为 $L_{\alpha}^{\beta}(U,A,R)$ ， $G=(M^{\alpha},M^{\beta},Y)$ 是任一 $[\alpha,\beta]$ 区间概念. 而据其构造的粗糙概念格为 $RL(U,A,R)$ ， $H=(M,N,Y)$ 是任一粗糙概念.

α 上界外延：

$$M^{\alpha}=\{x\mid x\in U,\mid f(x)\bigcap Y\mid/\mid Y\mid\geqslant\alpha,0\leqslant\alpha\leqslant1\}$$

当 $\alpha=0$ ，且 $\mid f(x)\bigcap Y\mid/\mid Y\mid>\alpha$ 时，其 α 上界外延： $M^{\alpha}=\{x\mid x\in U,\mid f(x)\bigcap Y\mid/\mid Y\mid>0\}$ ，即

$$M^{\alpha}=\{x\mid x\in U,f(x)\bigcap Y\neq\phi\}$$

此时 $M^{\alpha}=M$ ，即 α 上界外延与粗糙概念格中的上近似外延相等.

β 下界外延

$$M^{\beta}=\{x\mid x\in X,\mid f(x)\bigcap Y\mid/\mid Y\mid\geqslant\beta,0\leqslant\alpha\leqslant\beta\leqslant1\}$$

当 $\beta=1$ ，且 $\mid f(x)\bigcap Y\mid/\mid Y\mid=\beta$ 时，其广义下近似外延： $M^{\beta}=\{x\mid x\in X,\mid f(x)\bigcap Y\mid/\mid Y\mid=1\}$ ，即

$$M^{\beta}=\{x\mid x\in X,f(x)\bigcap Y=Y\}$$

此时 $M^{\beta}=N$ ，即 β 下界外延与粗糙概念格中的下近似外延相等.

定理 2.2　当 $\beta=1$ ， $\mid f(x)\bigcap Y\mid/\mid Y\mid=1$ ；且 $\alpha=0$ ， $\mid f(x)\bigcap Y\mid/\mid Y\mid=0$ 时，区间概念格即退化为经典概念格.

定理 2.3　设序偶 (M^{α},M^{β},Y) 是区间概念格的任一结点， $M^{\alpha}=\{u_1,u_2,\cdots,u_r\}$ ， $M^{\beta}=\{v_1,v_2,\cdots,v_s\}$.

$Y=\{y_1,y_2,\cdots,y_t\}=\bigcup\limits_{i=1}^{p}Y_i$ ， $P(Y)$ 是 Y 的幂集， $Y_i\in P(Y)$ ，则

(1) $M^\alpha = g(Y_1) \bigcup g(Y_2) \bigcup \cdots \bigcup g(Y_p)$ ，$|Y_i|/|Y| \geqslant \alpha$. 即针对 α 上界外延 M^α ，内涵 Y 中属性子集间的逻辑关系为 "或"；

(2) $Y \subseteq f(u_1) \bigcup f(u_2) \bigcup \cdots \bigcup f(u_r)$ ；

(3) $M^\beta = g(Y_1) \bigcup g(Y_2) \bigcup \cdots \bigcup g(Y_q)$ ，$|Y_i|/|Y| \geqslant \beta$. 即针对 β 下界外延 M^β ，内涵 Y 中属性子集间的逻辑关系为 "或"；

(4) $Y \subseteq f(v_1) \bigcup f(v_2) \bigcup \cdots \bigcup f(v_s)$.

证明 (1) $M^\alpha = g(Y_1) \bigcup g(Y_2) \bigcup \cdots \bigcup g(Y_p)$ ，$|Y_i|/|Y| \geqslant \alpha$.

先证后者是前者的子集：

不妨设 $\exists Y_1 \subseteq Y$ 且 $|Y_1|/|Y| \geqslant \alpha$ ，使得 $g(Y_1) \not\subset M^\alpha$. 假设 $x \in g(Y_1)$ 且 $x \notin M^\alpha$ ，可以得出 $Y_1 \subseteq f(x)$ ，又因为 $|Y_1|/|Y| \geqslant \alpha$ ，则 $|f(x) \bigcap Y|/|Y| \geqslant \alpha$ ，由定义 2.1 得 $x \in M^\alpha$ ，与假设 $x \notin M^\alpha$ 矛盾. 所以任意的 $Y_i \subseteq Y$ 且 $|Y_i|/|Y| \geqslant \alpha$ ，都有 $g(Y_i) \subseteq M^\alpha$ ，即 $\bigcup_{i=1}^{p} g(Y_i) \subseteq M^\alpha$.

再证前者是后者的子集.

由定理 2.1 知，$\forall x_i \in M^\alpha$ 都 $\exists Y_i \subseteq Y$ ，$|Y_i|/|Y| \geqslant \alpha, \forall y_i \in Y_i$ 满足 $x_i R y_i$ ，即 $x_i \in g(Y_i)$ ，所以有 $M^\alpha = \bigcup_i x_i \subseteq \bigcup_i g(Y_i)$.

故此，(1)成立.

(2) $Y \subseteq f(u_1) \bigcup f(u_2) \bigcup \cdots \bigcup f(u_r)$.

对于 $\forall Y_i \subseteq Y$ ，且 $|Y_i|/|Y| \geqslant \alpha$ ，有 $g(Y_i) \subseteq M^\alpha$. 不妨设 $x \in g(Y_i)$ ，则可以得出：$Y_i \subseteq f(x)$. 由于 Y_i 与 x 取值的任意性，可知：$Y \subseteq f(u_1) \bigcup f(u_2) \bigcup \cdots \bigcup f(u_r)$ 成立.

(3) $M^\beta = g(Y_1) \bigcup g(Y_2) \bigcup \cdots \bigcup g(Y_q)$ ，$|Y_i|/|Y| \geqslant \beta$.

此证明方法与(1)相同，故略.

(4) $Y \subseteq f(v_1) \bigcup f(v_2) \bigcup \cdots \bigcup f(v_s)$. 证明方法与(2)相同，故略.

定理 2.4 Y 是一组属性集合，$Y_i \subseteq Y$ 且 $|Y_i|/|Y| \geqslant \alpha$ ，$Y_j \subseteq Y$ 且 $|Y_j|/|Y| \geqslant \beta$.

X 是属性 Y 所覆盖的经典概念格的外延，M, N 分别是属性 Y 所覆盖的粗糙概念格的上近似外延和下近似外延，M^α, M^β 分别是属性 Y 所覆盖的区间概念格的 α 上界外延和 β 下界外延，则存在以下关系：

$$X \subseteq N \subseteq M^\beta \subseteq M^\alpha \subseteq M$$

证明 (1) 设 $x \in X$ ，则根据经典概念格的完备性特点，可知 $f(x) = Y$ ，即 $f(x) \bigcap Y = Y$ ，根据粗糙概念格的定义可知，$x \in N$ ，所以 $X \subseteq N$ 成立.

(2) 设 $x \in N$ ，由粗糙概念格的定义可知，$f(x) \bigcap Y = Y$ ，即 $|f(x) \bigcap Y|/$

$Y = 1 \geqslant \beta (1 \leqslant \beta < 0)$，由定义 2.2，可知：$x \in GN$，所以 $N \subseteq M^{\beta}$ 成立.

(3) 设 $x \in GN$，由定义 2.2 可知，$|f(x) \bigcap Y|/Y \geqslant \beta$（$0 \leqslant \alpha \leqslant \beta \leqslant 1$）. 所以 $|f(x) \bigcap Y|/Y \geqslant \alpha$，由定义 2.1 可知：$x \in GM$，所以 $M^{\beta} \subseteq M^{\alpha}$.

(4) 设 $x \in M^{\alpha}$，由定义 2.1 可知，$|f(x) \bigcap Y|/Y \geqslant \alpha$（$0 < \alpha \leqslant 1$），故 $f(x) \bigcap Y \neq \phi$，由经典概念格的定义可知，$x \in M$，所以 $M^{\alpha} \subseteq M$（注意：此处 $\alpha \neq 0$）.

由上，命题得证.

经典概念格、模糊概念格和粗糙概念格的子结点和父结点在内涵与外延上都有包含关系，区间概念格的父子结点只在内涵上有包含关系[47].

定理 2.5 在区间概念格结构中，属性个数为 n 的结点至少存在一个属性个数为 $(n-1)$ 的父结点.

证明 设结点 G_i 的内涵为 A，A 的基数为 n. 则 A 有 $(n-1)$ 个元素的子集有 n 个，不妨给定一个 $a(0 < a \leqslant 1)$，那么对于 $\forall x \in M_i^{\alpha}$，都满足 $|x.Y \bigcap A|/n \geqslant a$，即 $|x.Y \bigcap A| \geqslant an$，则在 A 的 $(n-1)$ 个子集中至少可以找到一个 B 使得 $|x.Y \bigcap B| \geqslant a(n-1)$，也就是说 x 至少存在一个有 $(n-1)$ 个属性内涵的结点中，且此结点的内涵集合是 A 的子集.

证毕.

定理 2.6 在同一形式背景下，区间参数 α 或 β 中任一个变大，则有

(1) 内涵相同的概念，其外延基数不增；

(2) 区间概念中外延不为空且内涵基数最大的概念，其内涵基数不增；

(3) 生成的区间概念数量不增；

(4) 生成的区间概念格层数不增.

证明 首先考虑 α 变大时，设 $\alpha_2 \geqslant \alpha_1$.(1)内涵 Y 在参数分别为 α_1 和 α_2 时对应的上界外延分别为 M_1^{α} 和 M_2^{α}，由定义 2.1 可知：$|M_2^{\alpha}| \leqslant |M_1^{\alpha}|$，得证；由(1)可知，(2)，(3)和(4)显然成立.

同理，β 增大时，上述性质也成立.

2.4 决策区间概念格

2.4.1 基本概念

定义 2.15 对于决策形式背景 $(U, C \times D, R)$，$\mathrm{RL}(U, C \times D, R)$ 是其诱导的决策区间概念格，(M, N, Y) 是 $\mathrm{RL}(U, C \times D, R)$ 上的决策区间概念. 设有区间

$[\alpha,\beta](0 \leqslant \alpha \leqslant \beta \leqslant 1)$ ，则 α 上界外延 M^{α} ， β 下界外延 M^{β} 分别为

$$M^{\alpha} = \{x \,|\, x \in M, |f(x) \cap Y| / |Y| \geqslant \alpha, 0 \leqslant \alpha \leqslant 1\}$$

$$M^{\beta} = \{x \,|\, x \in M, |f(x) \cap Y| / |Y| \geqslant \beta, 0 \leqslant \beta \leqslant 1\}$$

式中，C 是条件属性集，D 是决策属性集，Y 是概念的内涵，其中 $Y = C' \cup D'$ ，$C' \subseteq C$ ，$D' \subseteq D$ ，若 $Y \neq \phi$ 则 $D' \neq \phi$ ，称 C' 为 C 的子条件属性集，D' 为 C 的子决策属性集，$f(x)$ 是定义 1.2 的算子，$|Y|$ 是集合 Y 中包含元素个数，即基数. M^{α} 表示可能被 Y 中至少 $\alpha \times |Y|$ 个内涵属性所覆盖的对象，M^{β} 表示可能被 Y 中至少 $\beta \times |Y|$ 个内涵属性所覆盖的对象.

定义 2.16　设形式背景 $(U, C \times D, R)$ ，三元序偶 $(M^{\alpha}, M^{\beta}, Y)$ 称为决策区间概念，其中，Y 为内涵，由条件内涵和决策内涵两部分构成，是决策概念的描述；M^{α} 为 α 上界外延；M^{β} 为 β 下界外延.

定义 2.17　用 $L_{\alpha}^{\beta}(U, C \times D, R)$ 表示形式背景 $(U, C \times D, R)$ 的全体决策区间概念，若 $(M_1^{\alpha}, M_1^{\beta}, Y_1) \leqslant (M_2^{\alpha}, M_2^{\beta}, Y_2) \Leftrightarrow C_1 \supseteq C_2$ 且 $D_1 \supseteq D_2$ ，则 " $\leqslant$ " 是 $L_{\alpha}^{\beta}(U, C \times D, R)$ 上的偏序关系.

定义 2.18　若 $L_{\alpha}^{\beta}(U, C \times D, R)$ 中的所有概念满足 " $\leqslant$ " 偏序关系，则称 $L_{\alpha}^{\beta}(U, C \times D, R)$ 是形式背景 $(U, C \times D, R)$ 的决策区间概念格.

定义 2.19　设决策区间概念格的结点 $G_1 = (M_1^{\alpha}, M_1^{\beta}, Y_1)$ ，$G_2 = (M_2^{\alpha}, M_2^{\beta}, Y_2)$ ，则 $G_1 \leqslant G_2 \Leftrightarrow C_1 \supseteq C_2$ ，如果不存在 $G_3 = (M_3^{\alpha}, M_3^{\beta}, Y_3)$ ，使得 $G_1 \leqslant G_3 \leqslant G_2$ ，则 G_2 是 G_1 的父结点(直接前驱)，G_1 是 G_2 的子结点(直接后继).

2.4.2　决策区间规则

定义 2.20　对于决策形式背景 $(U, C \times D, R)$ ，用 D 表示决策属性值串组成的集合，U 表示规则对象集，$C \times D$ 表示规则的项目集，R 描述 U 和 $C \times D$ 之间的关系，针对 $A \subseteq C$ 和 $B \subseteq D$ ，蕴含式 $A_{\alpha}^{\beta} \Rightarrow B$ 是一条基于参数 $[\alpha, \beta]$ 的决策区间规则.

定义 2.21　对于决策区间规则 $A_{\alpha}^{\beta} \Rightarrow B$ ，设 RO_{α} 为以程度 α 存在在 B 类当中的对象组成的集合，RO_{β} 为以程度 β 存在于 B 类当中的对象组成的集合，"在区间 $[\alpha, \beta]$ 的程度满足" A 中条件的对象，满足 B 的可能程度，即决策区间规则的粗糙度可定义为

$$\gamma = \rho(RO_{\beta} / RO_{\alpha}) = |RO_{\beta}| / |RO_{\alpha}|$$

其中 $0 \leqslant \gamma \leqslant 1$ ，决策区间规则粗糙程度越低，越精确.

定义 2.22　对于决策区间规则 $r: A_{\alpha}^{\beta} \Rightarrow B$ ，针对 $\forall p \in A$ ，属性 p 基于类 B

的权定义为

$$\delta(p,r) = |g(p)| / |\bigcup g(y)|_\alpha \ (y \in A)$$

其中 $|\bigcup g(y)|_\alpha$ 体现的是具有 A 中 α 比例属性的对象个数.

2.5　本章小结

　　本章综合经典概念格和粗糙概念格,提出了一种区间概念格,其 α 上界外延和 β 下界外延均要满足给定精度的内涵属性;定义了区间概念格,提出了概念度量方法,并给出了其性质与结构特征;证明了区间概念格是经典概念格、粗糙概念格的拓展,经典概念格、粗糙概念格是区间概念格的特例;进一步,定义了决策区间概念格,并给出了基于决策区间概念格的决策区间规则及相关度量的概念.

第 3 章　区间概念格的构造算法与实现

3.1　问题的提出

概念格的生成是进行数据分析和挖掘关联规则的前提. 从形式背景中生成概念格的过程实质上是概念聚类的过程，可以通过 Hasse 图生动地体现概念之间的泛化与例化关系. 由于概念格自身的完备性，由一个形式背景决定概念数目是一个 NP 完全问题. 许多学者对采用新的方法和手段来生成概念格进行了广泛研究，提出了各种不同的构造算法. 区间概念格是对粗糙概念格的扩展. 粗糙概念格的生成算法是基于属性集合幂集构造的，进行格结构生成时在寻找子结点和新生结点的子结点时需要遍历所有结点[47]，算法的时间性能可以进一步提高. 概念格中概念的数目是形式背景大小的指数级函数，相同的形式背景生成的区间概念数量是经典概念或粗糙概念的几倍甚至几十倍. 所以采用传统算法对区间概念格进行生成，效率会更低.

为此，本章首先对多种概念格的构造算法进行回顾分析，并结合区间概念格的特点，提出基于属性集合幂集的区间概念格生成算法，从时间和空间两个方面进行了算法分析，通过实例验证了算法的可行性与高效性.

3.2　概念格的构造算法

3.2.1　批处理构造算法

批处理算法的思想是首先生成所有概念, 然后根据它们之间的直接前驱-后继关系，生成边，完成概念格的构造，例如 Bordat 算法，OSHAM 算法，Chein 算法，Ganter 算法，Nourine 算法等[58, 59].下面简述各算法的思想.

1. Bordat 的算法

格 G 从最顶端的结点开始建造，接着生成该结点的所有子结点并连接到它的父结点. 然后对每个子结点递归重复该进程. 该算法的关键在于生成子结点的过程. 该算法的做法是, 设 (X, Y) 是当前结点, D 是属性集，则找到所有 $P \subseteq D - Y$,

这些 P 在 X 中能保持完全对的性质，即是最大扩展的. 对任意 P，则 $P \cup Y$ 是当前结点的子结点的内涵.

算法 3.1　生成 G 和 Hasse 图.

输入：一个对象及其所对应的属性.

输出：更新后的概念格.

步骤：

```
BEGIN
  G:{(E,f(E))};
L:{E,f(E)};
 WHILE L≠φ
       L:≠φ
   FOR each pair H in L
   Generate each child pair Hc for H
   IF pair Hc is not existing
   Add child to G and to L
     END IF
   Add edge H->Hc
   END FOR
   L:=L
 END WHILE
END
```

该算法简洁，直观，并且易于并行化. 其缺点在于生成了许多重复的结点，每个结点被生成的次数等于其父结点的个数.

2. Ganter 算法

Ganter 算法使用代表集的特征向量来枚举格的集. 每个向量的长度是属性集的基数.若某个属性值在该向量中出现，则相应位被置 1，否则为 0.将特征向量按照词典顺序进行排序，给定完全对的向量 $X = \{x_1, x_2, \cdots, x_m\}$，它找到下一个 X 向量，查找的方式是按顺序将属性位置 1 并测试它是否是完全对来进行的. 算法以 $(0, 0, 0, \cdots, 0)$ 初始化. 以此方式产生的向量是有序的.其列表按照集的包含顺序拓扑排序.

3. Chein 算法

这是一个自底向上算法，格是从底开始一层一层向上建造的. 算法从第一层

L_1 开始，它包含了 E 中 x 的所有对 $(\{x\}, f(\{x\}))$ 的集合. 它通过系统地合并两对 L_k 来建立 L_{k+1} 层的新对. 合并的过程就是对 L_k 层的所有对求交集，并测试该交集是否在以前出现过. 如果在上层出现过，则说明上层出现的不是完全对，则给予标记，在本层结束时予以删除. 此算法看起来简单明了，但是在实际应用中会在同层、下层中产生大量的冗余对，因此效率较差.

4. Nourine 算法

同其他算法不一样，Nourine 生成概念格时，使用概念外延的补集作为基本操作单位. 该算法分成两部分. 首先，所有单个属性的外延的补集集合称为一个基 B. F 是 B 中子集的并形成的族集，即 $F = \left\{ \bigcup_{I \in K} I \mid K \subset B \right\}$. 此步的目的是从基中生成 F，并将 F 以字典序树表示. 该树的每一条路径表示 F 中的一个元素. 具有同样前缀的运算享有同样的部分路径. 树根是一个空集. 接着，计算 F 的覆盖图. 算法定义了 F 中两个元素之间的覆盖关系，并导出字典序树中元素满足覆盖关系的条件，据此给出相应算法. 该算法的复杂度低于 Bordat，Ganter 等算法.

3.2.2　渐进式构造算法

渐进式算法的思想首先初始化概念格为空，将当前要插入的对象和现有格中所有的形式概念作交运算，根据交的结果不同采取不同的行动，典型的算法有 Godin，Capineto 和 T.B.HoT 的算法[60—65].

1. 渐进式更新概念格的基本思想

对大多数应用来说，不仅要产生概念格的完备对，还要生成对应的 Hasse 图. 许多应用同样要求当增加新对象 x^* 时，只需修改格而不必重新生成.

渐进式构造概念格就是在给定原始形式背景 $K = (X, D, R)$ 所对应的初始概念格以及新增对象 x^* 的情况下，求解形式背景 $K^* = (X \bigcup \{x^*\}, D, R)$ 所对应的概念格 $L^* = (CS(K^*), \leqslant)$. 在渐进式生成概念格的求解过程中，要解决的问题主要有三个：

(1) 所有新结点的生成；

(2) 避免已有格结点的重复生成；

(3) 边的更新.

定义 3.1(更新格结点)　对 G 中结点 $C = (X, Y)$，如果 $Y \subseteq f(x^*)$，则 C 称为更新结点，在 G^* 中更新结点更新为 $(X \bigcup \{x^*\}, Y)$.

定义 3.2(新生格结点)　对 G^* 中的结点 $C = (X, Y)$，如果在 G 中不存在结点

$C_1 = (X_1, Y_1)$ 满足 $Y_1 = Y$，则称 C 为新生格结点，新生格结点 (X, Y) 都有这样的形式 $(X' \bigcup x^*, Y' \bigcap f(x^*))$，其中 $(X', Y') \in G$，称为新结点 (X, Y) 的产生子格结点.

定义 3.3   如果某个格结点 $C_1 = (X_1, Y_1)$ 满足：①令 Inter section $= Y_1 \bigcap f(x^*)$，而在 G 中不存在某个结点 C_2 满足 Intent(C_2) = Inter section ；②对于 G，G 中任意满足 $C_3 > C_1$ 的结点 C_3，都有 Intent$(C_3) \bigcap Y_1 \neq$ Inter section 成立，则 C_1 被称为是一个产生子格结点.

性质 3.1   设 C_1 是产生子格结点，如果 C_2 满足

Intent$(C_2) \bigcap f(x^*)$ = Intent$(C_1) \bigcap f(x^*)$，则必然有 $C_2 \leqslant C_1$ 成立.

证明   假设 $C_2 > C_1$，则

$$\text{Intent}(C_2) \bigcap \text{Intent}(C_1) = \text{Intent}(C_2)$$

所以，

$$\text{Intent}(C_2) \bigcap \text{Intent}(C_1) \bigcap f(x^*) = \text{Intent}(C_2) \bigcap f(x^*)$$
$$= \text{Intent}(C_1) \bigcap f(x^*)$$

而 C_1 是产生子格结点，则

$$\text{Intent}(C_2) \bigcap \text{Intent}(C_1) = \text{Intent}(C_1)$$

所以，$C_2 \leqslant C_1$. 与假设矛盾，性质成立.

2. Godin 的渐进式更新算法

Godin 提出的渐进式更新算法如下.

算法 3.2   *Add* $(x^*:new\ object, f(\{x^*\}):\ elements\ related\ to\ x^*\ by\ R)$

输入：对象及其属性集合 $(\{x^*\}, f(\{x^*\}))$.

输出：概念格 G^* 及其对应的 Hasse 图.

步骤：

对 E′ 中的新元素调整 Sup(G).

```
If Sup(G) = (φ, φ) then
        {*处理空结点*}.
        replace Sup(G) by ({x*},f({x*}))
    else
        {*在G中已有一些结点*}
        if not(f({x*}) ⊆ X'(G)) then
    f(X(Sup(G))) = φ then X'Sup(G) := X'(Sup(G)) ∪ f({x*})
        else
```

Add　new pair H $\{becomeSup(G^*)\}$:

　　$(\phi, X'(Sup(G)) \bigcup f(\{x^*\}))$

　Add new edge　$Sup(G) \rightarrow H$

　Endif

Endif

$C[I] \leftarrow \{H \|X'(H)\| = I\}$　　//按属性集中元素个数相同分类

$C[I] \leftarrow \phi;$　　{初始化 C′ 集合}

{按升序处理每个集合}

FOR I := 0 to 集合中的最大值 DO

　FOR each pair H in C[I]

　if $X'(H) \subseteq f(\{x^*\})$ then　　{更新结点}

　add x^* to X(H)

　add H to C′[I]

　if $X'(H) = f(\{x^*\})$ then　exit algorithm

　else

　int $\leftarrow X'(H) \bigcap f(\{x^*\})$

　if not $\exists H1 \in C, [\|int\|]$ such that

　$X'(H1) = int$　　　　then

　$Hn = (X(H) \bigcup \{x^*\}, int)$　　and add to C′ $[\|int\|]$

　add edge Hn $\rightarrow$ H;

　for j = 0　　to　　$\|int\| - 1$

　for each　　Ha $\in$ C′[j]

　if　　$X'(Ha) \subset int$

　parent $\leftarrow$ true;

　　for each Hd child of Ha

　　　if$(X'(Hd)) \subset int$　　parent $\leftarrow$ false; exit for

　　　　　　　　endif

　　　　　　end for

　　　　　if parent

　　　　　　If Ha is a parent of　H

　去除边 Ha $\rightarrow$ Hn

　　　　　　　endif

　　　　　　添加边 Ha $\rightarrow$ Hn

　　　　　　　endif

```
            endif
        endfor
        endfor
            if    int = f({x*})    then    algorithm    endif
        endif
    endif
    endfor
endfor
```

3.2.3　粗糙概念格的分层建格算法

刘保相等在文献[66]中针对粗糙概念格提出了一种分层建格算法，并给出了相应的应用实例.

1. 建格思想

采用自顶向下的构造方法，首先构造最上层结点，然后逐层构造. 以决策属性值为切入点，构造根结点的子结点，然后对按决策值分类的子结点分别构造其自身的子结点及其各层结点.

2. 建格方法

假设有决策背景 $(G, C \times D, I)$ ，其中 G 为对象集， C 为条件属性集， D 为决策属性集， I 为 G 与 $C \cup D$ 间的一个二元关系， $C = \{c_1, c_2, \cdots, c_i\}$ ，决策属性的 j 个值为: $d_1, \cdots, d_j$ ，且 C, D, G 均为非空有限集合.

(1) 处理决策背景中的多决策属性，组合所有的多决策属性值，将结果作为单决策属性；否则直接转(2).

(2) 构造第一层结点——根结点. 将条件属性集合与单决策属性值做笛卡儿乘积，其结果作为根结点的内涵，即为: $\{c_1, \cdots, c_i, d_1, \cdots, d_j\}$ ，上近似外延为对象集 G ，下近似外延为空集(因为每个对象的决策值不可能有多个)，则根结点为: $(G, \Phi, \{c_1, \cdots, c_i, d_1, \cdots, d_j\})$.

(3) 构造第二层格结点——根结点的子结点. 以决策属性值为切入点，构造根结点的子结点. 决策属性共有 j 个值，则共有 j 个子结点.

令 $j = j + 1, j = 0, 1, 2, \cdots$.

首先，找出决策属性值 d_j 覆盖的对象，即 $g(d_j) = \{g \in G, g I d_j\}$ ；

其次，找出 $g(d_j)$ 中每个对象所具有的所有条件属性，将这些条件属性组合

与 d_j 做笛卡儿乘积，其结果作为此结点的内涵；

最后，根据上近似外延与下近似外延的定义，求出二者，这样就可得出第 j 个子结点.

(4) 构造第 m 层格结点，$m = 3, 4, \cdots$.

对 $m-1$ 层决策属性值为 d_j 的每个格结点中的条件属性集合的所有的最大幂集与 d_j，分别做笛卡儿乘积，生成子结点的内涵，然后根据定义求出上近似外延与下近似外延；直至内涵为第二层结点中条件属性集合的最小幂集与 d_j 的笛卡儿乘积为止.

(5) 构造末梢结点：其上下近似外延与内涵均为空集.

3. 算法分析

假设决策背景中记录数为 n_1，决策属性的个数为 n_2，每个条件属性的值的个数为 n_3，条件属性个数为 n_4. 初始化决策值时，其时间复杂度为 $O(n_1 \times n_2 \times n_3)$；生成根结点的子结点时，以决策属性值为切入点，其时间复杂度为 $O(n_2 \times n_3)$；在生成第三层结点以下的各层结点时，需要用每个条件属性集的最大幂集和决策属性做笛卡儿积，其总共的时间复杂度为 $O(2^{n_4 - 1} \times n_2 \times n_3)$. 算法的优点是自动生成父子关系，且能及时合并相同的结点.

4. 实例分析

实例 3.1　以医疗诊断的决策背景为例，验证分层建格算法. 表 3.1 是医疗诊断的决策背景 $(G, C \times D, I)$，其中 $G = \{1, 2, 3\}$ 是对象集，$C = \{C_1, C_2, C_3, C_4, C_5\}$ 是条件属性集，C_1, C_2, C_3, C_4, C_5 分别代表发热、咳嗽、头痛、乏力、食欲不振症状；$D = \{d_1, d_2\}$ 为决策属性集，d_1, d_2 分别代表流行性感冒和水痘两种病症；I 表示 G 中对象所具有的 $C \cup D$ 中的属性值.

表 3.1　医疗诊断的决策背景

G	$C \cup D$					
	C_1	C_2	C_3	C_4	C_5	D
1	√		√	√		d_2
2	√	√			√	d_2
3	√			√		d_2

(1) 生成根结点：$1\#(G, \phi, \{C_1, C_2, C_3, C_4, C_5, d_1, d_2\})$.

(2) 生成第二层结点：

对于决策属性 d_1：覆盖的对象 $g(d_1) = \{1,3\}$.

对象 1 具有的条件属性为：C_1, C_3, C_4.

对象 3 具有的条件属性为：C_1, C_4.

所以内涵为：$\{C_1, C_3, C_4, d_1\}$.

上近似外延为：$\{1,2,3\}$.

下近似外延为：$\{1\}$.

因此，2#结点为：$(\{1,2,3\}, \{1\}, \{C_1, C_3, C_4, d_1\})$.

对于决策属性 d_2：覆盖的对象 $g(d_2) = \{2\}$.

对象 2 所具有的条件属性为：C_1, C_2, C_5，即内涵为：$\{C_1, C_2, C_5, d_2\}$.

上近似外延为：$\{1,2,3\}$.

下近似外延为：$\{2\}$.

所以 3#结点为：$(\{1,2,3\}, \{2\}, \{C_1, C_2, C_5, d_2\})$.

(3) 构造第三层结点：

以生成 d_1 所对应的 2#结点的子结点为例：

内涵 $\{C_1, C_3, C_4, d_1\}$ 中的条件属性为：$\{C_1, C_3, C_4\}$.

其所对应的最大幂集有 3 个，分别是：$\{C_1, C_3\}, \{C_1, C_4\}, \{C_3, C_4\}$.

则可生成 3 个子结点，其内涵分别是：$\{C_1, C_3, d_1\}, \{C_1, C_4, d_1\}, \{C_3, C_4, d_1\}$.

根据内涵所对应的上下近似外延的概念可生成其分别对应的外延，则其 3 个子结点分别为：

4#：$(\{1,2,3\}, \{1\}, \{C_1, C_3, d_1\})$.

5#：$(\{1,2,3\}, \{1,3\}, \{C_1, C_4, d_1\})$.

6#：$(\{1,3\}, \{1\}, \{C_3, C_4, d_1\})$.

同理，可生成 d_2 所对应的 3#结点的子结点，分别为：

7#：$(\{1,2,3\}, \{2\}, \{C_1, C_2, d_2\})$.

8#：$(\{1,2,3\}, \{2\}, \{C_1, C_5, d_2\})$.

9#：$(\{2\}, \{2\}, \{C_2, C_5, d_2\})$.

这样就生成了第三层结点.

(4) 与上步类似，生成第四层结点，合并相同格结点：

10#：$(\{1,2,3\}, \{1,3\}, \{C_1, d_1\})$.

11#：$(\{1,3\}, \{1\}, \{C_3, d_1\})$.

12#：$(\{1,3\}, \{1\}, \{C_4, d_1\})$.

13#：$(\{1,2\}, \{2\}, \{C_1, d_2\})$.

14#: $(\{2\},\{2\},\{C_2,d_2\})$.

15#: $(\{2\},\{2\},\{C_5,d_2\})$.

(5) 生成末梢结点：16#: (ϕ,ϕ,ϕ).

所以，决策背景所对应的粗糙概念格如图 3.1 所示.

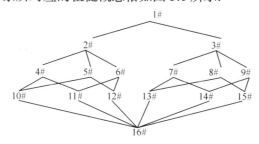

图 3.1　医疗形式背景下生成的粗糙概念格

图 3.1 中除 1#根结点和 16#末梢结点，其余的结点中上近似外延是可能具有内涵中某个条件属性的对象集合，下近似外延是内涵所覆盖的所有对象的集合，即下近似外延中每个对象肯定具有内涵集合中的所有属性. 如 11#结点 $(\{1,3\},\{1\},\{C_3,d_1\})$ 中，上近似外延集合 {1,3} 表示所有患有头痛可能患有流行性感冒的对象的集合，下近似外延 {1} 表示所有肯定患有头痛且患有流行性感冒的集合，其中 14#格结点和 15#格结点的上近似外延与下近似外延相同，已经退化为一般概念格结点. 所以，粗糙概念格是一般概念格的扩展，而一般概念格是粗糙概念格的特例.

3.2.4　基于属性链表的概念格渐进式构造算法

作者在文献[9]中提出了一种基于属性链表的概念格渐进式构造算法.

1. 属性链表

如果给定属性集合 A 上的一个全排序，将 A 中的每个属性按序插入到链表中. 称这样的链表为属性链表.

设有一个简单的二元关系表，如表 3.2 所示.

表 3.2　一个简单的二元关系

	a	b	c	d	e	f	g	h	i
1	1	0	1	0	0	1	0	1	0
2	1	0	1	0	0	0	1	0	1

	a	b	c	d	e	f	g	h	i
3	1	0	0	1	0	0	1	0	1
4	0	1	1	0	0	1	0	1	0
5	0	1	0	0	1	0	1	0	0

在表 3.2 中，二元关系的属性集合是 $\{a,b,c,d,e,f,g,h,i\}$，则该属性集合上的一个全排序设定为 $a<b<c<d<e<f<g<h<i$，将其按序插入到链表中，即构成属性链表，如图 3.2 所示.

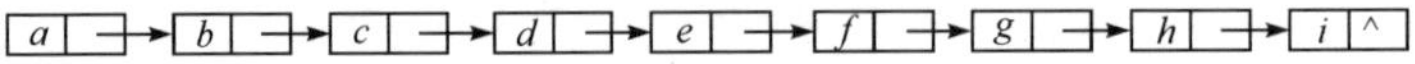

图 3.2 属性链表示意图

为了创建一个属性链表，考虑其要实现的功能，将链表的结构定义如下：

```
Struct LinkNode
{
    concept Node *LatticeNode;    //该属性对应的最小格结点
    char *Attr;                   //属性
    LinkNode *next;               //链表中下一个属性
}
```

对应的概念结点的结构为

```
Struct conceptNode
{
    char *intent;                 //概念结点的内涵
    char *extent;                 //概念结点的外延
    conceptNode *parents;         //父结点
    conceptNode *children;        //子结点
    int mark;                     //访问标记
}
```

为了建立一个属性链表，首先将链表初始化为一个头结点，head = NULL，然后每增加一个新对象，则将该对象所对应的属性在链表中按序查找，并完成相应的插入工作.

要完成属性链表的创建和属性结点的查询和插入工作，可按如下步骤进行.

(1) 将属性链表初始化为头结点 head 为空.

(2) 对于新插入的对象 $(x^*, f(x^*))$，对其属性集合按属性升序进行如下操作：

(a) 属性链表中查找属性集 $f(x^*)$ 中的属性;

(b) 如果找到, 则根据其所对应的最小格结点将属性链表中找到的结点放入到相应的数组中, 即将链表中结点按对应格结点进行分类;

(c) 如果未找到, 则在相应位置插入新属性结点, 设其最小格结点为概念格中的 $\mathrm{Sup}(G)$, 并将该属性结点归为数组 $AA[\mathrm{Sup}(G)]$ 中.

用代码实现如下:

searchAtr(LinkNode L, $f(x^*)$).

输入: 属性链表 L 和属性集合 $f(x^*)$.

输出: 每个属性所对应的概念格结点.

步骤:

```
{
    LinkNode *H;
    H=L->head;
    For f(x*)中每个属性 Aᵢ 按升序
    {
        Find=0;
        While(H!=NULL &&H->Attr<=Aᵢ)
        {
            If(H->Attr== Aᵢ)
            {   C=H->LatticeNode;
                将 H 放入数组 AA[C]中;
                Find=1;
            }
            H=H->next;
        }
        If(find==0)
        {
            将新属性插入在 H 之前;
            设其 LatticeNode=Sup(G)并放入数组 AA[Sup(G)];
        }
    }
}
```

该函数完成了属性的查找和插入操作, 并根据每个属性所对应的概念结点将其分类, 概念结点相同的归于一类, 下一步要做的就是根据找出的概念结点去查找更新结点和子结点.

2. 算法原理与设计

基于属性链表的概念格的构造算法的主要思想是每增加一个新对象 x^* 时，首先在属性链表中查找该对象所对应的属性集合 $f(x^*)$ 中的每个属性，该属性所对应的最小概念格结点与 $f(x^*)$ 有交集，从此格结点出发，识别每个结点的类型并执行相应的操作.

如果属性对应的最小格结点为 C，则

(1) 若 $C.\text{intent} \subseteq f(x^*)$，则 C 为更新结点，继续找 C 的子孙结点，判断其类型，为了避免重复查找，对每个找过的结点，将其 mark 设置为 1.

(2) 若 $C.\text{intent} \not\subset f(x^*)$，且不存在结点 C_2 满足 $C2.\text{intent} = C.\text{intent} \bigcap f(x^*)$，则 C 为产生子结点.

定理 3.1 设 $C = (X', Y') \in G$ 是产生子格结点，它对应的新生格结点为 $C_{\text{new}} = (X, Y)$，则有 $Y' \not\subset Y$，且对于 C 的任意父结点 (Z, Z') 有 $Y \not\subset Z'$.

该定理说明了判断一个结点的内涵与 $f(x^*)$ 的交集是否为新生格结点，只需检查该结点的父结点是否包含 Y 即可.

产生子格结点所对应的新生格结点是 $C_{\text{new}} = (C.\text{extent} \bigcup x^*, \ C.\text{intent} \bigcap f(x^*))$，然后将 C_{new} 链接到格结构的 Hasse 图中，关键是要找出 C_{new} 的父结点和子结点. 通过下述定理来限制其父结点和子结点的搜索范围.

定理 3.2 如果 C_1 产生子格结点，它对应的新生格结点为 C_{new}，则格中满足 $\text{Intent}(C_2) \supseteq \text{Intent}(C_{\text{new}})$ 的概念 C_2 必然满足 $\text{Intent}(C_2) \supseteq \text{Intent}(C_1)$.

证明 因为 $\text{Intent}(C_2) \bigcap f(x^*) \supseteq \text{Intent}(C_{\text{new}}) = \text{Intent}(C_1) \bigcap f(x^*)$，因此 $\text{Intent}(C_1) \bigcap \text{Intent}(C_2) \bigcap f(x^*) = \text{Intent}(C_{\text{new}})$. 而 C_1 是产生子格结点，所以 $C_1 \bigcap C_2 = C_1$，而 C_2 是 C_1 的后继结点.

证毕.

假设 C_1 和 C_2 都是产生子格结点，如果 $C_1 < C_2$，而它们所对应的新生格结点分别是 C_{new1} 和 C_{new2}，则称 C_{new1} 是先于 C_{new2} 被生成的.

定理 3.3 对于两个新生格结点分别是 C_{new1} 和 C_{new2}，如果 $\text{Intent}(C_{\text{new1}}) \subset \text{Intent}(C_{\text{new2}})$，则 C_{new1} 必然是先于 C_{new2} 被生成的.

证明 不妨设 C_1 和 C_2 分别是 C_{new1} 和 C_{new2} 的产生子格结点.

因为 $\text{Intent}(C_{\text{new1}}) \subset \text{Intent}(C_{\text{new2}})$，令 C_3 是 C_1 和 C_2 的最小上界，则 $\text{Intent}(C_3) = \text{Intent}(C_1) \bigcap \text{Intent}(C_2)$，而

$$\text{Intent}(C_3) \bigcap f(x^*)$$

$$= (\text{Intent}(C_1) \bigcap f(x^*)) \bigcap (\text{Intent}(C_2) \bigcap f(x^*))$$
$$= \text{Intent}(C_{\text{new1}}) \bigcap \text{Intent}(C_{\text{new2}})$$
$$= \text{Intent}(C_{\text{new1}})$$

而 C_1 是 C_{new1} 的产生子格结点, 因此 $\text{Intent}(C_3) = \text{Intent}(C_1)$.

又因为,　$\text{Intent}(C_3) = \text{Intent}(C_1) \bigcap \text{Intent}(C_2)$, 所以,　$\text{Intent}(C_1) \subset \text{Intent}(C_2)$, 故 $C_1 < C_2$.

定理 3.2 说明了对于某个新生格结点, 除了其产生子格结点, 所有的其他旧结点都不可能成为其子结点.

定理 3.3 则说明了对于某个新生格结点 C_{new} , 任何先于 C_{new} 被生成的新生格结点都不可能成为其子格结点.

根据分析得出, C_{new} 的父结点是更新结点和已经生成的新结点, 子结点只能是产生子结点和已经生成的新结点. 为此, 将更新结点和生成的新结点按照其内涵属性个数保存在数组中, 新结点的父结点包含在内涵属性个数小于新结点的属性个数的数组中.

要判断结点的类型可采用如下步骤完成:

(1) 如果 $H->\text{intent}$ 和 $f(x^*)$ 相同, 则为不变结点.

(2) 如果 $H->\text{intent}$ 包含于 $f(x^*)$, 则 H 为更新结点, 将 H 更新为 $(H->\text{extent} \bigcup x^*, H->\text{intent})$, 并按照其内涵所包含的属性个数将其归类. 对其每个子孙重复进行判断其结点的类型.

(3) 如果 $H->\text{intent}$ 不包含于 $f(x^*)$, 则求出 H 的内涵与 $f(x^*)$ 的交集, 然后判断该结点的所有父结点的内涵是否与交集相同, 如相同, 则结束, 否则该结点为产生子结点.

下面函数用来查找更新结点和产生子结点.

```
ConceptNode *search(conceptNode *H)
```
输入: 属性所对应的概念格结点.

输出: 更新结点和产生子结点.

步骤:

```
{
    H->mark=1;
    If(H->intent=f(x*)) return NULL;
    If(H->intent⊆ f(x*))   //H为更新格结点
    {
        H=(H->extent∪x*, H->intent);
```

```
        将 H 加入到 CC[|H->intent|];
    }
    Else
    {
        Int=H->intent ∩ f(x*);
        For each(P[i]∈H->parents && P[i]∈CC[|int|])
            If(P[i]->intent==int) break;
        If(i>|H->parents|∩CC[|int|])  //H 即为一个产生子格结点
            将 H 加入到数组 GEN 中;      //存放产生子结点的数组
    }
    For each Hd∈H->children
        If(Hd->mark==0) SearchG(Hd);
}
```

3. 算法描述

已知概念格 G，要插入的对象 $(x^*, f(x^*))$，属性链表 AL，要更新概念格，采用上述思想可按以下步骤进行：

(1) 如果插入的是第一个对象，即概念格为空，$\mathrm{Sup}(G) = (\phi, \phi)$，此时属性链表也为空，$AL\text{->}head = \mathrm{NULL}$，则首先将新对象 $(x^*, f(x^*))$ 赋值给 $\mathrm{Sup}(G)$，然后将相应的属性集合 $f(x^*)$ 中的每个属性插入到属性链表中，这样属性链表中的每个结点对应的最小概念格结点均为 $\mathrm{Sup}(G)$.

(2) 如果插入的不是第一个对象，则进行如下判断：

如果 $f(x^*)$ 不包含于 $\mathrm{intent}(\mathrm{Sup}(G))$ 且 $\mathrm{extent}(\mathrm{Sup}(G)) \neq \Phi$，则合并.

如果 $f(x^*)$ 不包含于 $\mathrm{intent}(\mathrm{Sup}(G))$ 且 $\mathrm{extent}(\mathrm{Sup}(G)) \neq \Phi$，则增加一个新结点 $H = (\Phi, \mathrm{Sup}(G)\text{->}\mathrm{intent} \cup f(x^*))$. 并增加一条边 $\mathrm{Sup}(G) \to H$，然后将 $\mathrm{Sup}(G)$ 更新为 H.

(3) 将 G 的根结点 root 更新为 $root\text{->}(\mathrm{extent} \cup x^*, \Phi)$；

(4) 对 $f(x^*)$ 中的每个属性搜索属性链表 AL 得到一个属性数组 AA.

(5) 对 AA 中的每个元素 AA_i，在概念格中递归搜索 AA_i 所对应的最小概念格结点，进而查找产生子结点. 在搜索过程中，对更新结点进行更新. 搜索结束后返回的是一个产生子结点. 如果搜索的结果不为空，则对产生子结点进行如下操作：

(a) 计算产生子结点与 $f(x^*)$ 的交集 int；

(b) 生成一个新结点 $C_{\mathrm{new}} = (Hnode\text{->}\mathrm{extent} \cup x^*, \mathrm{int})$；

(c) 更新 AA_i 所对应的最小格结点；

(d) 更新相应结点的边.

其算法的具体实现如下：

```
ConceptNode buildConcept(G, x*, f(x*))
```

输入：已有概念格 G, 对象 (x*, f(x*)), 已有属性链表 AL.

输出：更新后的概念格 G*.

步骤：

```
{
    If(Sup(G)==(Φ,Φ))
    {   Sup(G)=(x*, f(x*));
        searchAtr(AL, f(x*));
        将 G 的根结点 root 更新为 (root->extent∪ x*, Φ);
    }
    Else
    {
        If(f(x*)⊄ Sup(G)->intent)
            If(Sup(G)->extent== Φ)
                Sup(G)->intent=Sup(G)->intent∪ f(x*);
            Else
            {
                添加一个新结点 H:(Φ, Sup(G)->intent∪ f(x*));
                增加一个边 Sup(G) → H;
                Sup(G)=H;
            }
        将 G 的根结点 root 更新为 (root->extent∪x*, Φ);
        AA=searchAtr(AL, f(x*));
        For(AA 中的每组元素 AA_i)
        {
            Lnode=AA_i->latticeNode;
            Hnode=SearchG(Lnode);
            If(Hnode!=NULL)
            {
                Int=Hnode->intent∩f(x*);
                生成一个新结点 C_new=(Hnode->extent∪ x*, int);
```

```
If(|Lnode->intent|>|int|)
    AAᵢ->LatticeNode=Cnew;
将 Cnew 加入到 CC[|int|];
添加一条边 Cnew → Hnode;
//修改边;
For(i=0;i<=|int|-1;i++)
{
    For C∈CC[i]
        If(C->intent⊂ Cnew ->intent)
            Is_parent=1;
    For(CC∈C-)children)
        If(CC->intent⊂ Cnew ->intent)
        {   is_parent=0;
            Break;
        }
    If(is_parent)
    {   if(C∈Hnode->parents)
            去除边 C → Hnode;
        增加边 C → Cnew;
    }
}
}
}
}
```

4. 算法分析

基于属性链表的概念格的构造算法主要是由对属性的查找插入、更新结点和产生子结点的判断以及新结点边的修改操作构成. 分别分析如下.

(1) 链表操作.

由于链表和要查找的属性集合是按序排列的, 所以对一个属性查找后, 只需继续向下查找下一个属性, 不必每次都从头结点开始. 所以链表元素的查找与插入操作与链表长度和属性值有关.假设概念格属性集合为 A, 则链表操作的时间复杂度为 $O(\|E\|)$.

(2) 更新结点和产生子结点的查找.

因为查找的是从包含新对象属性的最小格结点开始的. 如果格结点的内涵等于 $f(x^*)$, 则结束查找. 如果格结点是更新结点, 则更新之, 继续查找它的子结点, 如果找到产生子结点, 则结束查找. 所以这种查找与该结点距 $\mathrm{Sup}(G)$ 的深度有关, 而该深度小于 $\|f(x)\|$. 判断格结点与 $f(x^*)$ 的交是否存在, 仅在父结点中查找, 而父结点的平均个数为 $\ln\|O\|$. 所以更新结点和产生子结点查找的时间复杂度为 $O(k.\ln(\|O\|)), k = \|f(x)\|$.

(3) 新生格结点边的修改.

对新生格结点, 其父结点肯定是更新结点和某些新结点, 而更新结点和新结点都是新对象 x^* 对应的属性 $f(x^*)$ 的子集, 而 $f(x^*)$ 的子集最多为 $2^{\|f(x^*)\|}$, 设 $\|f(x)\| = k$, 则修改边操作的时间复杂度为 $O(2^k)$.

(4) 空间复杂性比较.

基于属性链表的概念格的构造算法采用属性链表进行组织, 并基于此链表构造概念格. 已有文献采用的是树结构表示格结点并不是树中每个结点都是有效格结点, 存储了大量的辅助格结点, 占用了较多的存储空间. 本方法只存储属性集合中的每个属性, 节省了很多空间, 提高了算法的空间效率.

5. 应用实例

实例 3.2　假设有形式背景 $L = (O, A, R)$, 表示如表 3.3 所示.

表 3.3　形式背景举例

	a	b	c
1	1	0	1
2	1	1	0
3	0	1	1

按照所提出的构造概念格的思想, 其构造过程如下:

(1) 增加第一个对象 $(1, ac)$.

(a) 因为 $\mathrm{Sup}(G) = (\varPhi, \varPhi)$, 所以 $\mathrm{Sup}(G) = (1, ac)$, 设其 1# 为结点. 根结点更新为 $(1, \varPhi)$, 即为 root.

(b) 构建属性链表. 因为是第一个结点, 所以调用 SearchAtr() 之后, 链表如图 3.3 所示:

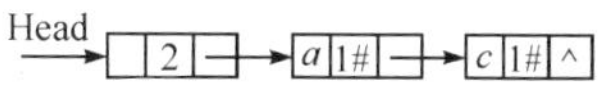

(2) 增加第二个对象 $(2, ab)$.

(a) 因为 $f(x^*) = \{ab\}$ 不包含于 intent$(\mathrm{Sup}(G)) =$

图 3.3　插入第一个结点后的
属性链表

$\{ac\}$，而且 extent$(\mathrm{Sup}(G)) = \{1\} \neq \Phi$，所以添加一个新结点 $(\Phi, \mathrm{intent}(\mathrm{Sup}(G)) \cup \{ab\}) = \{abc\})$ 即 $H = \{\Phi, abc\}$，设其为 2#结点. 同时增加一条边 $\mathrm{Sup}(G) \rightarrow H$.之后 $\mathrm{Sup}(G) = H$.

(b) 将根结点更新为 $(12, \Phi)$，此时构造的概念格如图 3.4(a)所示.

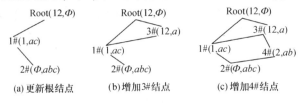

(a) 更新根结点　　　(b) 增加3#结点　　　(c) 增加4#结点

图 3.4　增加第二个对象后生成的概念格

(c) 在属性链表中搜索 $f(x^*) = \{ab\}$，因为 a 在链表中已经存在，所以将其放入数组 $AA[1\#]$ 中，而在 b 链表中不存在，所以将其插入在 c 之前，同时设其 $\mathrm{LatticeNode} = 2\#$，即 $\mathrm{Sup}(G)$，并放入数组 $AA[2\#]$ 中. 构造的属性链表如图 3.5(a) 所示.

(d) 对 AA 中的每组元素进行如下操作:

(i) 取得 $AA[1\#]$ 所对应的概念格结点是 1#，从 1# 结点出发搜索概念格，调用 SearchG 函数. 由于 intent(1#)不包含于 $f(x^*)$，所以求出二者交集 int $= \{a\}$，而在 H 的所有父结点中没有内涵为 $\{a\}$ 的结点，所以 1# 结点是一个产生子结点，生成一个新结点 $C_{\mathrm{new}} = (12, a)$，同时修改属性链表中属性 a 所对应的最小格结点为 C_{new}，设为 3# 结点. 之后添加相应的边.此时概念格所对应的 Hasse 图如图 3.4(b) 所示.

(ii) 取得 $AA[2\#]$ 所对应的概念格结点是 2#，从 2# 结点出发搜索概念格，调用 SearchG 函数. 由于 intent(2#)不包含于 $f(x^*)$.所以求出二者交集 int $= \{ab\}$，而

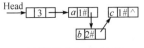

(a) 属性链表中插入属性b

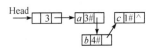

(b) 属性链表的对应结点发生变化

图 3.5　增加第二个对象后生成的属性链表

在 H 的所有父结点中没有内涵为 $\{ab\}$ 的结点，所以 2# 结点是一个产生子结点，生成一个新结点 $C_{\mathrm{new}} = (2, ab)$，同时修改属性链表中属性所对应的最小格结点为 C_{new}，设 4# 为结点. 此时概念格所对应的 Hasse 图如图 3.4(c)所示.

(e) 更新之后属性链表如图 3.5(b)所示.

(3) 增加第三个对象 $(3, bc)$.

① 因为 $f(x^*) = \{3, bc\}$ 不包含于 intent$(\mathrm{Sup}(G)) = \{ac\}$，而且 extent$(\mathrm{Sup}(G)) = \Phi$，所以 $\mathrm{Sup}(G)$ 更新为 $(\mathrm{intent}(\mathrm{Sup}(G)) \cup \{ab\} = \{abc\})$ 即 $H = (\Phi, abc)$.

② 将根结点更新为 $(123,\varPhi)$，此时构造的概念格如图 3.6(a)所示.

③ 在属性链表中搜索 $f(x^*)=\{bc\}$，因为 b 和 c 在链表中都已经存在，所以将 b 放入数组 $AA[4\#]$ 中，而将 c 放入数组 $AA[1\#]$ 中.

④ 对 AA 中的每组元素进行如下操作:

(a) 取得 $AA[4\#]$ 所对应的概念格结点是 4# 结点，从 4# 结点出发搜索概念格，调用 SearchG 函数. 由于 intent(1#) 不包含于 $f(x^*)$，所以求出二者交集 int $=\{b\}$，而在 H 的所有父结点中没有内涵为 $\{b\}$ 的结点，所以 4# 结点是一个产生子结点，生成一个新结点 $C_{\mathrm{new}}=(23,b)$，同时修改属性 b 链表中属性所对应的最小格结点为 C_{new}，设为 5# 结点. 之后添加相应的边.对 4# 结点的子结点 2# 结点进行同样的判断，得知其也为产生子结点. 生成一个新结点 $C_{\mathrm{new}}=(3,bc)$，设为 6# 结点. 此时概念格所对应的 Hasse 图如图 3.6(b)所示.

(b) 取得 $AA[1\#]$ 所对应的概念格结点是 1#，从结点出发搜索概念格，调用 SearchG 函数. 由于 intent(1#) 不包含于 $f(x^*)$，所以求出二者交集 int $=\{c\}$，而在 H 的所有父结点中没有内涵为 $\{c\}$ 的结点，所以 1# 结点是一个产生子结点，生成一个新结点 $C_{\mathrm{new}}=(13,c)$，同时修改属性链表中属性 C 所对应的最小格结点为 C_{new}，设为 7# 结点. 此时概念格所对应的 Hasse 图如图 3.6(c)所示. 更新之后属性链表如图 3.7 所示.

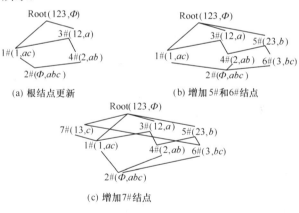

(a) 根结点更新 (b) 增加 5#和6#结点

(c) 增加 7#结点

图 3.6 增加第三个对象后的概念格

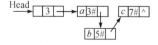

图 3.7 增加第三个对象后更新的属性链表

3.3 基于属性集合幂集的区间概念抽取

3.3.1 属性集合幂集

设 S 为任意一个集合，令 $\varphi(S)=\{x \mid x \subseteq S\}$.则称 $\varphi(S)$ 为 S 的幂集，它是 S 的所有子集组成的集合.设 $n(S)$ 为 S 中元素的个数，由幂集的构成可知，要生成其全部元素，其基本方法便是对于每个不大于 $n(S)$ 的自然数 m，分别求出 S 的恰有 m 个元素的各个不同子集，其数目为 $C_{n(s)}^{m}$，也就是从 S 的全部元素中每次取出 m 个元素的不同组合.

属性集合幂集是由形式背景中属性集合的所有子集所组成的集合.例如：属性集合 $S=\{a,b,c\}$，其幂集就为 $P(S)=\{\{a,b,c\},\{a,b\},\{a,c\},\{b,c\},\{a\},\{b\},\{c\},\{\ \}\}$.一个有 n 个元素的集合，它的幂集就有 2^{n} 个子集.

属性集合幂集涵盖了全部的属性组合，在保留了原属性集合的基础上扩充了其补集，保证了从形式背景中抽取出概念的完整性，并能发现一些隐含的概念.

3.3.2 区间概念抽取

区间概念是一个三元序偶，即区间概念的外延 X 由上界外延和下界外延两部分组成，需要从二元关系表示的形式背景中抽取出属性集合，然后计算出区间概念的上、下界外延.

区间概念抽取的过程一般是，首先，由形式背景确定区间概念的内涵；其次，由内涵求出相应区间概念的外延；最后，得到区间概念.

3.3.3 基于属性集合幂集的区间概念抽取方法

提出一种通过计算属性集合幂集得到内涵，进而根据属性集合幂集覆盖的对象确定上界外延和下界外延，最后合成获得区间概念的方法.

区间概念抽取过程的关键步骤如下.

步骤 1：计算属性集合幂集.

步骤 2：确定内涵.将属性集合幂集中的每一个子集对应确定为粗糙形式概念的内涵.

步骤 3：确定上界外延.内涵中可能被 Y 中至少 $\alpha \times |Y|$ 个内涵属性所覆盖的对象集为该区间概念的上近似外延.

步骤 4：确定下界外延.内涵中可能被 Y 中至少 $\beta \times |Y|$ 个内涵属性所覆盖的对

象集为该区间概念的下近似外延.

步骤 5：合成区间概念.

3.4　基于属性集合幂集的建格算法

算法首先由属性集合幂集确定的内涵及内涵覆盖的上下界外延构成概念结点；根据区间概念格中父子结点的独特性质自下而上地生成区间概念格结构. 算法缩小了寻找新结点的父子结点的搜索范围，以达到快速生成格结构的目的[67].

3.4.1　算法思想

(1) 由形式背景计算所有属性构成的集合的幂集 $P(A)$，将幂集中的每个元素 Y 作为内涵，按照内涵基数由小到大的顺序依次生成初始的结点集 G. 为了方便描述，设每个概念结点为六元组：

$$(M^\alpha, M^\beta, Y, \text{Parent}, \text{Children}, \text{No})$$

设定 M_i^α 和 M_i^β 都为空集，且 Parent=Children="Null".

(2) 设定参数 α 与 β，Y 对应的结点为 $G = (M^\alpha, M^\beta, Y)$. 对于 Y 扫描每个对象的内涵，将内涵中满足条件 $Y_i \subseteq Y$ 且 $|Y_i| / |Y| \geqslant \alpha$ 的对象并入 G 的 α 上界外延 M^α 中；对内涵中的每个满足条件 $Y_i \subseteq Y$ 且 $|Y_i| / |Y| \geqslant \beta$ 的对象，并入 G 的 β 下界外延 M^β 中.

(3) 首先构造出根结点和末梢结点，之后将其他结点以新增结点的形式渐进式地插入到格中，进一步形成区间概念格结构.

在插入新结点后新格 $L_\alpha^{\beta'}$ 中存在三种类型的结点：新增结点、不变结点和更新结点.

(a) 新增结点：即新插入的结点.

(b) 不变结点：插入新结点后，父子结点都未发生变化，原格 L_α^β 中保留到 $L_\alpha^{\beta'}$ 中的结点.

(c) 更新结点：插入新结点后，原格 L_α^β 中的结点更新后成为 $L_\alpha^{\beta'}$ 中的结点.

算法是在设定了末梢结点和根结点后按照自下而上的顺序生成格结构. 当插入一定数量的属性个数为 n 的结点后，可能会出现 G_i 寻找不到属性个数为 $(n-1)$ 的父结点. 这种情况也会导致在生成格结构过程中丢失某个结点的父结点. 为了解决这个问题，在扫描过程中需要考虑到 Y_i 与 Y_j 不存在包含或者被包含的关系但是 $Y_i \cap Y_j \neq \phi$ 的情况. 对于这种情况我们需要扫描格结构中属性个数为 n 的

结点 G_j.

3.4.2　算法设计

算法 3.3　ICAICL(Incremental Construct Algorithm of Interval Concept Lattice).

输入：形式背景 (U, A, R).

输出：区间概念格 L_α^β.

(1) 计算属性集合幂集 $P(A)$ 确定概念的内涵，生成初始化的概念集 G.

(2) 确定 α 上界外延 M_i^α 和 β 下界外延 M_i^β.

```
Get-M_i^α.M_i^β (P(A), G)
{
    M_i^α = M_i^β = φ;

  For each Y in P(A)
   For each x∈U
     {
      If (|f(x)∩Y_i|/|Y_i|⩾α)
     M_i^α = M_i^α ∪ x
      If (|f(x)∩Y_i|/|Y_i|⩾β)
       M_i^β = M_i^β ∪ x

     }
   If (M_i^α = φ)
    G=G-(M_i^α, M_i^β, Y_i)

  }
```

(3) 形成格结构. 对结点集合 G，按照前驱后继关系确定结点的层次及父子关系.

```
Insert-A1(*First, *End, G)
  //内涵属性个数为 1 个的结点，作为末梢结点的父结点和根结点的子结点
    {
  L_α^β = {(M_0^α, M_0^β, A, φ, φ, 0),(φ, φ, φ, φ, φ, 1)}
  First=1, End=0;
     //设 First 指针指向序号为 1 的结点，End 指针指向序号为 0 的结点
   For each G_i in G
   {
    If (|G_i.Y|=1)
     {
```

```
      First.children=First.children∪{Gi.no}

      End.parent=End.parent∪{Gi.no}

      Gi.parent=Gi.parent∪{First.no}

      Gi.children=Gi.children∪{End.no}

      G=G-{Gi}

      }

    else end

    }

 }
Insert-An (*First, *End, G, *C, n)
```

//对内涵属性个数为 n 的结点确定父子结点

```
{
  First=1, End=0;

    {

    For each |Gi.Y|=n

      {

      For each parent C in End
```

//C 指针指向 End 的每一个父亲

```
        If (C.Y ⊆ Gi.Y)

        {

           End.parent=End.parent∪{Gi.no}-{C.no}

           C. children=C.children∪{Gi.no}-{End.no}

           G=G-{Gi}

        }

        else (C.Y ∩ Gi.Y ≠ φ)

          {

          If (|C.Y|=n)

          {

           End.parent=End.parent∪{Gi.no}

           G=G-{Gi}

          }

          }

    else (|Gi.Y|≠n)

     n++
```

```
      }
   }
   Get-child(C, *N, Gi)
   {
     For each parent N in C
       //N指针指向C的每一个父亲
       If (N.Y ⊆ Gi.Y)
       {
       Gi.parent = Gi.parent∪{N.no}
       N.children=N.children∪{Gi.no}
       }
       If (G≠ φ)
       {
         Insert-An (*First, *End, G, *C, n)
       }
       else end
   }
```

3.4.3　算法分析

在算法 ICAICL 中，不妨设形式背景中记录条数为 n_1，属性个数为 n_2. 算法分为三个步骤：一是计算属性幂集 $P(A)$，生成 2^{n_2} 个属性集合，时间复杂度为 $O(n_2^2)$；二是初始化结点的上下界外延，并删除上界外延为空的无效结点，最差情况生成 $2^{n_2}-1$ 个有效结点，时间复杂度为 $O(n_1 \times 2^{n_2}-1)$；三是生成概念格结构的过程. 在这个过程中调用三个子函数:Insert-A1(First, End, G)、Insert-An(First, End, G, C, n)以及 Get-child(C, N, G_i).

经过分析发现算法的时间复杂度比较大，这是区间概念格本质上的复杂度高引起的. 本算法是在将属性集合按序排列后自下而上生成格结构的. 插入新结点时，采用从根结点的子结点出发向下寻找新结点的父子结点的方法，此时只需要向下寻找两层，这样在多层次的格结构中，可以节省时间. 而传统的渐进式算法，是每插入一个结点，就需要遍历当前概念格中的所有结点. 可见，本算法对传统的渐进式算法在时间复杂度上进行了优化改良. ICAICL算法在保证数据完备性的前提下，提高了建格的效率.

3.5　实例验证

实例 3.3　对表 3.4 所示的形式背景，设 α =0.5，β =0.6，由 ICAICL 算法进行概念格构造.

表 3.4　形式背景

	a	b	c	d	e	f	g	h
1	0	0	1	1	1	0	0	0
2	0	1	0	1	0	0	0	0
3	1	0	0	0	1	0	0	0
4	1	1	1	0	0	0	0	0
5	0	1	0	0	0	0	1	0
6	0	0	0	0	1	1	0	0
7	0	0	0	1	0	0	0	1

步骤 1：计算属性集合幂集 $P(A)$，确定概念的内涵，生成初始化的概念结点集 G.给定的形式背景中含 8 个属性，则 A 的子集为 256 个(非空真子集 254 个).

步骤 2：确定 α 上界外延集 M_i^{α} 和 β 下界外延集 M_i^{β}.由定义得出 $[\alpha,\beta](0 \leqslant \alpha \leqslant \beta \leqslant 1)$ 的区间概念如表 3.5.

表 3.5　区间形式概念

区间概念	上界外延	下界外延	内涵	区间概念	上界外延	下界外延	内涵
C1	{1234567}	{1234567}	ϕ	C12	{12347}	ϕ	{ad}
C2	{34}	{34}	{a}	C13	{1346}	{3}	{ae}
C3	{245}	{245}	{b}	C14	{1245}	{4}	{bc}
C4	{14}	{14}	{c}	C15	{12457}	{2}	{bd}
C5	{127}	{127}	{d}	C16	{123456}	ϕ	{be}
C6	{136}	{136}	{e}	C17	{5}	ϕ	{bg}
C7	{6}	{6}	{f}	C18	{124}	{1}	{cd}
C8	{5}	{5}	{g}	C19	{134}	{1}	{ce}
C9	{7}	{7}	{h}	C20	{123}	{1}	{de}
C10	{2345}	{4}	{ab}	C21	{7}	{7}	{dh}
C11	{134}	{4}	{ac}	C22	{6}	{6}	{ef}

区间概念	上界外延	下界外延	内涵
$C23$	{4}	{4}	{abc}
$C24$	{24}	{24}	{abd}
$C25$	{34}	{34}	{abe}
$C26$	{5}	ϕ	{abg}
$C27$	{14}	{14}	{acd}
$C28$	{134}	{134}	{ace}
$C29$	{4}	{4}	{ade}
$C30$	{7}	ϕ	{adh}
$C31$	{6}	ϕ	{aef}
$C32$	{124}	{124}	{bcd}
$C33$	{14}	{14}	{bce}
$C34$	{5}	ϕ	{bcg}
$C35$	{12}	{12}	{bde}
$C36$	{5}	ϕ	{bdg}
$C37$	{7}	ϕ	{bdh}
$C38$	{6}	ϕ	{bef}
$C39$	{5}	ϕ	{beg}
$C40$	{5}	ϕ	{bfg}
$C41$	{5}	ϕ	{bgh}
$C42$	{1}	{1}	{cde}
$C43$	{7}	ϕ	{cdh}
$C44$	{6}	ϕ	{cef}
$C45$	{6}	ϕ	{def}
$C46$	{7}	ϕ	{deh}
$C47$	{7}	ϕ	{dfh}
$C48$	{7}	ϕ	{dgh}
$C49$	{6}	ϕ	{egf}
$C50$	{6}	ϕ	{efh}
$C51$	{124}	{4}	{abcd}
$C52$	{134}	{4}	{abce}
$C53$	{1234}	ϕ	{abde}
$C54$	{134}	{1}	{acde}
$C55$	{124}	{1}	{bcde}
$C56$	{14}	{14}	{abcde}
$C0$	ϕ	ϕ	{abcdefgh}

步骤 3：形成格结构.

(1) 将 $C1$ 作为根结点，$C0$ 作为末梢结点.

(2) 将 $C2$，$C3$，$C4$，$C5$，$C6$，$C7$，$C8$，$C9$ 作为 $C1$ 的子结点和 $C0$ 的父结点.

(3) 首先按顺序插入 $C10.C10.Y=\{ab\}$，将 $C10$ 的内涵与 $C1$ 的子结点内涵进行运算得到 $C2.Y \subseteq C10.Y$，$C3.Y \subseteq C10.Y.C2$ 和 $C3$ 是 $C10$ 的父结点，将 $C10$ 归为 $C0$ 的父结点，得出图 3.8.

接着插入 $C11.C11.Y=\{ac\}$，由图 3.8 可知末梢结点 $C0$ 的父结点为 $C4$，$C5$，$C6$，$C7$，$C8$，$C9$，$C10.C4.Y \subseteq C11.Y$，$C11.Y \bigcap C10.Y \neq \phi$ 且 $|C11.Y|=2$.此外，还需要扫描 $C10$ 的父结点，得到 $C2.Y \subseteq C11.Y$，则 $C2$，$C4$ 是 $C11$ 的父结点，将 $C11$ 归为 $C0$ 的父结点，得图 3.9.

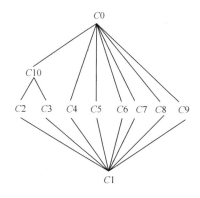

图 3.8　$C0$ 到 $C10$ 生成的概念格

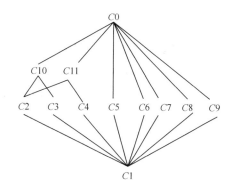

图 3.9　$C0$ 到 $C11$ 生成的概念格

最终按照 ICAICL 算法得出如图 3.10 所示的区间概念格，给出了所有满足给定的参数 $\alpha = 0.5$ 与 $\beta = 0.6$ 的区间概念及其相互间的前驱后继关系.

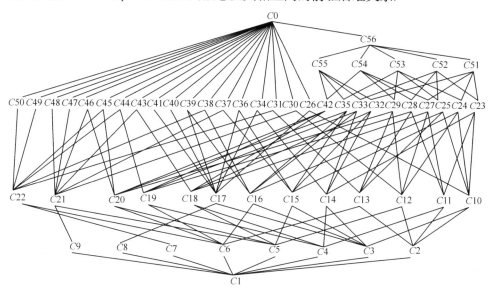

图 3.10　由表 3.4 中形式背景生成的区间概念格

在此区间概念格中可以进行对包含部分内涵中属性的对象进行查找. 例如，对至少包含 $\{abcd\}$ 中两个属性的对象进行查找，遍历格结构，概念结点 $C51$ 的上界外延中的对象 1，2，4 即为要查找的目标.

3.6　本章小结

　　本章主要探讨了两个大问题. 一是概念格地构造算法，创造性地提出了基于属性链表的概念格渐进式构造算法，大大缩小了新生格结点的父结点和子结点的搜索范围以及产生子结点的搜索范围，提高了渐进式更新概念格的速度；二是提出了基于属性集合幂集的区间概念格的渐进式生成算法，格中结点的内涵是由属性集合幂集生成的；证明了区间概念格中父子结点的性质，并由此进行了自下而上的构造算法的设计；对算法进行了分析，并通过实例验证了算法在保证完备性的前提下提高了效率.

第4章 区间概念格的动态压缩

4.1 问题的提出

由于概念格中结点数量是形式背景的指数级函数,并且随着社交网络、物联网等技术的快速发展,数据规模成爆炸式增长,庞大的数据量给概念格应用带来了巨大挑战. 约简概念格进而提高关联规则提取效率成为概念格研究中的重要内容[22, 68-70].

相同的形式背景生成的区间概念数量是其他概念格的几倍甚至几十倍,并且区间概念格生成过程中产生的外延为空的结点相对较少,导致了区间概念格结构庞大,所以在格结构未知的情况下,先构造格结构再进行压缩会浪费大量人力物力.

基于此背景,针对区间概念格的复杂结构,设计了区间概念格的动态压缩算法[71],直接从形式背景出发对区间概念格进行动态压缩,以减少区间概念结点的冗余度. 为了保证概念压缩后仍能体现概念之间的关联关系,首先给出了基于形式背景的二元关系对的相似度及关系上的覆盖近邻空间的定义;其次,通过定义区间概念压缩算子,得到了压缩概念,并证明了压缩后的概念集是压缩前概念集的子集;基于覆盖的近邻空间及压缩算子,进一步构建了区间概念格的动态压缩模型. 可以根据相似类阈值大小控制区间概念格中的结点数量,实现了动态压缩,最后通过实例验证了模型的正确性以及压缩的高效性.

4.2 概念格的属性约简

4.2.1 基于可辨识属性矩阵的属性约简

定义 4.1 设 $L(U, A_1, R_1)$ 和 $L(U, A_2, R_2)$ 是两个概念格. 如果对于任意 $(X, Y) \in L(U, A_2, R_2)$,总存在 $(X', Y') \in L(U, A_1, R_1)$,使得 $X' = X$,则称 $L(U, A_1, R_1)$ 细于 $L(U, A_2, R_2)$,记作

$$L(U, A_1, R_1) \leqslant L(U, A_2, R_2)$$

如果 $L(U, A_1, R_1) \leqslant L(U, A_2, R_2)$ 且 $L(U, A_2, R_2) \leqslant L(U, A_1, R_1)$,那么称两个概念同

构，记作

$$L(U,A_1,R_1) \cong L(U,A_2,R_2)$$

在形式背景 (U,A,R) 下，$\forall D \subseteq A$，记 $R_D = R \cap (U \times D)$，那么 (U,D,R_D) 也是一个形式背景. 对于运算 $f(X)(X \in U)$，在 (U,A,R) 下还用 $f(X)$ 表示，在 (U,D,R_D) 下用 $f(X)^D$ 表示. 显然 $R_A = R$，$f(X)^A = f(X)$，$f(X)^D = f(X)^A \cap D = f(X) \cap D$，$f(X)^D \subseteq f(X)$.

定理 4.1　设 (U,A,R) 是形式背景，$\forall D \subseteq A(D \neq \phi)$，总有 $L(U,A,R) \leqslant L(U,D,R_D)$.

定义 4.2　对于形式背景 (U,A,R)，如果存在属性集 $D \subseteq A$，使得 $L(U,D,R_D) \cong L(U,A,R)$，则称 D 是 (U,A,R) 的协调集. 若进一步 $\forall d \in D$，$L(U,D-\{d\},R_{D-\{d\}})$ 与 $L(U,A,R)$ 不同构，则称 D 是 (U,A,R) 的约简. 所有 (U,A,R) 约简的交集称为 (U,A,R) 的核心.

定理 4.2　设 (U,A,R) 是形式背景，$D \subseteq A(D \neq \phi)$，则 D 是协调集 $\Leftrightarrow$ $L(U,A,R) \leqslant L(U,D,R_D)$.

定义 4.3　设形式背景 (U,A,R) 的所有约简为 $\{D_i | D_i$ 是约简, $i \in \tau\}$（τ 为一个指标集）. 可将属性集 A 分为以下 3 类：①绝对必要属性(核心属性) b：$b \in \bigcap_{i \in \tau} D_i$. ②相对必要属性 c：$c \in \bigcup_{i \in \tau} D_i - \bigcap_{i \in \tau} D_i$. ③绝对不必要属性 d，$d \in A - \bigcup_{i \in \tau} D_i$. 其中，非核心的属性，统一称为不必要属性 e：$e \in A - \bigcap_{i \in \tau} D_i$，它不是相对必要属性就是绝对不必要属性. 对于绝对必要属性 b、相对必要属性 c 和绝对不必要属性 d，显然 $g(b) \neq g(c)$，$g(c) \neq g(d)$，$g(b) \neq g(d)$.

定理 4.3　对于任何形式背景 (U,A,R) 约简一定存在.

但是一般来说，约简不一定是唯一的.

实例 4.1　如表 4.1 所示的形式背景 (U,A,R)，其中 $U = \{1,2,3,4\}$，$A = \{a,b,c,d,e\}$.

表 4.1　形式背景

	a	b	c	d	e
1	1	1	0	1	1
2	1	1	1	0	0
3	0	0	0	1	0
4	1	1	1	0	0

该形式背景中共有 6 个概念：$(1,abde)$，$(24,abc)$，$(13,d)$，$(124,ab)$，(U,ϕ)，

(ϕ,A) ，分别标记为 $Ci(i=1,2,\cdots,6)$ ，得到的概念格如图 4.1 所示. 该形式背景的约简有 2 个，分别是 $D_1=\{a,c,d\}$ ， $D_2=\{b,c,d\}$ ，则 c,d 是绝对必要属性(即核心属性)、a,b 为相对必要属性、e 为绝对不必要属性、图 4.2 是形式背景 (U,D_1,R_{D_1}) 的概念格. 显然，$L(U,D_1,R_{D_1})\cong L(U,A,R)$.

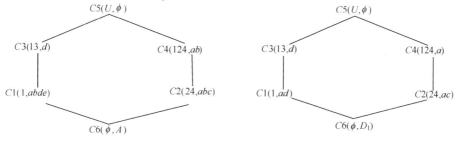

图 4.1　概念格 $L(U,A,R)$　　　　　　图 4.2　概念格 $L(U,D_1,R_{D_1})$

推论 4.1　核心是约简 $\Leftrightarrow$ 约简唯一.

推论 4.2　$a\in A$ 是不必要属性 $\Leftrightarrow$ $A-\{a\}$ 是协调集.

推论 4.3　$a\in A$ 是核心属性 $\Leftrightarrow$ $A-\{a\}$ 不是协调集.

由于概念格上的约简 D 满足：①D 是协调集；②$\forall d\in D$ ， $D-\{d\}$ 不是协调集. 因此为了求约简，需要给出协调集的充要条件，即协调集判定定理.

定理 4.4 (协调集判定定理 1)　设 (U,A,R) 为形式背景，$D\subset A$ ，$D\neq\phi$ ，$E=A-D$ ，则 D 是协调集的充要条件有

(1)　$\forall F\subseteq E,F\neq\phi,g(f(g(F))-E)=g(f(g(F))\bigcap D)=g(F)$ ；

(2)　$\forall F\subseteq E,F\neq\phi,\exists C\subseteq D,C\neq\phi$ ，使得 $g(C)=g(F)$ ；

(3)　$\forall e\in E,\exists C\subseteq D,C\neq\phi$ ，使得 $g(C)=g(e)$ ；

(4)　$\forall e\in E,g(f(g(e))-E)=g(f(g(e))\bigcap D)=g(e)$ ；

(5)　$L(U,D,R_D)\leqslant L(U,E,R_E)$.

推论 4.4　设 (U,A,R) 为形式背景，$D\subset A$ ，$D\neq\phi$.若 D 是协调集，则 $g(D)\subseteq g(A-D)$.

定理 4.5　(约简判定定理)　设 (U,A,R) 为形式背景，$D\subset A$ ，$D\neq\phi$ ，$E=A-D$ ，则 D 是约简 $\Leftrightarrow\forall e\in E,g(f(g(e))-E)=g(f(g(e))\bigcap D)=g(e)$ ，且 $\forall d\in D$, $g(f(g(d))-(E\bigcup\{d\}))=g(f(g(d))\bigcap(D-\{d\}))\neq g(d)$.

定义 4.4　设 (U,A,R) 为形式背景，(X_i,Y_i) ， $(X_j,Y_j)\in L(U,A,R)$. 称

$$DIS_C((X_i,Y_i),(X_j,Y_j))=Y_i\bigcup Y_j-Y_i\bigcap Y_j$$

为 (X_i,Y_i) 与 (X_j,Y_j) 的可辨识属性集. 称

$$\Lambda_C=(DIS_C((X_i,Y_i),(X_j,Y_j)),(X_i,Y_i),(X_j,Y_j)\in L(U,A,R))$$

为形式背景的可辨识属性矩阵.

在形式背景的可辨识属性矩阵中，只有非空元素对研究有意义. 所以，不加区别地把非空元素的集合也记为 Λ_C.

实例 4.2　表 4.2 给出表 4.1 所示的形式背景的可辨识属性矩阵.

表 4.2　例 4.1 形式背景的可辨识属性矩阵

	C1	C2	C3	C4	C5	C6
C1	ϕ					
C2	$\{c,d,e\}$	ϕ				
C3	$\{a,b,e\}$	$\{a,b,c,d\}$	ϕ			
C4	$\{d,e\}$	$\{c\}$	$\{a,b,d\}$	ϕ		
C5	$\{a,b,d,e\}$	$\{a,b,c\}$	$\{d\}$	$\{a,b\}$	ϕ	
C6	$\{c\}$	$\{d,e\}$	$\{a,b,c,e\}$	$\{c,d,e\}$	A	ϕ

定理 4.6　设 (U,A,R) 为形式背景, (X_i,Y_i) , (X_j,Y_j) , $(X_k,Y_k) \in L(U,A,R)$. 以下性质成立：

(1) $DIS_C((X_i,Y_i),(X_i,Y_i)) = \phi$;

(2) $DIS_C((X_i,Y_i),(X_j,Y_j)) = DIS_C((X_j,Y_j),(X_i,Y_i))$;

(3) $DIS_C((X_i,Y_i),(X_j,Y_j)) \subseteq DIS_C((X_i,Y_i),(X_k,Y_k)) \bigcup DIS_C((X_k,Y_k),(X_j,Y_j))$.

定理 4.7 (协调集判定定理 2)　设 (U,A,R) 是形式背景, $\forall D \subseteq A(D \neq \phi)$, $\forall (X_i,Y_i),(X_j,Y_j) \in L(U,A,R)$, $(X_i,Y_i) \neq (X_j,Y_j)$, 下列命题等价：

(1) D 是协调集；

(2) $B_i \bigcap D \neq B_j \bigcap D$;

(3) $D \bigcap DIS_C((X_i,Y_i),(X_j,Y_j)) \neq \phi$;

(4) $\forall B \subseteq A$, 若 $B \bigcap D = \phi$, 则 $B \notin \Lambda_C$.

定理 4.7 表明，寻找形式背景的约简实际上是寻找满足条件 $D \bigcap H \neq \phi(\forall H \in \Lambda_C)$ 的最小属性集 D .

实例 4.3　基于例 4.2 给出的可辨识属性矩阵来确定表 4.1 所示形式背景的约简.

首先有 $\Lambda_C = \{\{c\},\{d\},\{a,b\},\{d,e\},\{c,d,e\},\{a,b,e\},\{a,b,c\},\{a,b,d\},\{a,b,d,e\},$ $\{a,b,c,d\},\{a,b,c,e\},A\}$.

对 $D_1 = \{a,c,d\}$ 来说，它满足 $D \bigcap H \neq \phi(\forall H \in \Lambda_C)$ ；另外，对于 D_1 中去掉任意一个属性后的子集 $\{a,c\}$, $\{a,d\}$, $\{c,d\}$, 在 Λ_C 中都相应存在相交为空的元素

$\{d\}$，$\{c\}$，$\{a,b\}$．同样对于 $D_2=\{b,c,d\}$ 来说，它满足 $D\bigcap H\neq\phi(\forall H\in\Lambda_C)$；另外，对于 D_2 中去掉任意一个属性后的子集 $\{b,c\}$，$\{b,d\}$，$\{c,d\}$，在 Λ_C 中都相应存在相交为空的元素 $\{d\}$，$\{c\}$，$\{a,b\}$．因此 D_1 和 D_2 均为约简．

定义 4.5　设 (U,A,R) 为形式背景，其辨识函数为

$$f(\Lambda_C)=\underset{H\in\Lambda_C}{\wedge}(\underset{h\in H}{\vee}h)$$

通过使用吸收律和分配律，可以将辨识函数 $f(\Lambda_C)$ 变换为最小析取范式，这个最小析取范式的所有组成成分(所有合取式)是形式背景的全部约简．

实例 4.4　给出表 4.1 所示的形式背景的辨识函数，并计算出全部约简．

$$f(\Lambda_C)=\underset{H\in\Lambda_C}{\wedge}(\underset{h\in H}{\vee}h)$$
$$=(d\vee e)\wedge c\wedge(c\vee d\vee e)\wedge(a\vee b\vee c\vee e)\wedge(a\vee b\vee c\vee d\vee e)\wedge(a\vee b\vee c\vee d)$$
$$\wedge(a\vee b\vee c)\wedge(a\vee b\vee e)\wedge(a\vee b\vee d\vee e)\wedge(a\vee b\vee d)\wedge(a\vee b)\wedge d$$
$$=c\wedge d\wedge(a\vee b)$$
$$=(a\wedge c\wedge d)\vee(b\wedge c\wedge d)$$

结果表明，该形式背景的约简有 2 个，分别为 $\{a,c,d\},\{b,c,d\}$．这与例 4.3 得到的结果一致．

定义 4.6　根据属性与约简的关系，把属性分为 3 类：绝对必要属性(核心属性)，相对必要属性，绝对不必要属性．不同类型的属性在概念格约简中所起的作用是不同的.这些属性具有各自的特征．

定理 4.8　设 (U,A,R) 是形式背景，$\forall a\in A$，a 是核心属性的充分必要条件是 $\exists(X_i,Y_i),(X_j,Y_j)\in L(U,A,R),DIS_C((X_i,Y_i),(X_j,Y_j))=\{a\}$．

定理 4.9　设 (U,A,R) 是形式背景，$\forall a\in A$，记 $M_a=\{m|m\in A,g(m)\supset g(a)\}$．下列命题成立：

(1) a 是核心属性 $\Leftrightarrow g(f(g(a))-\{a\})\neq g(a)$；

(2) a 是绝对不必要属性 $\Leftrightarrow g(f(g(a))-\{a\})\neq g(a)$，且 $g(M_a)=g(a)$；

(3) a 是相对必要属性 $\Leftrightarrow g(f(g(a))-\{a\})\neq g(a)$，且 $g(M_a)\neq g(a)$．

4.2.2　基于区分函数的属性约简

形式背景中任意两个概念中必有其中一个概念存在某个属性不是另外一个概念的属性，该属性形成了两个概念的一个区分[69]．

定义 4.7　设 (U,A,R) 为形式背景，(X_i,Y_i)，$(X_j,Y_j)\in L(U,A,R)$，若 $a\in B$，$a\notin C$，则称 a 是 (X_i,Y_i) 关于 (X_j,Y_j) 的区分属性，否则称 a 是 (X_i,Y_i) 关于 (X_j,Y_j) 的非区分属性．

对于协调决策形式背景, 显然对 $\forall (X_i,Y_i) \in L(U,Q,J)$, $X_i \neq U$, 必存在 $(X_i,Y_i') \in L(U,A,R)$, 令 $S_{(X_i,Y_i')} = \{(X_j,Y_j) | (X_j,Y_j)$是$(X_i,Y_i')$的直接父结点$\}$ 利用 (X_i,Y_i') 关于它的每个直接父结点的区分属性可以构造一个 (X_i,Y_i') 对应的布尔表达式:

$$\Delta(X_i,Y_i') = \bigwedge_{(X_j,Y_j) \in S(X_i,Y_i')} (\bigvee_{a \in Y_i' - Y_j} a)$$

定义 4.8　在协调决策形式背景 (U,A,R,Q,J) 中, 若 $(X_i,Y_i) \in L(U,Q,J)$, $X_i \neq U$, 与之对应的概念 $(X_i,Y_i') \in L(U,A,R)$, 记 $\Delta = \bigwedge_{(X_i,Y_i') \in L(U,A,R)} \Delta(X_i,Y_i')$, 则称 Δ 为协调决策形式背景 (U,A,R,Q,J) 的区分函数.

协调决策形式背景 (U,A,R,Q,J) 的区分函数是一个布尔合取范式, 可以转化为极小析取范式, 此最小析取范式直接决定了协调决策形式背景的所有约简.

定理 4.10　D 是协调决策形式背景 (U,A,R,Q,J) 的一个约简的充分必要条件是 D 是 Δ 极小析取范式的一个析取支.

基于定理 4.10, 要求协调决策形式背景的约简, 只需计算区分函数, 把区分函数化为极小析取范式, 那么极小析取范式的每一个析取支就是协调决策形式背景的约简.

4.2.3　基于概念格同构下的属性约简

定义 4.9　设两个形式背景 $K_1 = (U_1,A_1,R_1)$ 和 $K_2 = (U_2,A_2,R_2)$, 在双射 $f: U_1 \to U_2$, $f: A_1 \to A_2$ 条件下, 对于所有的 $x \in U_1, a \in A_1$: 有 $xR_1 a \Leftrightarrow f(x)R_2 g(a)$ 成立, 这样就称为这两个形式背景是同构的, 记为 $K_1 \cong K_2$.

由形式背景同构可以推出由这两个形式背景产生的概念格同构[70].

定理 4.11　$K_1 \cong K_2 \Rightarrow L(K_1) \cong L(K_2)$.

证明　设 $K_1 \cong K_2$, 任意形式概念 $(X,Y) \in L(K_1)$, 定义全概念函数映射且是序包含的 $\phi: L(K_1) \mapsto L(K_2)$ 如下: $\phi: (X,Y) \to (f(X),g(B))$ (其中 $f: U_1 \to U_2$, $g: A_1 \to A_2$, 使得对于所有的 $x \in U_1, a \in A_1$ 有 $xR_1 a \Leftrightarrow f(x)R_2 g(a)$ 成立).

由前面假设形式背景同构可知:

对于 $\forall x \in U_1, a \in A_1$, 有 $xR_1 a \Leftrightarrow f(x)R_2 g(a)$ 成立.

要证 ϕ 是 $L(K_1)$ 和 $L(K_2)$ 的序同构映射只需证 ϕ 是一个序双射函数.

(1) 首先设 ϕ 是一个单射.

设 $C1 = (X_1,Y_1) \in L(K_1)$, $C2 = (X_2,Y_2) \in L(K_2)$.

欲证 $\phi(C1) = \phi(C2) \Rightarrow C1 = C2$,

$$\phi(C1) = \phi(C2)$$
$$\Leftrightarrow \phi((X_1, Y_1)) = \phi((X_2, Y_2))$$
$$\Leftrightarrow (f(X_1), g(Y_1)) = (f(X_2), g(Y_2))$$
$$\Leftrightarrow f(X_1) = f(X_2), g(Y_1) = g(Y_2)$$
$$\Leftrightarrow f和g都是同构映射，\ X_1 = X_2, \quad Y_1 = Y_2$$
$$\Leftrightarrow (X_1, Y_1) = (X_2, Y_2)$$
$$\Leftrightarrow C1 = C2，即\phi是单射的.$$

(2) 下面再证 ϕ 是满射的.

用反证法，假设 $\exists D = (X, B) \in L(K_2)$ 且对于所有 $Ci \in L(K_1)$ 有 $\phi(Ci) \neq D$. 在 $K_1 \cong K_2$ 下，说明 f 和 g 都是双射，对于任意 $x \in X, b \in B$ 有 $xR_2b \Leftrightarrow f^{-1}(x)R_1g^{-1}(b)$ ，由于 $\exists (X, Y) \in L(K_1)$ 使得 $f(X) = X, f(Y) = B$. 即存在 $Ck \in L(K_1)$ 使得 $\phi(Ck') = D$. 显然假设不成立，因此 ϕ 是满射的. 这样就说明 ϕ 是一个双射函数.

一个形式背景往往是包含海量信息的数据表，然而如何有效地去约简形式背景是非常关键的. 对于形式背景的子背景中必然存在着一个主形式背景，由主形式背景产生的概念格称为主概念格，它保持了原形式背景对应的概念格的结构与层次，因此对主概念格的构造具有非常重要的意义.

由于形式背景中概念间的关系由概念格表现，对于形式背景的约简，实际上是对概念格的约简，即用较少的属性仍能表达全体属性所形成的概念，主概念格就能很好地达到这个目的.

定义 4.10　设形式背景 (U, A, R) ，$\forall D \subseteq A$. 若 $L(U, A, R) \cong L(U, D, R_D)$ ，且 $\forall d \in D$. $L(U, D - \{d\}, R_{D-\{d\}})$ 与 $L(U, A, R)$ 不同构，则称 D 是 (U, A, R) 的最小属性约简集，该最小属性约简集对应的概念格 $L(U, D, R_D)$ 称为形式背景 (U, A, R) 的主概念格. 任何形式背景 (U, A, R) 至少存在一个最小属性约简集.

算法 4.1　最小属性约简集计算算法.

输入：形式背景 (U, A, R) .

输出：最小属性约简集 A .

步骤 1：对 $\forall a \in A$ ，如果 $L(U, A - \{a\}, R_{A-\{a\}})$ 与 $L(U, A, R)$ 不同构，则 A 是最小属性约简集.

步骤 2：对 $\forall a \in A$ ，如果 $L(U, A - \{a\}, R_{A-\{a\}}) \cong L(U, A, R)$ ，继续研究 $D_1 = A - \{a\}$. 对 $\forall d_1 \in D_1$ ，如果 $L(U, D_1 - \{d_1\}, R_{D_1-\{d_1\}})$ 与 $L(U, A, R)$ 不同构，则 D_1 是最小属性约简集. 否则转步骤 3.

步骤 3：继续探讨 $D_2 = D_1 - \{d_1\}$ ，按照步骤 2 进行判定，直到找到最小属性约简集.

由上面算法可知最小属性约简集不是唯一的，在同构的前提下可以认为主概念格是唯一的.

实例 4.5　对实例 4.1 所示的形式背景，判断 $D_1 = \{a,c,d\}$ 与 $D_2 = \{a,b,c,d\}$ 是否为最小属性约简集.

对 $D_{11} = \{a,c\}$，$E_{11} - f(g(D_{11})) = \{b,d,e\} - \{a,b,c\} = \{d,e\} \neq \phi$，根据定义 4.2 和协调集判定定理可知 $L(U,D_{11},R_{D_{11}})$ 与 $L(U,A,R)$ 不同构；同理，对 $D_{12} = \{a,d\}$ 和 $D_{13} = \{c,d\}$ 有 $L(U,D_{12},R_{D_{12}})$，$L(U,D_{13},R_{D_{13}})$ 都与 $L(U,A,R)$ 不同构. 所以，$D_1 = \{a,c,d\}$ 是最小属性约简集. $D_2 = \{a,b,c,d\}$ 不是最小属性约简集，因为 $D_{21} = \{a,c,d\} = D_1$，且 $L(U,D_1,R_{D_1}) \cong L(U,A,R)$.

按照前面的方法可以验证 $D_3 = \{b,c,d\}$，$L(U,D_3,R_{D_3}) \cong L(U,A,R)$ 且 D_3 也是最小属性约简集. 画出 D_2, D_3 的 Hasse 图，如图 4.3、图 4.4 所示.

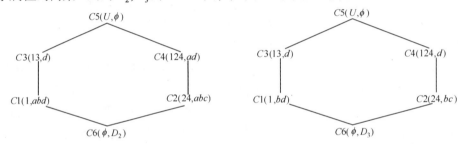

图 4.3　概念格 $L(U,D_2,R_{D_2})$　　　　　　图 4.4　概念格 $L(U,D_3,R_{D_3})$

为了有效地约简形式背景(不应改变概念格的结构与层次)，需要尽可能多地删除一些冗余属性与对象，一般情况下我们多是同构的前提下删除多余的属性，因为在实际应用中属性往往是用户最关心的. 同样的对形式背景的约简也可以删除一些冗余的对象，同时也保证删除对象后的形式背景对应的概念格与原形式背景的概念格同构. 值得注意的是，不管是删除属性还是删除对象都要做好记录，有了记录可以根据约简的情况还原原形式背景的概念.

4.3　基于覆盖的区间概念格动态压缩

4.3.1　动态压缩原理

形式背景中的对象具有某个属性时，将这个对象与此属性记为一个二元关系对，如表 4.3 所示的形式背景中，对象 1 具有属性 b，就将它们记作 $t_1 = (1,b)$.

表 4.3　形式背景

	a	b	c	d	e	f
1	0	1	1	1	1	0
2	0	1	1	0	1	0
3	0	0	0	1	0	1
4	1	0	0	1	1	1
5	0	1	0	0	0	0
6	0	1	0	1	1	1

定义 4.11[68]　设 (U,A,R) 为形式背景，设二元关系对 $t_1=(x_1,a_1)$ 和 $t_2=(x_2,a_2)$ $(t_1,t_2\in R)$，则 t_1 与 t_2 之间的相似度为

$$r(t_1,t_2)=\frac{1}{2}\left(\frac{\left|f(x_1)\bigcap f(x_2)\right|}{\left|f(x_1)\bigcup f(x_2)\right|}+\frac{\left|g(a_1)\bigcap g(a_2)\right|}{\left|g(a_1)\bigcup g(a_2)\right|}\right)$$

则 $[t_1]=\{t_i=(x_i,a_i)\in R\big|r(t_1,t_i)\geqslant\gamma\}$，其中 $\gamma\in[0,1]$，称 $[t_1]$ 为 t_1 的 γ 相似类，则 $\{[t_1]\big|t_1\in R\}$ 构成了 R 集上的一个覆盖.

定理 4.12　设 γ_1，$\gamma_2\in[0,1]$ 且 $\gamma_2\leqslant\gamma_1$，$[t_1]_1$ 与 $[t_1]_2$ 是分别由 γ_1 和 γ_2 决定的 t_1 的相似类，则有 $[t_1]_1\subseteq[t_1]_2$.

证明　设 $\forall t_i\in[t_1]_1$，则有 $r(t_1,t_i)\geqslant\gamma_1 \cdot \gamma_2\leqslant\gamma_1\Rightarrow r(t_1,t_i)\geqslant\gamma_1\geqslant\gamma_2\Rightarrow$ $t_i\in[t_1]_2$，则对于 $\forall t_i\in[t_1]_1$ 都有 $t_i\in[t_1]_2$，即 $[t_1]_1\subseteq[t_1]_2$.

定义 4.12　设 C_R 为 R 上的覆盖，$\forall t\in R$，$Md(t)=\{K\in C_R\big|t\in K\wedge(\forall S\in C_R\wedge t\in S\wedge S\subseteq K\Rightarrow K=S)\}$ 称为 t 的最小描述.设 R 为一个论域，C_R 为 R 上的一个覆盖，则称 (R,C_R) 为一个覆盖近邻空间.

定义 4.13　设 (R,C_R) 为覆盖近邻空间，$\forall t\in R$，称 $\bigcap\{K\big|K\in C_R\}$ 为 t 的邻居，记为 $N(t)$.同样地，将对象 x 的邻居记作 $N(x)$.

定义 4.14　设 $\forall t=(x,a)\in R$ 的邻居为 $N(t)$，$N(t)^*$ 表示含有属性 a 的二元关系对的邻居中所有对象的集合，将 $N(t)$ 中可能被 $f(x)$ 至少覆盖 $(\alpha\times\big|f(x)\big|)$ 个属性的对象集合定义为

$$N(t)_\alpha^*=\left\{x_j\left|(x_j\in N(t)^*)\wedge\frac{\left|x_j.Y\bigcap f(x)\right|}{\left|f(x)\right|}\geqslant\alpha\right.\right\}$$

式中，α 为区间概念格中的区间参数，$|\cdot|$ 表示集合中包含元素个数.

定义 4.15　设 $\forall x \in U$，则 x 的邻居 $N(x) = \{\bigcap N(t_j)_\alpha^* \big| t_j = (x, a_j)\}$；$N(x)'$ 为 $N(x)$ 中所有对象共同具有的属性构成的集合.

定义 4.16　设 (U, A, R) 为形式背景，则定义算子

$$\begin{cases} M^\Lambda = Y \\[2mm] Y^{\alpha\Lambda} = \left\{ x \middle| x \in M^\alpha \wedge \dfrac{|N(x)' \bigcap Y|}{|Y|} \geqslant \alpha \right\} \\[4mm] Y^{\beta\Lambda} = \left\{ x \middle| x \in M^\beta \wedge \dfrac{|N(x)' \bigcap Y|}{|Y|} \geqslant \beta \right\} \end{cases} \qquad (4.1)$$

式中，$N(x)'$ 为对象 x 的邻居共同具有的属性，α，β 为区间概念格中的区间参数.

对于 $\forall(M^\alpha, M^\beta, Y)$，若有 $Y^{\alpha\Lambda} = M^\alpha$ 且 $Y^{\beta\Lambda} = M^\beta$，则称 (M^α, M^β, Y) 为压缩后的区间概念. 对区间概念格中的任一概念 (M^α, M^β, Y)，按式(4.1)中的算子进行计算，如果满足相等的条件，则保留下来，否则删除. 最后得到的概念格为压缩概念格，记为 $L_\alpha^{\beta'}(U, A, R)$.

由相似度求解 $N(x)$ 的过程实际是一个聚类过程，得到的是与 x 有一定相似程度的对象的集合. 之后，由这些相似对象求得的 $N(x)'$ 是包含于 $f(x)$ 中的. 通过求解 $N(x)'$ 可以删除 $f(x)$ 中的一些属性，这些属性提取出的关联规则可信度较弱. 区间概念上下界外延定义中的 $f(x)$ 用 $N(x)'$ 来代替，得到的 $Y^{\alpha\Lambda}$ 与 $Y^{\beta\Lambda}$ 使得格结构中的主要特征保留下来，在一定程度上舍掉了形式背景中较弱的关系.

此压缩方法是保持区间概念的内涵不变，通过调整二元关系对的邻域来控制结点的个数，从而动态压缩区间概念格. 格结构的压缩程度完全由 $\gamma \in [0, 1]$ 决定，γ 值越小，压缩效果越明显. 在应用过程中，要根据实际需要选取满足要求的 γ 值.

定义 4.17　设 (U, A, R) 为形式背景，$L_\alpha^\beta(U, A, R)$ 表示形式背景 (U, A, R) 的全体 $[\alpha$，$\beta]$ 区间概念，$L_\alpha^\beta{}'(U, A, R)$ 表示经过压缩得到的全体区间概念，将压缩度定义为

$$Rd = \left| L_\alpha^{\beta'}(U, A, R) \right| / \left| L_\alpha^\beta(U, A, R) \right|$$

式中，$|\cdot|$ 表示区间概念格中的概念数量.

定理 4.13　设 γ_1，$\gamma_2 \in [0, 1]$ 且 $\gamma_2 \leqslant \gamma_1$，$L_\alpha^{\beta'}(U, A, R)_1$，$L_\alpha^{\beta'}(U, A, R)_2$ 分别为在

参数 γ_1 和 γ_2 下得到的压缩概念格，Rd_1 和 Rd_2 分别表示两种情况下的压缩度，则有 $Rd_1 \geqslant Rd_2$.

证明 设 $\forall t = (x, a)$ ，由定理 4.12 可知 $\gamma_2 \leqslant \gamma_1 \Rightarrow [t_1]_1 \subseteq [t_1]_2$ ，$C_R = \{[t_1] | t_1 \in R\}$ ，$N(t) = \bigcap \{K | K \in C_R\} \Rightarrow N_1(t) \subseteq N_2(t) \Rightarrow N_1(t)^* \subseteq N_2(t)^* \Rightarrow N_1(t)^*_\alpha \subseteq N_2(t)^*_\alpha$. 所以有 $N_1(x) \subseteq N_2(x) \Rightarrow N_1(x)' \supseteq N_2(x)'$. 显然 $N_1(x)' \bigcap Y \supseteq N_2(x)' \bigcap Y$ ，所以 $|N_1(x)' \bigcap Y| \geqslant |N_2(x)' \bigcap Y|$. $\forall (M^\alpha, M^\beta, Y) \in L_\alpha^\beta(U, A, R)$ 满足等式 $Y^{\alpha\Lambda} = M^\alpha$ 且 $Y^{\beta\Lambda} = M^\beta$. 则任一对象 $x \in M^\alpha$ ，有 $\dfrac{|N_2(x)' \bigcap Y|}{|Y|} \geqslant \alpha$ ，则 $\dfrac{|N_1(x)' \bigcap Y|}{|Y|} \geqslant \alpha$.

同理，任一对象 $z \in M^\beta$ ，有 $\dfrac{|N_1(z)' \bigcap Y|}{|Y|} \geqslant \beta$ ，即 $(M^\alpha, M^\beta, Y) \in L_\alpha^{\beta'}(U, A, R)$. 所以 $\left| L_\alpha^{\beta'}(U, A, R)_1 \right| \geqslant \left| L_\alpha^{\beta'}(U, A, R)_2 \right|$.

由定义 4.17 中压缩度的定义得 $Rd_1 \geqslant Rd_2$.

定理 4.14 设 (U, A, R) 为形式背景，则 $L_\alpha^{\beta'}(U, A, R) \subseteq L_\alpha^\beta(U, A, R)$.

证明 因为算子中概念内涵未发生变化，无须进行证明.

$$\forall (M^\alpha, M^\beta, Y) \in L_\alpha^{\beta'}(U, A, R) \text{ 满足 } M^\Lambda = Y, \quad Y^{\alpha\Lambda} = M^\alpha .$$

显然，$N(x)' \subseteq f(x)$ ，任一满足 $Y^{\alpha\Lambda} = M^\alpha$ ，$Y^{\beta\Lambda} = M^\beta$ 的 x 都有

$$\frac{|N(x)' \bigcap Y|}{|Y|} \geqslant \alpha \Rightarrow \frac{|f(x) \bigcap Y|}{|Y|} \geqslant \alpha, \quad \frac{|N(x)' \bigcap Y|}{|Y|} \geqslant \beta \Rightarrow \frac{|f(x) \bigcap Y|}{|Y|} \geqslant \beta$$

则 $(M^\alpha, M^\beta, Y) \in L_\alpha^\beta(U, A, R)$.

证毕.

定理 4.14 说明由(4.1)式压缩后的概念集是压缩前概念集的子集.

4.3.2 动态压缩算法模型

算法 4.2 DRAICL (Dynamic Reduction Algorithm for Interval Concept Lattice).

输入：形式背景 (U, A, R) ，区间参数 α 和 β ，相似类阈值 γ .

输出：压缩后的区间概念格 $L_\alpha^{\beta'}(U, A, R)$.

步骤如下.

步骤 1：从形式背景中提取出二元关系对集合 $R = \{t_1, t_2, \cdots, t_n\}$ ，并对集合内元素根据定义(4.11)计算相似度，得到二元关系对相似度矩阵.

步骤 2：设定 $\gamma \in [0, 1]$ ，求得 $t_1, t_2, \cdots, t_n$ 的 γ 相似类，进一步得到由相似类构成的覆盖 C_R ，通过 $Md(t) = \{K \in C_R | t \in K \wedge (\forall S \in C_R \wedge t \in S \wedge S \subseteq K \Rightarrow K = S)\}$

与 $\bigcap\{K \mid K \in C_R\}$ 得到 $t_1, t_2, \cdots, t_n$ 的邻居；根据定义 4.14，对设定的区间$[\alpha , \beta]$分别计算每一个 t 对应的 $N(t)^*$ 与 $N(t)_\alpha^*$.

步骤 3：对第 2 步得到的 $N(t)_\alpha^*$ 根据 $N(x) = \{\bigcap N(t_j)_\alpha^* \big| t_j = (x, a_j)\}$ 进行运算得到每一个对象的邻居.

步骤 4：由给定的形式背景得到区间概念集，之后对集合中的每一个概念用定义 4.16 中的算子及判定方法进行区间概念格的压缩.

1~3 步的主要目的是求解 $N(x)'$，关键步骤是由 $N(t)$ 得到的 $N(x)$ 的两次交运算：在得到二元关系对的邻居 $N(t)$ 后，对属性相同的 t 的邻居 $N(t)$ 求交得到 $N(t)^*$，进一步得到满足参数 α 的 $N(t)_\alpha^*$；之后，对对象相同的 $N(t)_\alpha^*$ 求交，得到对象的邻居 $N(x)$，最后由 $N(x)$ 得到 $N(x)'$. 由 $N(x)$ 中对象共同具有的属性构成的 $N(x)'$ 保留了形式背景中的主要的对象-属性关系、关联规则等特征. 将 $N(x)'$ 与区间概念的上下界外延联系得到式(3)中的算子，并由此实现了区间概念格的压缩. 这种方法能在不消除概念格中核心关联规则和不增加结点的前提下，实现对格结构的压缩. 通过对参数 γ 的调整，控制对象邻域的大小，达到动态压缩的效果.

该算法模型是直接从形式背景出发进行的压缩. 实际上，当区间概念格已知时，在通过步骤 1—3 由二元关系对的相似度求得各个对象的邻居后，在第 4 步中可以直接对原区间概念格中的概念运用定义 4.16 中的算子进行压缩，得到压缩概念并删除不必要的概念，并调整概念之间的父子关系即可. 也就是说，该方法不局限于格结构的已知与否.

4.3.3　实例验证

表 4.3 所示的形式背景 (U, A, R)，对象集 $U = \{1, 2, 3, 4, 5, 6\}$，属性集 $A = \{a, b, c, d, e, f\}$. 设定 $\alpha = 0.5$，$\beta = 0.6$，由区间概念格的生成算法得到如图 4.5 所示的区间概念格 $L_\alpha^\beta(U, A, R)$.

运用 DRAICL 算法对形式背景 (U, A, R) 进行压缩.

步骤 1：计算 R 中二元关系对之间的相似度. 由形式背景得到二元关系对 $t_1 = (1, b)$，$t_2 = (1, c)$，$t_3 = (1, d)$，$t_4 = (1, e)$，$t_5 = (2, b)$，$t_6 = (2, c)$，$t_7 = (2, e)$，$t_8 = (3, d)$，$t_9 = (3, f)$，$t_{10} = (4, a)$，$t_{11} = (4, d)$，$t_{12} = (4, e)$，$t_{13} = (4, f)$，$t_{14} = (5, b)$，$t_{15} = (6, b)$，$t_{16} = (6, d)$，$t_{17} = (6, e)$，$t_{18} = (6, f)$，得到二元关系对集合 $R = \{t_1, t_2, \cdots, t_n\}$.

对 R 中的任意两个二元关系对 t_i 和 t_j，根据定义 4.11 计算相似度，部分结果如表 4.4 所示.

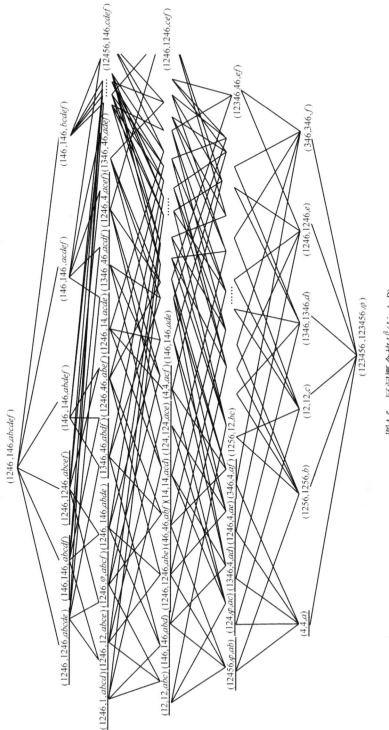

图4.5　区间概念格 $L_a^\beta(U, A, R)$

表 4.4　相似度矩阵

	t1	t2	t3	⋯	t16	t17	t18
t1	1.00	0.75	0.67	⋯	0.47	0.60	0.38
t2	0.75	1.00	0.60	⋯	0.40	0.55	0.30
t3	0.67	0.60	1.00	⋯	0.80	0.60	0.68
⋮	⋮	⋮	⋮		⋮	⋮	⋮
t16	0.47	0.40	0.80	⋯	1.00	0.80	0.88
t17	0.60	0.55	0.60	⋯	0.80	1.00	0.70
t18	0.38	0.30	0.68	⋯	0.88	0.70	1.00

步骤 2：取定 $\gamma = 0.45 \in [0, 1]$，由相似度矩阵得到每个二元关系对的 γ 相似类，进一步得到覆盖 C_R. 根据 C_R 计算所有邻居 $N(t)$ 以及对应的 $N(t)^*$ 与 $N(t)^*_{0.5}$. 部分结果如下：$N(t_1) = \{t_1\}$，$N(t_2) = \{t_1, t_2, t_3, t_4, t_5\}$，$N(t_3) = \{t_3\}$，$N(t_4) = \{t_3, t_4\}$，$N(t_5) = \{t_1, t_5\}$，$\cdots$，$N(t_{18}) = \{t_{11}, t_{12}, t_{18}\}$；$N(t_1)^* = \{1, 2, 5, 6\}$，$N(t_2)^* = \{1, 2\}$，$N(t_3)^* = \{1, 3, 4, 6\}$，$N(t_4)^* = \{1, 2, 4, 6\}$，$\cdots$；$N(t_1)^*_{0.5} = \{1, 2, 6\}$，$N(t_2)^*_{0.5} = \{1, 2\}$，$N(t_3)^*_{0.5} = \{1, 4, 6\}$，$N(t_4)^*_{0.5} = \{1, 2, 4, 6\}$，$N(t_1)^*_{0.5} = \{1, 2, 6\}$，$\cdots$，$N(t_{18})^*_{0.5} = \{3, 4, 6\}$.

步骤 3：根据定义 4.15 计算每一个对象的邻居 $N(x)$ 以及相应的 $N(x)'$. $N(1) = \{1\}$，$N(2) = \{1, 2\}$，$N(3) = \{1, 3, 4, 6\}$，$N(4) = \{4, 6\}$，$N(5) = \{1, 2, 5\}$，$N(6) = \{6\}$. $N(1)' = \{bcde\}$，$N(2)' = \{bce\}$，$N(3)' = \{df\}$，$N(4)' = \{def\}$，$N(5)' = \{b\}$，$N(6)' = \{abde\}$.

步骤 4：由定义 4.16 中的算子及判定方法进行区间概念格的压缩，压缩后的格结构如图 4.6 所示.

对于概念({146}，{146}，{ abdef })进行讨论. 其内涵 $Y = \{abdef\}$，上界外延 M^α 与下界外延 M^β 均为 {146}.

因为 $N(1)' = \{bcde\}$，$N(4)' = \{def\}$，$N(6)' = \{abde\}$，所以

$$\frac{|N(1)' \cap Y|}{|Y|} = \frac{|bcde \cap abdef|}{|abdef|} = 0.6, \qquad \frac{|N(4)' \cap Y|}{|Y|} = \frac{|def \cap abdef|}{|abdef|} = 0.6$$

$$\frac{|N(6)' \cap Y|}{|Y|} = \frac{|abde \cap abdef|}{|abdef|} = 0.8$$

又因为 $\alpha = 0.5$，$\beta = 0.6$，所以 $Y^{\alpha\Delta} = M^\alpha$ 且 $Y^{\beta\Delta} = M^\beta$，即概念({146}，{146}，{ abdef })是压缩后区间概念格中的概念.

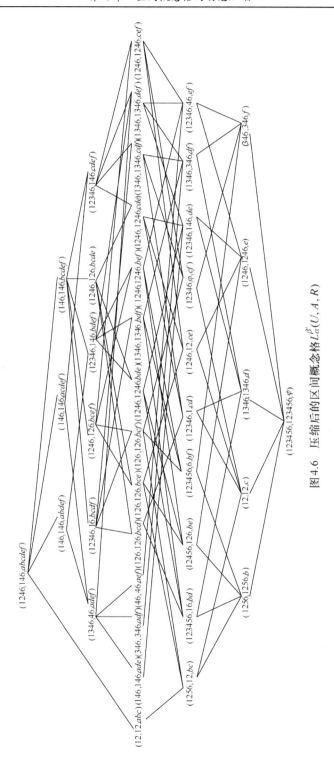

图 4.6　压缩后的区间概念格 $L_\alpha^\beta(U, A, R)$

讨论概念({1246}，{1246}，{abcde})．其内涵 $Y=\{abcde\}$，上界外延 M^α 与下界外延 M^β 均为{1246}．

因为 $N(1)'=\{bcde\}$，$N(2)'=\{bce\}$，$N(4)'=\{def\}$，$N(6)'=\{abde\}$，所以

$$\frac{|N(1)'\bigcap Y|}{|Y|}=0.8,\quad \frac{|N(2)'\bigcap Y|}{|Y|}=0.6,\quad \frac{|N(4)'\bigcap Y|}{|Y|}=0.4,\quad \frac{|N(6)'\bigcap Y|}{|Y|}=0.8$$

对于对象 4，0.4<0.5<0.6，所以 $4\notin Y^{\alpha\Lambda}$ 且 $4\notin Y^{\beta\Lambda}$，所以

$$Y^{\alpha\Lambda}=\{126\}\neq M^\alpha \text{ 且 } Y^{\beta\Lambda}=\{126\}\neq M^\beta$$

也就是说，概念({1246}，{1246}，{abcde})不是压缩后的区间概念格中的概念．

由定义 4.17，表 4.3 中形式背景的压缩度为

$$Rd=\left|L_\alpha^{\beta'}(U,A,R)\right|/\left|L_\alpha^\beta(U,A,R)\right|=40/64=0.625$$

通过上述实例可以看出压缩过程删除了大部分内涵中有属性 a 的区间概念；由表 4.3 也可以看出在形式背景中 a 这个属性相对其他属性，提取出来的关联规则可信度较弱．所以压缩后得到的区间概念格 $L_\alpha^{\beta'}(U,A,R)$ 保留了原格中的主要特征．此外，由于区间概念的外延是满足内涵中一定属性的对象集合，所以在压缩过程中并不一定会完全删除内涵中有属性 a 的概念．如在对概念({146}，{146}，{abdef})进行压缩时，即使 $N(1)'$，$N(4)'$ 和 $N(6)'$ 中都不含有属性 a，但是它们都能满足参数 $\alpha=0.5$，$\beta=0.6$ 上压缩区间概念的定义，所以这个概念仍然是需要保留下来的．

4.4　本章小结

本章从由对象和属性共同确定的二元关系对相似度出发，得到二元关系对邻域后确定对象邻域，并根据二元关系对之间的相似程度控制对象邻域的大小，进而控制格结构中的概念个数，从而实现对区间概念格的动态压缩，该方法同样适用于已知区间概念格结构的情况．

第5章　区间概念格的动态维护

5.1　问题的提出

　　区间概念格是基于某已知的形式背景，根据数据的二元关系构造的. 形式背景的数据每时每刻都可能发生变化，如在医学诊断系统中，患者的增加会引起对象的增加，同一疾病的影响因素的变化会引起属性的变化，如果每次都进行概念格的重新构建，将消耗大量的时间，引起决策效率的下降.

　　概念格维护是将概念格进行应用与推广的关键问题，诸多学者对此进行了研究. 区间概念格的父子概念的性质与经典概念格差异较大，无法直接将经典概念格的维护算法直接应用于区间概念格的维护中. 区间概念格中概念外延是满足内涵中一定比例属性的对象集，当对象或属性变化时引起的更新与概念的增加要比其他的概念格复杂. 所以提出适用于区间概念格的维护算法具有很大的实际意义.

　　本章在分析了形式背景变化时区间概念格的概念特征和概念种类后，给出了区间概念格在增加对象、删除对象、增加属性和删除属性四种情况下的维护算法[72,73].进而通过算法分析证明了维护较重构在时间与空间上的高效性，最终用实例证明了维护算法的可行性.

5.2　概念格维护方法

　　概念格的维护分为纵向维护和横向维护两种，其中纵向维护是指增加或删除属性时的维护，横向维护即当增加或删除对象时对概念格的维护. 在对区间概念格进行维护过程中，格结点会发生相应地改变. 根据格结点的变化特征，将概念分为如下五种.

　　(1) 不变概念：$L_\alpha^\beta(U, A, R)$ 保留到新格 $L_\alpha^{\beta'}(U, A, R)$ 中的概念.

　　(2) 更新概念：增加(删除)对象(属性)后，$L_\alpha^\beta(U, A, R)$ 中的概念更新后成为新格中的概念.

(3) 新增概念：增加对象(属性)后，产生的新概念.

(4) 删除概念：概念外延只包含删除对象 x 或者概念内涵只包含删除属性 a.

(5) 冗余概念：增加(删除)对象(属性)后，概念外延和子概念外延相同，应与子概念合二为一.

5.2.1　基于属性链表的概念格的纵向维护算法

1. 纵向维护方法

当属性增加时，而对象所具备的属性不发生变化时，对概念格没有什么影响. 而对于拥有大量属性的数据库而言，当删除某个属性时，重新构造概念格将很麻烦，因此需要调整概念格，使之与新的数据保持一致.

在删除属性时，根据属性与概念内涵的关系，将其分为三类.

(1) 无关属性：若概念 $C = (X, Y)$ 的内涵中不包含属性 a，则称 a 是概念 C 的无关属性. 此时删除属性 a，概念 C 不变.

(2) 可缺属性：如果概念 C 的内涵中包含除 a 之外的其他属性，就将 a 称为 C 的可缺属性，C 的内涵需要调整为 $Y - \{a\}$. 此时还要检查 C 的父结点中是否有与 C 具有相同内涵的结点，如果有，将其与父结点合并.

(3) 不可缺属性：若概念 C 的内涵中只包含属性 a，则将 a 称为 C 的不可缺属性. 如果删除属性 a，则格结点 C 必须删除. 同时必须调整其子结点和父结点的边.

2. 算法思想与描述

作者在文献[74]中提出了基于属性链表的概念格纵向与横向维护算法，其中纵向维护算法的基本思想是：在属性链表中查找要删除的属性，找到其所对应的最小概念格结点 H，将该属性从链表中删除. 从 H 出发. 判断 H 及其子结点的类型，进行相应的操作.

在属性链表中找到 a 后，在概念格中删除属性部分的算法流程，如图 5.1 所示.

代码描述如下.

算法 5.1　DelAttr(ConceptNode *H，Attr a)　//H 为包含属性 a 的最小格结点

输入：要删除的属性 a 及最小格结点.

输出：删除属性 a 后的概念格.

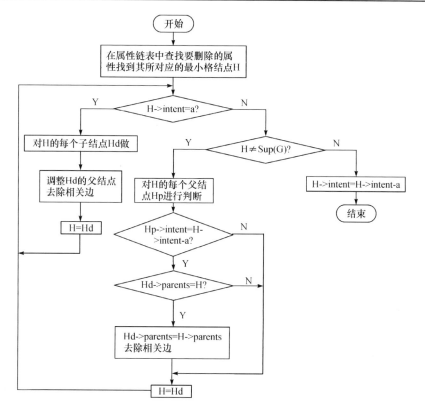

图 5.1　基于属性链表的概念格纵向维护算法流程图

步骤：

```
{
    If(H->intent==a)   //a 是 H 的不可缺属性
        For(Hd∈H->children)
        {    if(Hd->parents 只有一个 H)
                Hd->parents=H->parents;
            Else
                Hd->parents=Hd->parents-H;
            去除相应的边；
            DelAttr(Hd, a);
        }
    Else
        If(H!=Sup(G))        //G 为原格
        {    A'=H->intent-a；
```

```
        Parent=0;
        For(Hp∈H->parents)
            If(Hp->intent==A')   //将 H 与 Hp 合并
            {   parent=1;
                P=Hp;
            }
        For(Hd∈H->children)
        {   if(parent)
                If(Hd->parents 只有一个 H)
                {   Hd->parents=P;
                    去除相应的边;
                }
                DelAttr(Hd);
        }
    }
    Else
    {   H->intent=H->intent-a;
        Return;
    }
}
```

该算法仅检查与属性 a 相关的结点，无关的结点根本不考虑，所以它的执行速度要比传统的纵向维护算法快得多，因为传统算法要检查概念格中的所有结点，所以该算法大大提高了算法的时间效率.

3. 算法应用举例

实例 5.1　以实例 3.2 构造的概念格为例说明基于属性链表的概念格的纵向维护算法的工作流程. 其原始概念格及其属性链表见图 3.6 和图 3.7.

设要删除的属性为 a，原始概念格为 L，删除后的概念格为 L'. 则按照设计的算法，其删除过程如下：

(1) 首先在属性链表中找到属性 a，得出其所对应的最小概念格结点为 3# 结点.

(2) 判断 3#结点，其内涵只有一个 a，所以 a 对 3#结点而言是不可缺属性. 其子结点 1#和 4#的父结点都不只有 3#结点，所以删除 3#结点，去除相应的边. 结果如图 5.2 所示.

（3）继续判断 3#结点的子结点 1#结点. 其内涵为 {ac}，去掉 a 之后为 {c}，在其父结点中，7#结点的内涵为 {c}，而 1#结点的子结点只有 2#，删除 1#结点，去除相应边. 结果如图 5.3 所示.

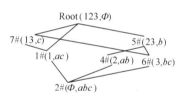

图 5.2　去掉 3#结点后的概念格

（4）对 2#结点进行判断，其内涵为 {abc}，并且它是 sup(G)，所以只修改其内涵为 {bc} 即可.

（5）对 4#结点的判断与 1#结点相似，不再重复. 最后，删除属性 a 后的概念格如图 5.4 所示.

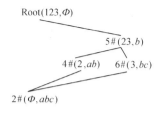

图 5.3　去掉 1#结点后的概念格

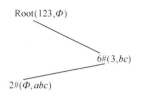

图 5.4　去掉 4#结点后的概念格

5.2.2　基于属性链表的概念格的横向维护算法

1. 横向维护方法

已知概念格 L，要删除的一个对象 x，其对应的属性集合为 $f(x)$，删除后的格为 L'. 删除一个对象时，首先根据格中概念的变化情况来找到需要修改的概念；其次，删除对象后，某些概念的外延可能与其子概念的外延相同，这就涉及概念的合并，有关的边也要进行相应的调整；最后，根据不同的情况决定如何维护原理的格.

当上下文中形式背景追加对象时，格的渐进式构造中主要考虑概念内涵之间的包含关系；删除对象时，主要考虑要删除的对象与概念结点外延之间的从属关系. 设概念 $C = (X, Y)$ 是原格 L 中的某个概念. 要删除的对象为 x，分析新格 L' 的概念与原格 L 中的概念间的关系，可从以下几个方面讨论：

（1）如果 $x \notin X$，则说明 C 与 x 无关，即概念 C 在新格 L' 中应保持不变，此时 C 是不变概念，直接保留到新格 L' 中.

（2）如果 $x \in X$，则概念 C 变为 $C' = (X - \{x\}, Y)$，然后根据 C' 的外延情况确定其在 L' 中的存在情况，可分为三种情况：

（a）如果 $X - \{x\} = \varnothing$，则知其是仅由要删除对象 x 作为外延构成的概念，此

时应把概念 C' 删除，同时将其超概念直接作为其子概念的直接超概念，因为其子概念就是格的最小上界概念 $\text{Sup}(L) = (\varnothing, all)$，所以将其超概念作为格的下界概念的直接超概念. 这一思想可用如下的定理 5.1 来表述.

定理 5.1 设在概念格 L 中要删除的对象为 x，则应把外延为 $\{x\}$ 的概念删除，同时把此概念的直接超概念作为最小上界概念 $\text{Sup}(L) = (\varnothing, all)$ 的直接超概念.

(b) 如果 $X - \{x\} \neq \varnothing$，但 C' 的外延与 C 的某一直接子概念的外延相同，此时 C' 是冗余概念，应并入该子概念，此时边也要做相应的调整，将概念 C' 的直接超概念作为该子概念的直接超概念，而概念的其他直接超概念不变. C' 的其他各个子概念的超概念也要做相应的变化. 设 C 的子概念为 $C_i = (X_{ic}, Y_{ic})$，超概念为 $P_i = (X_{ip}, Y_{ip})$.

下面的定理 5.2 表述了删除冗余概念的思想，而定理 5.3 表述了如何修改格中各边的情况.

定理 5.2 对 L 中的概念 $C = (X, Y)$，如果 $X - \{x\} \neq \varnothing$，则 C 应更新为 $C' = (X - \{x\}, Y)$. 此时如果 C 的某一子概念 C_k 的外延为 $X - \{x\}$，则概念 C' 是冗余概念，将其并入子概念.

定理 5.3 格 L 中，与冗余概念相同的子概念的直接超概念要添加上冗余概念的直接超概念，冗余概念的其他子概念 $C_j = (X_{jc}, Y_{jc})$ 的直接超概念要添加上某个 $P_k = (X_{kp}, Y_{kp})$，并且有 $P_k = \inf\{P_i = (X_{ip}, Y_{ip}) \mid X_{ic} \subset X_{ip}\}$.

(c) 如果 $X - \{x\} \neq \varnothing$，且 C' 的外延与其任一直接子概念的外延都不相同，此时 C 更新为 $C' = (X - \{x\}, Y)$ 即可.

定理 5.4 对 L 中的概念 $C = (X, Y)$，如果 $X - \{x\} \neq \varnothing$，则 C 应更新为 $C' = (X - \{x\}, Y)$. 如果 C' 不与任一子概念 C_j 的外延相同，此时概念 C' 保留在格中.

判断该结点的类型可按如下方式进行分析：

(1) 如果 $x \notin X$，则说明 C 与 x 无关. C 为不变结点；

(2) 如果 $x \in X$，则说明 C 变为 $(X - \{x\}, Y)$. 根据 $X - \{x\}$ 的情况进行判断：

(a) $X - \{x\} = \varnothing$，则说明该结点为删除概念，应将其删除. 同时把其父结点作为其子结点的父结点：因为其子结点就是格的最小上限 $\text{Sup}(G)$，所以把其父结点作为 $\text{Sup}(G)$ 的父结点.

(b) $X - \{x\} \neq \varnothing$，但 $X - \{x\}$ 与 C 的某个子结点的外延相同，则该结点为冗余结点，将该结点的父结点作为其子结点的父结点.

(c) $X - \{x\} \neq \varnothing$，且 $X - \{x\}$ 与 C 的任意子结点的外延不相同，则该结点为更新结点，更新为 $(X - \{x\}, Y)$.

2. 算法描述

该算法的基本思想是：根据属性集 $f(x)$，在属性链表中一次查找 $f(x)$ 的每个属性，找出每个属性所对应的最小格结点. 从该结点出发，判断该结点及其子结点的类型并做相应的调整.

删除部分的算法流程图如图 5.5 所示.

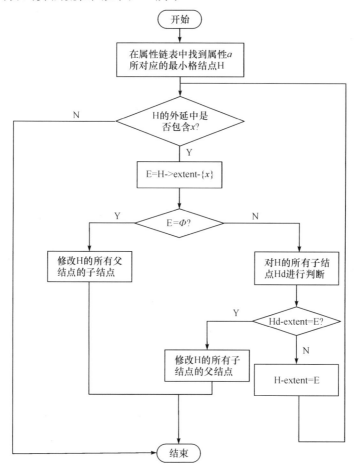

图 5.5 概念格删除对象时算法流程图

算法采用类 C 描述如下.

算法 5.2 ConceptNode *DeleteC(x，ConceptNode *H).

//H 为在链表中找到的包含 x 对应属性集合中属性 a 的最小格结点

输入：要删除的对象 x 及最小格结点.

输出：删除后的概念格.

步骤:

```
{
    If(not H->extent ⊃ {x}) return;
    If(H->extent ⊃ {x})
    {
        E=H->extent-{x};
        If(E==∅)
            For(Hp∈H->parents)
                Hp->children=Hp->children∪Sup(G);
        If(E!=∅)
        {   for(Hd∈H->children)
            {   rongyu=0;
                If(Hd->extent==E)
                    Rongyu=1;
                If(rongyu=1)
                    For(Hd∈H->children)
                     Hd->parents=Hd->parents∪H->parents-H;
                Else
                {   H->extent=E;
                    For(Hd∈H->children)
                        DeleteC(x, Hd);
                }
            }
        }
    }
}
```

在属性链表中查找属性 a 所对应的最小格结点的算法如下.

算法 5.3　searchAtr(LinkNode L, a).

输入: 属性链表和属性 a.

输出: 属性 a 所对应的最小格结点.

步骤:

```
{
    LinkNode *H;
    H=L->head;
```

```
While(H!=NULL &&H->Attr<=a)
{   if(H->Attr==a)
    {   C=H->LatticeNode;
        Return C;
    }
    Else
    {   printf("属性未找到！");
        Return;
    }
    H=H->next;
}
```

}

已知概念格 L，要删除的一个对象为 x，其对应的属性集合为 $f(x)$，删除后的格为 L'. 根据上面的分析，给出完成对象删除时概念格的维护算法如下.

算法 5.4　ConceptNode *hxwh(L, x)　//在概念格中删除对象 x

{

 C=x.LatticeNode;

 $f(x)$=C->intent;

 For $f(x)$中的每个属性 a_i

 {　C_x = SearchAtr(L, a_i);

  DeleteC(x, C_x);

 }

}

如果格结点的内涵中不包含对象 x 中的属性，则该结点的外延中肯定不包含对象 x. 该算法从包含 x 的属性的最小格结点出发，检查所有的子结点，所以其检查的范围大大缩小.

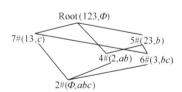

图 5.6　删除 3#结点后的概念格
和属性链表

3. 算法应用举例

实例 5.2　以实例 3.2 构造的概念格为例演示当删除一个对象时，基于属性链表的概念格的横向维护算法的工作流程. 其原始概念格及其属性链表见图 5.6 和图 5.7.

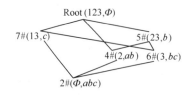

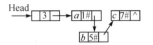

图 5.7　删除 7#结点后的概念格
和属性链表

设原始概念格为 L，要删除的对象为$\{1\}$，删除后的概念格为 L'，则其删除过程如下：

(1) 首先找到$\{1\}$所对应的属性集合为$\{ac\}$；

(2) 对属性 a 调用 SearchAtr(a, H)，得到的最小概念格结点是 3#(12, a)，然后调用 DeleteC(1, 3#)；

(3) 因为 3#结点的外延包含 1，且 $E = \{12\} - \{1\} = \{2\} \neq \varnothing$ 则判断 3#结点的所有子结点，得知 4#结点的外延为$\{2\}$，所以 3#结点为冗余结点，应该删除. 而 3#结点的子结点 1#的外延为$\{1\}$，则 $E=\{1\}-\{1\}=\varnothing$，所以 1#结点的父结点增加一个 Sup($G$)即 2#结点. 此时概念格和相应属性链表如图 5.6 所示.

(4) 对属性 c 调用 SearchAtr(a, H)，得到的最小概念格结点是 7#(13, c)，然后调用 DeleteC(1, 7#).

(5) 因为 7#结点的外延包含 1，而且 $E = \{13\} - \{1\} = \{3\} \neq \varnothing$，则判断 7#结点的所有子结点，得知 6#结点的外延为$\{3\}$，所以 7#结点为冗余结点，应该删除. 删除后的概念格和相应属性链表如图 5.7 所示.

5.3　区间概念格的动态维护原理

5.3.1　纵向维护原理

当形式背景中属性增加与删减时，必然会引起区间概念格结构的变化，所以必须对其进行结构的维护，由于是从垂直方向进行的增减，故称为纵向维护.

1. 新增属性

设 (U, A, R) 是一个形式背景，由此形式背景决定的区间概念格 $L_\alpha^\beta(U, A, R)$，当增加属性 a 时，即是对 $L_\alpha^\beta(U, A, R)$ 通过相关操作得到 $(U, A \cup a, R')$ 所对应的区间概念格 $L_\alpha^\beta(U, A \cup a, R')$.

性质 5.1　在增加属性 a 的维护中，新增概念分为以下两种情况：

(1) 设 $G = (M^\alpha, M^\beta, Y)$ 是 $L_\alpha^\beta(U, A, R)$ 中的概念，由内涵 $Y \cup a$ 决定的概念 $G' = (M^{\alpha'}, M^{\beta'}, Y \cup a)$，如果 G' 不存在与其上下界外延完全相同的子概念，则 G' 是新增概念.

(2) 设增加属性 a 后, 形式背景中所有属性构成的集合为 A. 当 B (B 为 A 的子集) 为内涵的概念不是空的, 且 B 不是 $L_\alpha^\beta(U,A,R)$ 中的概念内涵, 此时有概念 $G' = (M^{\alpha'}, M^{\beta'}, B)$, 如果 G' 不存在与其上下界外延完全相同的子概念, 则 G' 是新增概念.

2. 删除属性

设 (U,A,R) 是一个形式背景, $L_\alpha^\beta(U,A,R)$ 是其决定的区间概念格, a 是一个删除属性, 此时的维护就是要得到形式背景 $(U,A-\{a\},R')$ 所对应的区间概念格 $L_\alpha^\beta(U,A-\{a\},R')$. 在进行维护时, 先将 a 与概念格的每一个概念的内涵进行比较来确定此概念的类型, 再对概念做相应调整.

性质 5.2　在区间概念格中删除属性 a, 如果 $a \notin Y$, 则 a 是 G 的无关属性, 对应的概念 G 为不变概念.

性质 5.3　在形式背景中删除属性 a, 对概念 $G = (M^\alpha, M^\beta, Y)$, 如果 $a \in Y$ 且 $Y - \{a\} = \varnothing$, 则 a 是 G 的不可缺属性, G 为删除概念.

性质 5.4　在形式背景中删除属性 a, 对概念 $G = (M^\alpha, M^\beta, Y)$, 如果 $a \in Y$ 且 $Y - \{a\} \neq \varnothing$, 则 a 是 G 的可缺属性, 当 $Y - \{a\}$ 与 G 的某一个子概念的内涵相同时, $G = (M^\alpha, M^\beta, Y)$ 是冗余概念.

性质 5.5　在区间概念格中删除属性 a, 当 $a \in Y$, $Y - \{a\} \neq \varnothing$, 而且 $Y - \{a\}$ 与 G 的任何子概念的内涵都不相同时, G 是更新概念.

5.3.2　横向维护原理

当形式背景中有对象增加或删减时, 区间概念格中的概念结点及其父子关系可能需要调整. 由于是从水平方向进行的对象增删, 故称这种格的维护为纵向维护.

1. 新增对象

设 (U,A,R) 是一个形式背景, 其决定的区间概念格为 $L_\alpha^\beta(U,A,R)$. 当新增对象 x 时, 对 $L_\alpha^\beta(U,A,R)$ 通过相关操作可得到 $(U \bigcup \{x\}, A, R')$ 所对应的区间概念格 $L_\alpha^\beta(U \bigcup \{x\}, A, R')$.

首先要判断 x 是否改变原来的区间概念格. 如果 x 不改变原来格的结构, 只需要对部分概念进行更新, 其他概念和边不发生改变.

定理 5.5　设形式背景 (U,A,R), x 是新增对象, 当 (U,A,R) 中存在对象与 x 具有的属性相同时, 增加 x 不改变原来格的结构.

证明　设 u 是形式背景 (U, A, R) 中满足 $f(x) = f(u)$ 的一个对象，则对于外延包含 x 的概念，必然包含对象 u. 在添加对象 x 时，只需要对外延中包含 u 的概念进行更新即可，不会产生新增概念.

其次，判断结点类型，将要增加的对象具有的属性与该结点的内涵进行比较，确定它们之间的从属关系，并做相应调整.

性质 5.6　在区间概念格中增加对象，当概念 G 满足下列情况之一时，G 为不变概念.

(1) $f(x) \cap Y = \phi$，则 G 是不变概念.

(2) $f(x) \cap Y \neq Y$ 且 $|f(x) \cap Y| / |Y| < \alpha$，则说明 x 不在 G 的外延中，即 G 为不变概念.

性质 5.7　在区间概念格中增加对象，当概念 G 满足下列情况之一时，G 为更新概念.

(1) $f(x) \cap Y = Y$，G 子概念中上下界外延没有与其完全相同的，则 G 为更新概念.

(2) $f(x) \cap Y \neq Y$，$\alpha \leqslant |f(x) \cap Y| / |Y| < \beta$，则说明 x 仅在 G 的上界外延中，G 子概念中上下界外延没有与其完全相同的，此时 G 为更新概念.

(3) $|f(x) \cap Y| / |Y| \geqslant \beta$，则说明 x 同时存在于 G 的上界外延和下界外延中，G 的子概念中上下界外延没有与其完全相同的，此时 G 为更新概念.

性质 5.8　在区间概念格中增加对象，当概念 G 满足下列情况之一时，G 为冗余概念.

(1) $f(x) \cap Y = Y$，更新后的 G 有与其上下界外延完全相同的子概念，则其为冗余概念.

(2) $f(x) \cap Y \neq Y$，$\alpha \leqslant |f(x) \cap Y| / |Y| < \beta$，则说明 x 仅在 G 的上界外延中，更新后的 G 有与其上下界外延完全相同的子概念，此时 G 为冗余概念.

(3) $|f(x) \cap Y| / |Y| \geqslant \beta$，则说明 x 同时存在于 G 的上界外延和下界外延中，更新后的 G 有与其上下界外延完全相同的子概念，此时 G 为冗余概念.

性质 5.9　在区间概念格中增加对象，设概念格中所有属性构成的集合为 A. 当 $|f(x) \cap B| / |B| \geqslant \alpha$（$B$ 为 A 的子集），B 不是 $L_\alpha^\beta(U, A, R)$ 中概念的内涵，此时有新增概念 G_{new}，其概念外延仅由 x 构成. 当 $L_\alpha^\beta(U, A, R)$ 中不存在上下界外延与 G_{new} 的完全相同的子概念，此时应将 G_{new} 插入到格中，并更新相应的边.

2. 删除对象

设 (U, A, R) 是一个形式背景，$L_\alpha^\beta(U, A, R)$ 是其决定的区间概念格. 当删除对象时，则要通过相关操作得到 $(U-\{x\},A,R')$ 所对应的格 $L_\alpha^\beta(U-\{x\},A,R')$.

　　首先判断 x 是否改变现有的区间概念格. 如果 x 不改变原来格的结构，只需要对部分概念进行更新，其他概念格和边不发生改变.

　　定理 5.6　设形式背景 (U,A,R)，x 是删除对象，当 (U,A,R) 中存在除 x 外的对象 u，满足 $f(x)=f(u)$ 时，则删除 x 不改变原来格的结构.

　　证明　与定理 5.5 类似，设 u 是形式背景 (U,A,R) 中满足 $f(x)=f(u)$ 的一个对象，则对于外延包含 x 的概念，必然包含对象 u. 那么，在删除对象 x 时，不会产生外延为空的概念，只需要对外延中包含 x 的概念进行更新即可，不会产生删除概念和冗余概念.

　　证毕.

　　其次将要删除的对象与概念格的每一个概念的外延进行比较，确定它们之间的从属关系，并做相应调整.

　　性质 5.10　在区间概念格 $L_\alpha^\beta(U,A,R)$ 中删除对象 x，对概念 G，如果 $x\notin M^\alpha$，则 x 与 G 无关，G 为不变概念.

　　性质 5.11　在区间概念格 $L_\alpha^\beta(U,A,R)$ 中删除对象 x，当概念 G 满足下列情况之一时，G 为更新概念.

　　(1)　$x\in M^\alpha, x\notin M^\beta$，$M^\alpha-\{x\}\neq\varnothing$，且其子概念中上下界外延没有与 $M^\alpha-\{x\}$ 和 M^β 完全相同的.

　　(2)　$x\in M^\alpha, x\in M^\beta$，$M^\alpha-\{x\}\neq\varnothing$，且其子概念中上下界外延没有与 $M^\alpha-\{x\}$ 和 $M^\alpha-\{x\}$ 完全相同的.

　　性质 5.12　在区间概念格 $L_\alpha^\beta(U,A,R)$ 中删除对象 x，对于概念 G，如果 $M^\alpha-\{x\}=\phi$，则 G 为删除概念.

　　性质 5.13　在区间概念格 $L_\alpha^\beta(U,A,R)$ 中删除对象 x，当概念 G 满足下列情况之一时，G 为冗余概念.

　　(1) $x\in M^\alpha, x\notin M^\beta$ 且 $M^\alpha-\{x\}\neq\varnothing$，$M^\alpha-\{x\}$ 以及 M^β 与 G 的某个子概念的上下界外延完全相同.

　　(2) $x\in M^\alpha, x\in M^\beta$，$M^\alpha-\{x\}\neq\varnothing$ 且 $M^\alpha-\{x\}$ 以及 $M^\beta-\{x\}$ 与 G 的某个子概念的上下界外延完全相同.

5.4　区间概念格的动态维护算法

　　针对动态变化的形式背景，设计了区间概念格在增加属性、删除属性、增加对象和删除对象四个角度的维护算法，对算法的分析表明维护在时间与空间复杂度上都低于重新构造.

5.4.1　算法设计

算法 5.5　Add-A-to-L ($L_\alpha^\beta(U,A,R)$ ，a ，$L_\alpha^\beta(U,A\bigcup a,R')$).

输入：原始概念格 $L_\alpha^\beta(U, A, R)$ ；增加属性 a.

输出：增加属性 a 后的格 $L_\alpha^\beta(U, A \bigcup a, R')$.

```
{
  For each G in L_α^β(U, A, R)
  {
  G_new.Y = G.Y ⋃ {a}
      //由概念格中已有内涵得到新概念内涵
    {
      If ( M_G^α = M_{G_new}^α  and  M_G^β = M_{G_new}^β )
      G.Y = G_new.Y
      If ( M_G^α ≠ M_{G_new}^α  and M_G^β ≠ M_{G_new}^β )
      insert G_new  into  L_α^β(U, A, R)
      //性质 5.1(1)得新增概念
    }
  }
  {
    If ( B ∈ P(A ⋃ {a}) and B ∉ Y_{L_α^β} )
      //由原始概念格中的冗余概念产生的新增概念的内涵
    {
      If ( M_G^α ≠ M_{G_new}^α  and  M_G^β ≠ M_{G_new}^β )
      G.Y = G_new.Y
      If ( M_G^α = M_{G_new}^α  and  M_G^β = M_{G_new}^β )
      insert G_new  into  L_α^β(U, A, R)
      //性质 5.1(2)得新增概念
    }
  }
}
```

算法 5.6　Del-A-from-L ($L_\alpha^\beta(U,A,R)$ ，a ，$L_\alpha^\beta(U,A-\{a\},R')$)

输入：原始概念格 $L_\alpha^\beta(U, A, R)$ ；删除属性 a.

输出：删除属性 a 后的格 $L_\alpha^\beta(U, A - \{a\}, R')$.

```
{
 If (a ∈ Y)
  {
     If (Y − {a} = ∅)
      Delete G
         //根据性质 5.3 得到的删除概念
     If (Y − {a} ≠ ∅ and G.chilaren.Y = Y − {a})
      Delete G
        //根据性质 5.4 得到的冗余概念
     If (Y − {a} ≠ ∅ and G.chilaren.Y ≠ Y − {a})
        G = (Mᵅ′, Mᵝ′, Y − {a})
          //性质 5.5 得更新概念
     }
  }
```

算法 5.7　Add-O-to-L ($L_\alpha^\beta(U, A, R)$ ，x ， $L_\alpha^\beta(U \bigcup x, A, R')$).

输入：原始概念格 $L_\alpha^\beta(U, A, R)$ ；增加对象 x.

输出：增加对象 x 后的格 $L_\alpha^\beta(U \bigcup x, A, R')$.

```
{
 If ( f(x) ⋂ Y = Y )
  G = (Mᵅ ⋃ {x}, Mᵝ ⋃ {x}, Y)
   //由性质 5.7(1)得更新概念
 If ( f(x) ⋂ Y ≠ Y )
  {
    If ( α ≤ |f(x) ⋂ Y| / |Y| < β )
      G = (Mᵅ ⋃ {x}, Mᵝ, Y)
      //性质 5.7(2)得更新上界外延的概念
    If ( |f(x) ⋂ Y| / |Y| ⩾ β )
      G = (Mᵅ ⋃ {x}, Mᵝ ⋃ {x}, Y)
      //性质 5.7(3)得到的需要更新上下界外延的概念
  }
 If ( B ∈ P(A) and |f(x) ⋂ B| / |B| ⩾ α , B ∉ Y_{L_α^β} )
  {
    If ( Mᵅ_{G_new.chileren} ≠ Mᵅ_{G_new} and Mᵝ_{G_new.children} ≠ Mᵝ_{G_new} )
      insert G_new into L_α^β
```

//性质 5.9 得新增概念

　　　}

　}

算法 5.8　　Del-O-from-L ($L_\alpha^\beta(U, A, R)$ ， x ， $L_\alpha^\beta(U - \{x\}, A, R')$)

输入：原始概念格 $L_\alpha^\beta(U, A, R)$ ；删除对象 x

输出：删除对象 x 后的格 $L_\alpha^\beta(U - \{x\}, A, R')$.

{

　If ($x \in M^\alpha$ and $x \notin M^\beta$)

　{

　If ($M^\alpha - \{x\} = \varnothing$)

　Delete G

　//根据性质 5.12 得到的删除概念

　If ($M^\alpha - \{x\} \neq \varnothing$ ， $M_{G.children}^\alpha \neq M_G^\alpha - \{x\}$ ， $M_{G.children}^\beta \neq M_G^\beta$)

　G $= (M^\alpha - \{x\}, M^\beta, Y)$

　//性质 5.11(1)得更新上界外延的概念

　}

　If ($x \in M^\alpha, x \in M^\beta$)

　{

　　If ($M^\alpha - \{x\} \neq \varnothing$ ， $M_{G.children}^\alpha \neq M_G^\alpha - \{x\}$ ， $M_{G.children}^\beta \neq M_G^\beta$)

　　G $= (M^\alpha - \{x\}, M^\beta - \{x\}, Y)$

　//根据性质 5.11(2)得到的需要更新上下界外延的概念

　　}

　}

5.4.2　算法分析

　　设形式背景中的概念个数为 n ，在增加属性的维护中需要遍历所有的概念(既包括存在于格结构中的概念，也包括在构造过程中删掉的冗余概念)；在纵向维护过程中，最坏的情况是需要维护 n 个概念，时间复杂度为 $O(n)$. 当删除的属性 a 属于某个概念 G 的内涵时，那么 a 必然包含在 G 的子概念的内涵中，由此可以减少判断语句的使用次数，进而加快维护过程. 算法 5.8 从格结构的底层开始扫描，寻找到第一个内涵中有删除属性的概念并确定层数 i ，对第 i 层所有内涵中有删除属性 a 的概念进行维护. 在之后的维护过程中，只需要逐层寻找对应的子概念并对子概念进行维护即可；在这个过程中，维护的只是内涵中有删除属性的概念，所以最多需要维护 $n/2$ 个，时间复杂度为 $O(n)$.区间概念格的生成算法是从属性出发的，设形式背景中的属性个数为 m ，对象个数为 k ，则 $O(n)$ 最大为 2^m .生成算法仅在第二步初始化过程中就会产生 2^m-1 个结点，且此部分的时间复杂度为 $O(k\times(2^m-1))$.可见，本书设计的纵向维护算法在时间和空间复杂度上都低于生成算法. 在区间概念格的纵向维护算法中，最差的情况是需要遍历概念格 $L_\alpha^\beta(U,A,R)$ 中的每个结点，而在重新构造概念格的过程中会产生需要多次扫描同一个概念的情况.

在区间概念格的生成过程中，最多会生成 2^m-1 个结点(m 为形式背景中的属性个数).横向维护算法的时间复杂度为 $O(2^m)$. 区间概念格生成算法仅在初始化结点过程中时间复杂度就是 $O(k\times(2^m-1))$. 由此可见，在对形式背景中添加或删除对象时，横向维护算法的复杂度要低于直接构造格结构的复杂度.

5.4.3　实例验证

实例 5.3　设有如表 5.1 所示的形式背景，$\alpha=0.5$，$\beta=0.6$.由表 5.1 中下斜线与空白部分构成的形式背景得到图 5.8 所示的区间概念格 $L_\alpha^\beta(U,A,R)$.

表 5.1　形式背景

	a	b	c	d	e	f
1	0	0	1	1	1	0
2	0	1	0	1	0	0
3	1	0	0	0	1	0
4	1	1	1	0	0	0
5	0	1	0	0	0	0
6	0	0	0	0	1	1
7	0	0	0	1	0	0

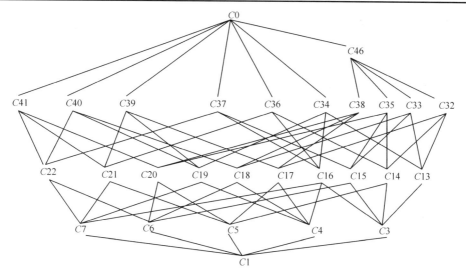

图 5.8　区间概念格 $L_\alpha^\beta(U,A,R)$

1. 纵向维护实例

分别对区间概念格进行增加和删除属性时的维护操作.

(1) 增加属性.

若增加属性 a ，$g(a)=\{34\}$. 在对图 5.8 所示的概念格进行维护时，对概念 $C1=(\{1234567\},\{1234567\},\varnothing)$有 $C1.Y\cup\{a\}=\{a\}$，新概念 $C2=(\{34\},\{34\},\{a\})$，$C2$ 与其子概念的上下界外延不完全相同，则将 $C2$ 插入概念格中，并更新相应的边.对 $C0=(\varnothing,\varnothing,\{bcdef\})$有 $C0.Y\cup\{a\}=\{abcdef\}$，此时产生的新概念的上下界外延都为 $\varnothing$，与 $C0$ 的上下界外延完全相同，此时 $C0$ 为冗余概念，将 C0 与新生成的概念进行合并，生成新的 $C0=(\varnothing,\varnothing,\{abcdef\})$.最终得到如图 5.9 所示的添加属性进行纵向维护后的区间概念格 $L_\alpha^\beta(U,A\cup\{a\},R)$.

图 5.9 中虚线表示的是新增的父子关系；带有下划线的概念为有变动的概念，其中背景为灰色的概念 C0 是变化更新的概念，背景为白色的是新增概念.

(2) 删除属性.

在图 5.9 所示的区间概念格 $L_\alpha^\beta(U,A\cup\{a\},R)$ 中删除属性 a.

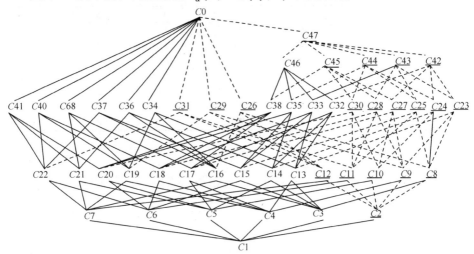

图 5.9　区间概念格 $L_\alpha^\beta(U,A\cup\{a\},R)$

$g(a)=\{34\}$.在对图 5.9 所示的概念格进行维护时,对概念 $C2=(\{34\},\{34\}\{a\})$有 $a\in C2.Y$ 且 $C2.Y-\{a\}=\varnothing$，则 a 是 $C2$ 的不可缺属性，此时将 $C2$ 点删除，同时更新其父子结点的边.对 $C3=(\{245\},\{245\},\{b\})$，$a\notin C3.Y$，$a$ 是 $C3$ 的无关属性，$C3$ 不发生变化.$C10=(\{4\},\{4\},\{ab\})$，$a\in C10.Y=\{ab\}$，$C10.Y-\{a\}\neq\varnothing$，$a$ 是 $C10$ 的可缺属性，$C10.Y-\{a\}=C3.Y$，则删除 $C10$，并更新相应的父子概念的边. 对概念 $C0=(\varnothing,\varnothing,\{abcdef\})$，$a\in C0.Y=\{abcdef\}$，$C0.Y-\{a\}\neq\varnothing$且

$C0.Y-\{a\}$ 与 $C0$ 的任何子概念的内涵都不相同，将 $C0$ 更新为($\varnothing$，$\varnothing$，$\{bcdef\}$).
经过维护后可直接得到区间概念格 $L_\alpha^\beta(U,A,R)$.

在由图 5.9 得到图 5.8 过程中，图 5.9 中虚线表示的是删除的父子关系；带有
下划线的概念为有变动的概念，其中背景为灰色的概念是变化更新的概念，背景
为白色的是删除概念.

2. 横向维护实例

实例5.4 由表 5.1 中竖线与空白部分构成的形式背景得到如图 5.10 所示的区
间概念格结构 $L_\alpha^\beta(U-\{1\},A\cup\{a\},R)$.

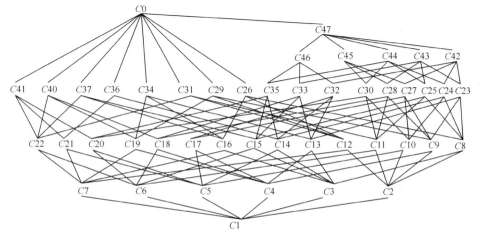

图 5.10 区间概念格 $L_\alpha^\beta(U-\{1\},A\cup\{a\},R)$

(1) 增加对象.

在此形式背景中增加对象 1，$f(1)=\{cde\}$，对图 5.10 所示的概念格进行横向
维护.

将 $f(1)$ 与每个结点的内涵进行交运算，按照不同情况采取不同操作. 由于需
要变动的概念较多，只对部分情况进行举例说明. 对概念 $C2=(\{34\},\{34\},\{a\})$，
有 $C2.Y=\{a\}$，$f(1)\cap C2.Y=\varnothing$，则 $C2$ 为不变概念，将 $C2$ 保留到新的概念格中. 概
念 $C4$ 有 $C4.Y=\{c\}$，$f(1)\cap C4.Y=\{c\}=C4.Y$，$C4$ 为更新概念，将其更新为($\{14\}$，
$\{14\}$，$\{c\}$).对 $C9=(\{4\},\{4\},\{c\})$，有 $C9.Y=\{ac\}$，$f(1)\cap C9.Y=\{c\}$，$f(1)\cap C9.Y/$
$|C9.Y|\geqslant\alpha=0.5$，$C9$ 为更新概念，更新为($\{134\}$，$\{4\}$，$\{ac\}$). 对于概念 $C25=(\{4\}$，
$\{4\}$，$\{abc\})$，$C25.Y=\{abc\}$，$f(1)\cap C25.Y/|C25.Y|<\alpha=0.5$，$C25$ 为不变概念.
$C29=(\{4\},\{4\},\{acd\})$有 $C29.Y=\{acd\}$，$f(1)\cap C29.Y/|C29.Y|\geqslant\beta=0.6$，$C29$ 为
更新为($\{14\}$，$\{14\}$，$\{acd\}$).对于属性集合 $B=\{cde\}$，设概念格中所有属性构成的
集合为 A. 当 $f(1)\cap B/|B|\geqslant\alpha$（$B$ 为 A 的子集），B 不是 $L_\alpha^\beta(U-\{1\},A\cup\{a\},R)$ 中概

念的内涵，此时有新增概念 $C38$，其概念外延仅由 1 构成.

最终可以得到图 5.11 所示区间概念格 $L_\alpha^\beta(U, A \cup \{a\}, R)$，虚线表示的是新增的父子关系；有下划线的概念为变动的概念，其中背景为灰色的是变化更新的概念，背景为白色的是新增概念.

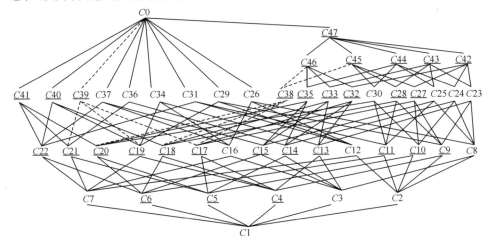

图 5.11　区间概念格 $L_\alpha^\beta(U, A \cup \{a\}, R)$

(2) 删除对象.

在图 5.11 所示的区间概念格 $L_\alpha^\beta(U, A \cup \{a\}, R)$ 中删除对象 1.

$f(1) = \{cde\}$，将要删除的对象与概念格的每一个概念的外延进行比较，确定概念的类型，并做相应调整. 对此变化过程中，对维护过程中采取的操作进行举例说明. 对概念 $C2 = (\{34\}, \{34\}, \{a\})$，$1 \notin M_{C2}^\alpha$，则 $C2$ 为不变概念. $C4 = (\{14\}, \{14\}, \{c\})$ 满足 $1 \in M_{C4}^\alpha$ 且 $1 \in M_{C4}^\alpha$，$M_{C4}^\alpha - \{1\} \neq \varnothing$ 且 $C4$ 没有 $M^\alpha = \{4\}$，$M^\beta = \{4\}$ 的子概念，则 $C4$ 为更新概念，更新为 $(\{4\}, \{4\}, \{c\})$.对概念 $C9 = (\{134\}, \{4\}, \{ac\})$，$1 \in M_{C9}^\alpha \notin M_{C9}^\alpha$，$M_{C9}^\alpha - \{1\} \neq \varnothing$ 且其没有 $M^\alpha = \{34\}$，$M^\beta = \{4\}$ 的子概念，则 $C9$ 更新为 $(\{34\}, \{4\}, \{ac\})$.对概念 $C38 = (\{1\}, \{1\}, \{cde\})$，$1 \in M_{C38}^\alpha \in M_{C38}^\beta$ 且 $M_{C38}^\beta - \{1\} = M_{C38}^\beta - \{1\} = \varnothing$，$C38$ 为删除概念，更新相应父子概念的边. 如此进行下去可以得到区间概念格 $L_\alpha^\beta(U - \{1\}, A \cup \{a\}, R)$.

在由图 5.11 得到图 5.10 的过程中，图 5.11 中虚线表示的是删除的父子关系；带有下划线的概念为有变动的概念，其中背景为灰色的概念是变化更新的概念，背景为白色的是删除概念.

5.5 本章小结

考虑概念格中父子结点的关系，通过创建概念格时创建的属性链表查找属性所对应的概念格的最小结点，从该结点出发判断结点的类型，从而大大缩小了删除对象和删除属性时结点的搜索范围，提高了概念格的维护速度. 区间概念格中概念外延是满足一定比例内涵属性的对象集，所以数据变化时，格中的更新和变化情况比经典概念格及其他概念格更为复杂；分四种情况讨论了区间概念格的纵横向维护算法. 实验表明，该算法针对部分相关结点进行的格结构维护所花费的时间远远低于重新构建区间概念格，有较高的应用价值.

第6章 多区间概念格的动态合并

6.1 问题的提出

随着大数据时代的到来，快速增长的海量数据需要借助强有力的工具挖掘蕴含其中的信息. 如何实现数据快速高效汇总是数据准备工作的重要组成部分，是进一步挖掘关联规则的关键. 例如，在超市购物系统中，每天都会产生海量的购物信息. 根据每天的交易记录均可构建区间概念格，并基于此结构进一步挖掘当天交易信息之间的关联规则. 然而这些规则是局部的，不一定是完整的. 另外，如果等多天交易结束之后再构建概念格挖掘规则，数据量将会非常庞大，空间和时间效率普遍会很低，同时导致决策滞后，无法为决策者提供及时准确的决策方案. 同样，在超市中假设商品种类不变，每天进入超市消费的顾客不完全相同，汇总每天顾客购买商品的情况，挖掘一个星期内商品的销售情况.

概念格的分布处理[75]思想中子概念的合并，即：将子概念格有机地进行合并，从而得到所需的格结构. 在此类问题中，涉及由子概念格合并得新概念格的过程，如果采用先合并形式背景再构造格结构方法，就违背了大数据中的 Velocity 原则. 为此，本文提出多区间概念格的动态合并算法，以能实现格结构的动态更新，为后续的实时规则挖掘奠定基础.

目前，概念格的合并算法主要有：按照概念的内涵或外延的升序和降序，从两个方面同时进行子概念格的纵向或横向合并的算法[76]；提出同义概念，在格合并算法中引入概念格的线性索引结构，通过寻找同域概念格之间的同义概念，根据父概念-子概念的关系实现对所有父子结点的更新算法[77]；通过讨论对象集相同的概念格结点之间的关系，给出有序概念定义，建立的一种概念格合并算法[78]等. 由于区间概念格的提出只有两年左右，其研究只局限于格结构的渐进式生成算法、动态压缩算法以及关联规则挖掘算法，对区间概念格的合并方面的研究尚未见相关文献. 区间概念格的合并分为纵向合并和横向合并，纵向合并是将属性集相同、对象集不同的格结构进行合并，横向合并是将对象集相同、属性集不同的格结构进行合并. 本章则分别从这两个方面给出动态的纵向和横向合并算法[79].

6.2　经典概念格的合并

6.2.1　概念格合并的基本概念和定理

定义 6.1　在形式背景 $K_1 = (U_1, A_1, R_1)$ 和形式背景 $K_2 = (U_2, A_2, R_2)$ 中，对于任意 $x \in U_1 \bigcap U_2$ 和任意 $y \in A_1 \bigcap A_2$ 满足 $xR_1y \Leftrightarrow xR_2y$，则称 K_1 和 K_2 是一致的，否则称 K_1 和 K_2 是不一致的.

定义 6.2　如果形式背景 $K_1 = (U_1, A_1, R_1)$ 和 $K_2 = (U_2, A_2, R_2)$ 是一致的，那么它们的合并是：$K_1 \oplus K_2 = (U_1 \bigcup U_2, A_1 \bigcup A_2, R_1 \bigcup R_2)$，称为 K_1 和 K_2 的加运算. 如果 $A_1 = A_2$，称 $K_1 \pm K_2 = (U_1 \bigcup U_2, A, R_1 \bigcup R_2)$ 是两个形式背景的纵向合并. 如果 $U_1 = U_2$，称 $K_1 \mp K_2 = (U, A_1 \bigcup A_2, R_1 \bigcup R_2)$ 是两个形式背景的横向合并.

定理 6.1　如果 $K_1 = (U_1, A_1, R_1)$，$K_2 = (U_2, A_2, R_2)$，$K_3 = (U_3, A_3, R_3)$，$K_4 = (U_4, A_4, R_4)$ 是一致的，那么 $(K_1 \mp K_2) \pm (K_3 \mp K_4) = (K_1 \pm K_3) \mp (K_2 \pm K_4)$.

由定义 6.2 易知定理 6.1 成立，证明略.

定义 6.3　如果 $L(K_1)$ 和 $L(K_2)$ 是一致形式背景 K_1 和 K_2 的概念格，则定义它们的加运算 $L(K_1) + L(K_2)$ 等于 L，L 满足：

(1) 如果 $L(K_1)$ 中有概念 $C_1(A_1, B_1)$，$L(K_2)$ 中有概念 $C_2(A_2, B_2)$，令 $C_3 = (A_1 \bigcup A_2, B_1 \bigcap B_2)$，如果在 $L(K_1)$ 中的所有大于 C_1 的概念中不存在等于或小于 C_3 的概念，且在 $L(K_2)$ 中的大于 C_2 的所有概念中不存在等于或小于 C_3 的概念，则 $C_3 \in L$；

(2) 如果 $L(K_1)$ 中有概念 $C_1(A_1, B_1)$，$L(K_2)$ 中有概念 $C_2(A_2, B_2)$，令 $C_3 = (A_1 \bigcap A_2, B_1 \bigcup B_2)$，如果在 $L(K_1)$ 中的所有小于 C_1 的概念中不存在等于或大于 C_3 的概念，且在 $L(K_2)$ 中的小于 C_2 的所有概念中不存在等于或大于 C_3 的概念，则 $C_3 \in L$；

(3) 上述情况之外的概念不属于 L.

定理 6.2　如果 $L(K_1)$ 和 $L(K_2)$ 是一致形式背景 K_1 和 K_2 的概念格，则 $L(K_1) + L(K_2) = L(K_1 + K_2)$.

概念格合并具有如下两个性质.

性质 6.1　设 $C_1(A_1, B_1) \in L(K_1)$，$C_2(A_2, B_2) \in L(K_2)$，概念格合并如果产生新的概念，只产生形如 $(A_1 \bigcup A_2, B_1 \bigcap B_2)$ 和 $(A_1 \bigcap A_2, B_1 \bigcup B_2)$ 的概念.

性质 6.2　设 $C_1(A_1, B_1) \in L(K_1)$，$C_2(A_2, B_2) \in L(K_2)$，概念格纵向合并如果产生新的概念，只产生形如 $(A_1 \bigcup A_2, B_1 \bigcap B_2)$ 的概念；概念格横向合并如果产生新的概念，只产生形如 $(A_1 \bigcap A_2, B_1 \bigcup B_2)$ 的概念.

纵向合并不可能产生形如 $C_3(A_1 \bigcap A_2, B_1 \bigcup B_2)$ 的概念,这是因为 $A_1 \bigcap A_2 \subseteq A_1$,$A_1 \bigcap A_2 \subseteq A_2$,因此 C_3 既是 C_1 的子概念又是 C_2 的子概念,既属于 $L(K_1)$ 又属于 $L(K_2)$,故不是新生成的概念. 根据概念格的对偶原理可知,性质的后半部分也成立.

6.2.2　经典概念格的合并算法

概念格的合并可以转化为概念格的纵向合并和横向合并.

1. 概念格的纵向合并

根据概念格合并的定义 6.5、性质 6.1 以及性质 6.2,可以得到概念格的纵向合并算法.

算法 6.1　概念格的纵向合并算法.

初始化:对于 $c_1(A_1, B_1) \in L(K_1)$,$c_2(A_2, B_2) \in L(K_2)$,按照内涵的势升序比较概念的内涵.

步骤 1:对于待合并概念,即 $c_1(A_1, B_1) \in L(K_1)$,$c_2(A_2, B_2) \in L(K_2)$,$B_1 = B_2 = B$,合并为 $(A_1 \bigcup A_2, B)$,若 $A_1 \neq A_2$,则更新 $c_1(A_1, B_1)$,$c_2(A_2, B_2)$ 各自的前辈概念;若概念格中任意两个合并后的概念由父子关系直接相连,并且存在其他的概念使得这两个概念间接相连成为祖孙关系,则删除这两个概念之间的直接相连的父子关系.

步骤 2:对于产生子概念对,即 $c_1(A_1, B_1) \in L(K_1)$,$c_2(A_2, B_2) \in L(K_2)$,$B_1 \neq B_2$,生成概念 $c_3(A_1 \bigcup A_2, B_1 \bigcap B_2)$(如果内涵为空或者等于某个已经产生的生成概念的内涵,则放弃这个概念),并更新 $c_1(A_1, B_1)$,$c_2(A_2, B_2)$ 各自的前辈概念;假如 $B_1 \bigcap B_2 = B_1$ 或 $B_1 \bigcap B_2 = B_2$,转步骤 4;否则,执行步骤 3.

步骤 3:若 c_1、c_2 有共同的前辈概念,c_3 调整为 c_1,c_2 的共同前辈概念的子概念,c_3 成为 c_1、c_2 的直接父概念.

步骤 4:删除已经生成的 c_3;如果 $B_1 \bigcap B_2 = B_1$,c_1 调整为 $c_1(A_1 \bigcup A_2, B_1)$,建立父子关系使 c_1 成为 c_2 的父概念,若 c_2 的内涵包含于 c_1 原有子概念的内涵,则删除 c_1 与原有子概念的父子关系;如果 $B_1 \bigcap B_2 = B_2$,c_2 调整为 $c_2(A_1 \bigcup A_2, B_2)$,建立父子关系使 c_2 成为 c_1 的父概念,若 c_1 的内涵包含于 c_2 原有子概念的内涵,则并删除 c_2 与原有子概念的父子关系.

步骤 5:结束并返回结果. 更新前辈概念:若一个概念 (A, B) 的外延增大,增加的对象集为 A_x,即 (A, B) 更新为 $(A \bigcup A_x, B)$,则概念 (A, B) 的前辈概念 (A_{an}, B_{an}) 的外延都需要增大,(A_{an}, B_{an}) 更新为 $(A_{an} \bigcup A_x, B_{an})$;对于合并或者生成得到的一个概念,若其前辈概念也是合并或者生成得到的一个概念,那么就不再对这个前辈概念进行更新，也不再对这个前辈概念的前辈概念进行更新.

2. 概念格的横向合并算法

根据概念格以及形式背景的对偶原理，可以得到概念格的横向合并算法.

算法 6.2　概念格的横向合并算法.

初始化：对于 $c_1(A_1,B_1)\in L(K_1)$，$c_2(A_2,B_2)\in L(K_2)$，按照外延的势升序比较概念的外延；

步骤 1：对于待合并概念，即 $c_1(A_1,B_1)\in L(K_1)$，$c_2(A_2,B_2)\in L(K_2)$，$A_1=A_2=A$，合并为 $(A,B_1\bigcup B_2)$，若 $B_1\neq B_2$，更新 $c_1(A_1,B_1)$，$c_2(A_2,B_2)$ 各自的后辈概念；若概念格中任意两个合并后的概念由父子关系直接相连，并且存在其他的概念使得这两个概念间接相连成为祖孙关系，则删除这两个概念之间的直接相连的父子关系.

步骤 2：对于产生子概念对，即 $c_1(A_1,B_1)\in L(K_1)$，$c_2(A_2,B_2)\in L(K_2)$，$A_1\neq A_2$，生成概念 $c_3(A_1\bigcap A_2,B_1\bigcup B_2)$（如果外延为空或者等于某个已经产生的生成概念的外延，则放弃这个概念），并更新 $c_1(A_1,B_1)$，$c_2(A_2,B_2)$ 的后辈概念；假如 $A_1\bigcap A_2=A_1$ 或 $A_1\bigcap A_2=A_2$，转步骤 4；否则，执行步骤 3.

步骤 3：若 c_1，c_2 有共同的后辈概念，则 c_3 调整 c_1，c_2 共同的后辈概念的父概念，c_3 成为 c_1，c_2 的直接子概念.

步骤 4：删除已经生成的 c_3；如果 $A_1\bigcap A_2=A_1$，c_1 调整为 $c_1(A_1,B_1\bigcup B_2)$，建立父子关系使 c_1 成为 c_2 的子概念，若 c_2 的外延包含于 c_1 原有父概念的外延，则删除 c_1 与原有父概念的父子关系；如果 $A_1\bigcap A_2=A_2$，c_2 调整为 $c_2(A_2,B_1\bigcup B_2)$，建立父子关系使 c_2 成为 c_1 的子概念，若 c_2 的外延包含于 c_1 原有父概念的外延，则删除 c_2 与原有父概念的父子关系.

步骤 5：结束并返回结果. 更新后辈概念：若一个概念 (A,B) 的内涵增大，增加的属性集为 B_x，即 (A,B) 更新为 $(A,B\bigcup B_x)$，则概念 (A,B) 的后辈概念 (A_{of},B_{of}) 的内涵都需要增大，即 (A_{of},B_{of}) 更新为 $(A_{of},B_{of}\bigcup B_x)$.对于合并或者生成得到的一个概念，若其后辈概念也是合并或者生成得到的一个概念.

6.3　区间概念格的纵向合并

6.3.1　基本概念

定义 6.4　设在形式背景 (U,A,R) 中有两个区间概念 $(M_1^{\alpha},M_1^{\beta},Y_1)$ 和 $(M_2^{\alpha},M_2^{\beta},Y_2)$，若 $Y_1\subseteq Y_2$，$|Y_2|-|Y_1|=1$，$M_1^{\alpha}=M_2^{\alpha}$ 且 $M_1^{\beta}=M_2^{\beta}$ 时，则称 $(M_1^{\alpha},M_1^{\beta},Y_1)$ 为冗余概念.

定义 6.5　设在形式背景 (U,A,R) 中有区间概念 (M^α,M^β,Y)，当 $M^\alpha=\varnothing$ 且 $M^\beta=\varnothing$ 时，称 (M^α,M^β,Y) 为空概念.

定义 6.6　设在形式背景 (U,A,R) 中有区间概念 $C=(M^\alpha,M^\beta,Y)$，此概念既不是冗余概念也不是空概念，则称存在概念. 全体存在概念的集合记为 $L_\alpha^\beta(U,A,R)$.

定义 6.7　用 $\overline{L_\alpha^\beta(U,A,R)}$ 表示形式背景的全体 $[\alpha,\beta]$ 区间概念，即包括：存在概念、冗余概念和空概念. 记

$$(M_1^\alpha,M_1^\beta,Y_1) \leqslant (M_2^\alpha,M_2^\beta,Y_2) \Leftrightarrow Y_1 \supseteq Y_2$$

则 "$\leqslant$" 是 $\overline{L_\alpha^\beta(U,A,R)}$ 上的偏序关系.

定义 6.8　若 $\overline{L_\alpha^\beta(U,A,R)}$ 中概念满足 "$\leqslant$" 偏序关系，则称 $L_\alpha^\beta(U,A,R)$ 是形式背景 (U,A,R) 的区间概念格.

定义 6.9　在形式背景 $K_1=(G_1,M_1,I_1)$ 和形式背景 $K_2=(G_2,M_2,I_2)$ 中，对于任意 $g\in G_1\bigcap G_2$ 和任意 $m\in M_1\bigcap M_2$ 满足 $gI_1m \Leftrightarrow gI_2m$，则称 K_1 和 K_2 是一致的，否则称 K_1 和 K_2 是不一致的.

定义 6.10　如果形式背景 $K_1=(G_1,M_1,I_1)$ 和形式背景 $K_2=(G_2,M_2,I_2)$ 是一致的，那么它们的合并是 $K_1\oplus K_2=(G_1\bigcup G_2,M_1\bigcup M_2,I_1\bigcup I_2)$ 称为 K_1 和 K_2 的加运算. 如果 $M_1=M_2$，称 $K_1\pm K_2=(G_1\bigcup G_2,M,\ I_1\bigcup I_2)$ 是两个形式背景的纵向合并.

6.3.2　纵向合并的基本原理

定义 6.11　设形式背景 (U_1,A_1,R_1) 和 (U_2,A_2,R_2) 是一致的，由其构成的区间概念格分别为 $L_{\alpha_1}^{\beta_1}(U_1,A_1,R_1)$ 和 $L_{\alpha_2}^{\beta_2}(U_2,A_2,R_2)$. 当 $\alpha_1=\alpha_2=\alpha$，$\beta_1=\beta_2=\beta$ 时，称区间概念格 $L_\alpha^\beta(U_1,A_1,R_1)$ 和 $L_\alpha^\beta(U_2,A_2,R_2)$ 是一致的；当 $\alpha_1\neq\alpha_2$ 或者 $\beta_1\neq\beta_2$ 时，则称区间概念格 $L_{\alpha_1}^{\beta_1}(U_1,A_1,R_1)$ 和 $L_{\alpha_2}^{\beta_2}(U_2,A_2,R_2)$ 是不一致的.

定义 6.12　如果区间概念格 $L_\alpha^\beta(U_1,A_1,R_1)$ 和区间概念格 $L_\alpha^\beta(U_2,A_2,R_2)$ 是一致的，且 $A_1=A_2=A$，将二者进行合并得到 $L_\alpha^\beta(U,A,R)$，则称 $L_\alpha^\beta(U,A,R)$ 为 $L_\alpha^\beta(U_1,A,R_1)$ 和 $L_\alpha^\beta(U_2,A,R_2)$ 的纵向合并. 设 $C_1\in L_\alpha^\beta(U_1,A,R_1)$，$C_2\in L_\alpha^\beta(U_2,A,R_2)$，则 $C=C_1\oplus C_2$ 是区间概念的合并.

定理 6.3　假设区间概念格 $L_\alpha^\beta(U_1,A_1,R_1)$ 和区间概念格 $A_1\neq A_2$ 是一致的，且 $A_1=A_2=A$. 设 $(M_1^\alpha,M_1^\beta,Y_1)$ 和 $(M_2^\alpha,M_2^\beta,Y_2)$ 分别是 $\overline{L_\alpha^\beta(U_1,A,R_1)}$ 和 $\overline{L_\alpha^\beta(U_2,A,R_2)}$ 中的区间概念，当 $Y=Y_1=Y_2$ 时，$M^\alpha=M_1^\alpha\bigcup M_2^\alpha$，$M^\beta=M_1^\beta\bigcup M_2^\beta$，$(M^\alpha,M^\beta,Y)$ 即为纵向合并后的区间概念.

证明　由于两个区间概念格是一致的，对比两个形式背景，分别将各形式背

景中的对象集分为两部分，即具有相同对象子集和不同对象子集. 把两形式背景共同具有的对象子集记为 X ，把在 (U_1,A,R_1) 中不同对象子集记为 X_1^* ，把在 (U_2,A,R_2) 中不同对象子集记为 X_2^*. 就上界外延而言，$\dfrac{|f(X)\cap Y|}{|Y|}\geqslant\alpha$ ，求得相同对象集对应的上界外延为 M^α. $\dfrac{|f(X_1^*)\cap Y|}{|Y|}\geqslant\alpha$ ，求得 $\overline{L_\alpha^\beta(U_1,A,R_1)}$ 中对应的不同对象子集的上界外延为 $M_1^\alpha*$. $\dfrac{|f(X_2^*)\cap Y|}{|Y|}\geqslant\alpha$ ，求得 $\overline{L_\alpha^\beta(U_2,A,R_2)}$ 中对应的不同对象子集的上界外延为 $M_2^\alpha*$. 因此 $\overline{L_\alpha^\beta(U_1,A,R_1)}$ 的上界外延为 $M^\alpha\bigcup M_1^\alpha*=M_1^\alpha$ ，$\overline{L_\alpha^\beta(U_2,A,R_2)}$ 的上界外延为 $M^\alpha\bigcup M_2^\alpha*=M_2^\alpha$.

将两个区间概念格进行纵向合并，内涵属性相同的概念合并后的上界外延为 $M_1^\alpha\bigcup M_2^\alpha$.

同理下界外延的合并算法. 因此，当 $Y_1=Y_2=Y$ ，纵向合并后的区间概念为 $(M_1^\alpha\bigcup M_2^\alpha,M_1^\beta\bigcup M_2^\beta,Y)$.

设 $L_\alpha^\beta(U_1,A,R_1)$ 和 $L_\alpha^\beta(U_2,A,R_2)$ 为两个具有一致性的区间概念格，其对应的区间概念的全体分别是 $\overline{L_\alpha^\beta(U_1,A,R_1)}$ 和 $\overline{L_\alpha^\beta(U_2,A_2,R_2)}$ ，若要对 $L_\alpha^\beta(U_1,A,R_1)$ 和 $L_\alpha^\beta(U_2,A,R_2)$ 进行纵向合并，合并后生成 $L_\alpha^\beta(U,A,R)$. 与此相关的几个定理如下.

定理 6.4　设 $C_1\in L_\alpha^\beta(U_1,A,R_1),C_2\in L_\alpha^\beta(U_2,A,R_2)$ ，则 $C=C_1\oplus C_2\in L_\alpha^\beta(U,A,R)$.

证明　根据定理 6.3，设

$$(M_1^\alpha,M_1^\beta,Y)\in L_\alpha^\beta(U_1,A,R_1),\ (M_2^\alpha,M_2^\beta,Y)\in L_\alpha^\beta(U_2,A,R_2)$$

(M_1^α,M_1^β,Y) 的子概念表示为

$$(M_{\text{child1}}^\alpha,M_{\text{child1}}^\beta,Y_{\text{child}})$$

(M_2^α,M_2^β,Y) 的子概念表示为

$$(M_{\text{child2}}^\alpha,M_{\text{child2}}^\beta,Y_{\text{child}}),$$

因 (M_1^α,M_1^β,Y) 和 (M_2^α,M_2^β,Y) 是存在概念，所以：$M_1^\alpha\neq M_{\text{child1}}^\alpha$ 或 $M_1^\beta\neq M_{\text{child1}}^\beta$ ，$M_2^\alpha\neq M_{\text{child2}}^\alpha$ 或 $M_2^\beta\neq M_{\text{child2}}^\beta$.

合并后的区间概念为

$$(M_1^\alpha\bigcup M_2^\alpha,M_1^\beta\bigcup M_2^\beta,Y)$$

对应子概念为

$$(M_{\text{child1}}^\alpha\bigcup M_{\text{child2}}^\alpha,M_{\text{child1}}^\beta\bigcup M_{\text{child2}}^\beta,Y_{\text{child}})$$

将两存在概念的上下界外延合并，由上面的推导可得 $M_1^\alpha\bigcup M_2^\alpha\neq M_{\text{child1}}^\alpha\bigcup$

$M_{\text{child2}}^{\alpha}$ 或 $M_1^{\beta}\bigcup M_2^{\beta}\neq M_{\text{child1}}^{\beta}\bigcup M_{\text{child2}}^{\beta}$.

推论 6.1　设 $C_1\in L_\alpha^\beta(U_1,A,R_1),C_2\notin L_\alpha^\beta(U_2,A,R_2)$,则 $C=C_1\oplus C_2\in L_\alpha^\beta(U,A,R)$.

证明　通过定理 6.4 的证明可知：两合并的概念只要有一个是存在概念，即：其自身与子概念的上下界外延不都相等，则合并得到概念的上下界外延也不都相等.

$C_2\notin L_\alpha^\beta(U_2,A,R_2)$，说明 C_2 可能是冗余概念也可能是空概念. 因此，存在概念和冗余概念合并或者存在概念和空概念合并得到的依然是存在概念.

定理 6.5　设 $C_1\notin L_\alpha^\beta(U_1,A,R_1),C_2\notin L_\alpha^\beta(U_2,A,R_2)$,且二者是冗余概念，当 C_1C_2 的子概念内涵属性相同，$C=C_1\oplus C_2\in L_\alpha^\beta(U,A,R)$ ，C 是冗余概念. 当 C_1C_2 的子概念内涵属性不同，$C=C_1\oplus C_2\in L_\alpha^\beta(U,A,R)$ ，C 是存在概念.

证明　由定理 6.4 知，当子概念内涵属性相同时，合并后概念和其子概念的上下界外延即

$$M_1^{\alpha}\bigcup M_2^{\alpha}=M_{\text{child1}}^{\alpha}\bigcup M_{\text{child2}}^{\alpha}，且 M_1^{\beta}\bigcup M_2^{\beta}=M_{\text{child1}}^{\beta}\bigcup M_{\text{child2}}^{\beta}$$

即合并后的概念依然是冗余概念. 当子概念内涵属性不一致时，上述等式不成立，因此合并后概念是存在概念.

定理 6.6　设 $C_1\notin L_\alpha^\beta(U_1,A,R_1),C_2\notin L_\alpha^\beta(U_2,A,R_2)$,且二者是冗余概念和空概念，则 $C=C_1\oplus C_2\notin L_\alpha^\beta(U,A,R)$ ，C 是冗余概念.

定理 6.7　设 $C_1\notin L_\alpha^\beta(U_1,A,R_1),C_2\notin L_\alpha^\beta(U_2,A,R_2)$ ，且二者皆是空概念，则 $C=C_1\oplus C_2\notin L_\alpha^\beta(U,A,R)$ ，C 是空概念.

6.3.3　算法设计

1. 改进区间概念格的渐进式生成算法

为了区分不同的区间概念，定义概念结点以结构体方式进行存储，表示形式如下.

$$\boxed{\text{flag}\,|\,M^{\alpha}\,|\,M^{\beta}\,|\,Y\,|\,\text{parent}\,|\,\text{children}\,|\,\text{no}}$$

定义形式为

```
Struct concept
{
    String M_i^\alpha, M_i^\beta, Y_i;
    Struct Y, parent, children;
    Int flag;
}
```

其中，flag 根据概念所属类别进行不同标记.

当 flag=1 时，存储概念为存在概念；

当 flag=2 时，存储概念为格结构中不存在的冗余概念；

当 flag=3 时，存储概念为格结构中不存在的空概念.

算法 6.3　Improved ICAICL.

输入：形式背景 (U, A, R) .

输出：区间概念格 L_α^β 和 $\overline{L_\alpha^\beta}$.

(1) 计算属性集合幂集 $P(A)$ 确定概念的内涵，生成初始化的概念结点集 G.

(2) 确定 α 上界外延 M_i^α 和 β 下界外延 M_i^β，将空概念的 Flag 置为 3，其他概念均置为 1.

(3) 对结点集合 G，按照偏序关系确定结点的层次及父子关系，找出冗余概念，将其 Flag 置为 2.

其中找出冗余概念的方法见函数 Romove-redun(Ch，Gi).

```
Remove-redun(Ch, Gi)   //找出冗余概念，标记存储，并从 L_α^β 中删除
{   for each children Ch in Gi   //Ch 指针指向 Gi 每个孩子
  {
    If (Gi.M_i^α = Ch.M_i^α,  Gi.M_i^β = Ch.M_i^β)
    {  Flag=2
       Delete Gi from L_α^β
    }
  }
}
```

(4) 对 no=1 的概念，构造出根结点；然后按 no 的值逐次将其他节点按照父子关系插入到格中，最终形成区间概念格结构.

2. 纵向合并算法

对于区间概念格的合并，不仅涉及存在概念的合并，对冗余概念和空概念也要根据情况决定是否合并到格结构中，故算法针对不同类别的概念对其进行合并，最终得到合并后的区间概念格.

算法 6.4　Union- $L_\alpha^\beta 1$ $L_\alpha^\beta 2$.

输入：$L_\alpha^\beta 1, L_\alpha^\beta 2, \overline{L_\alpha^\beta 1}, \overline{L_\alpha^\beta 2}$.

输出：L_α^β 和 $\overline{L_\alpha^\beta}$.

按照广度优先原则，扫描两个待合并的区间概念格，同时根据定理 6.4—定理 6.7 和推论 6.1 得到合并后的区间概念.

```
Union-$L_\alpha^\beta 1$ $L_\alpha^\beta 2$ ($L_\alpha^\beta 1$, $L_\alpha^\beta 2$, $L_\alpha^\beta$)
{for ($\overline{L_\alpha^\beta 1}$.no=1; $\overline{L_\alpha^\beta 1}$.no<=n; no++)
    { number=$\overline{L_\alpha^\beta 1}$.no
```
　　　$C_i = \overline{L_\alpha^\beta 1}$ 中概念的 no 为 number 的结点

　　　$C_j = L_\alpha^\beta 2$ 中概念的 no 为 number 的结点

　　　If(C_i in $L_\alpha^\beta 1$.flag=1||C_j in $L_\alpha^\beta 2$.flag=1)　//存在概念和其他概念合并

　　　　Merge-interval concept($\overline{L_\alpha^\beta 1}$, C_i, $\overline{L_\alpha^\beta 2}$, C_j, L_α^β, $C_k^\bullet$)

　　　If(C_i in $L_\alpha^\beta 1$.flag=2, C_j in $L_\alpha^\beta 2$.flag=2)　//两个冗余概念合并

　　　　If(C_i.CH.Y $\neq$ C_j.CH.Y)

　　　　　　{Merge-interval concept($\overline{L_\alpha^\beta 1}$, C_i, $\overline{L_\alpha^\beta 2}$, C_j, L_α^β, $C_k^\bullet$)

　　　　　Flag=1
　　　　　}
　　　　　Else
　　　　　{Merge-interval concept
　　　　　($\overline{L_\alpha^\beta 1}$, C_i, $\overline{L_\alpha^\beta 2}$, C_j, L_α^β, $C_k^\bullet$)

　　　　　　Flag=2
　　　　　　　}
　　　If(C_i in $L_\alpha^\beta 1$.flag=2, C_j in $L_\alpha^\beta 2$.flag=3||

　　　C_i in $L_\alpha^\beta 1$.flag=3, C_j in $L_\alpha^\beta 2$.flag=2)　//冗余概念和空概念的合并

　　{Merge-interval concept($\overline{L_\alpha^\beta 1}$, C_i, $\overline{L_\alpha^\beta 2}$, C_j, L_α^β, $C_k^\bullet$)

　　　　Flag=2}

　　　If(C_i in $L_\alpha^\beta 1$.flag=3, C_j in $L_\alpha^\beta 2$.flag=3)　//两个空概念的合并

　　　　{$C_K^\bullet.M_k^\alpha = \varnothing$, $C_K^\bullet.M_k^\beta = \varnothing$, $C_K^\bullet.Y = Y$

　　　　Flag=3
　　　　}
　　　}

Merge-interval concept(C_i, C_j, $C_k^\bullet$)　//对两个区间概念进行合并

{
　$C_k^\bullet.M_k^{\alpha^\bullet} = C_i.M_i^\alpha \bigcup C_j.M_j^\alpha$, $C_k^\bullet.M_k^{\beta^\bullet} =$
　$C_i.M_i^\beta \bigcup C_j.M_j^\beta$, $C_k^\bullet.Y = C_i.Y \bigcup C_j.Y$

}

　　该算法涵盖存在概念、冗余概念和空概念，即全体区间概念的所有合并情况，因此合并得到的概念格具有正确性和完备性. 此算法的时间复杂度是 $O(n)$，而先合并形式背景再应用 ICAICL 算法构造区间概念格的第二步时间复杂度就超过了 $O(n)$，且寻找新结点的父子结点过程更为复杂，因此，分析证明此算法具

有高效性.

6.3.4 应用实例

已知有如表 6.1、表 6.2 所示的形式背景.

表 6.1 $L_\alpha^\beta(U_1, A, R_1)$ 的形式背景

	a	b	c	d
1	1	1	0	0
2	0	0	1	0
3	1	0	1	1

表 6.2 $L_\alpha^\beta(U_2, A, R_2)$ 的形式背景

	a	b	c	d
1	0	0	0	1
2	0	1	1	0
3	1	0	1	1

(1) 设 $\alpha = 0.6, \beta = 0.7$，对两形式背景用改进的区间概念格的渐进式构造算法形成格结构，如图 6.1 和图 6.2 所示.

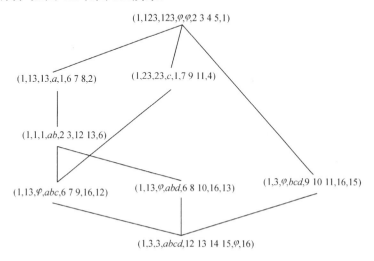

图 6.1 (U_1, A, R_1) 的区间概念格

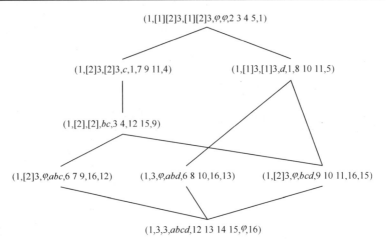

图 6.2　(U_2,A,R_2) 的区间概念格

在生成区间概念格的同时，除存在概念之外，还存储了各自的冗余概念和空概念，如表 6.3 所示.

表 6.3　$L_\alpha^\beta 1$ $L_\alpha^\beta 2$ 的冗余概念和空概念

$L_\alpha^\beta 1$	$L_\alpha^\beta 2$
$(2,1,1,b,1,6\,9\,10,3)$	$(2,3,3,a,1,6\,7\,8,2)$
$(2,3,3,d,1,8\,10\,11,5)$	$(2,[2],[2],b,1,6\,9\,10,3)$
$(2,3,3,ac,2\,4,12\,14,7)$	$(2,3,3,ac,2\,4,12\,14,7)$
$(2,3,3,ad,2\,5,13\,14,8)$	$(2,3,3,ad,2\,5,13\,14,8)$
$(2,3,3,cd,4\,5,14\,15,11)$	$(2,3,3,cd,4\,5,14\,15,11)$
$(2,3,3,acd,7\,8\,11,16,14)$	$(2,3,3,acd,7\,8\,11,16,14)$
$(3,\varphi,\varphi,bc,3\,4,12\,15,9)$	$(3,\varphi,\varphi,ab,2\,3,12\,13,6)$
$(3,\varphi,\varphi,bd,3\,5,13\,15,10)$	$(3,\varphi,\varphi,bd,3\,5,13\,15,10)$

(2) 按照 Union- $L_\alpha^\beta 1$ $L_\alpha^\beta 2$ 对两个区间概念格合并. 合并后的区间概念格 $L_\alpha^\beta(U,A,R)$ 如图 6.3 所示.

对几种概念结点举例说明其合并过程.

(a) 两个存在概念合并.

$L_\alpha^\beta 1$ 根结点：1|123|123|∅|∅|2345|1

$L_\alpha^\beta 2$ 根结点：1|[1][2]3|[1][2]3|∅|∅|2345|1

进行合并，即：上下界外延分别取并调整外延集，根据定理 6.4，由于二者皆是存在概念，那么合并后必然是存在概念，因此合并后区间概念为

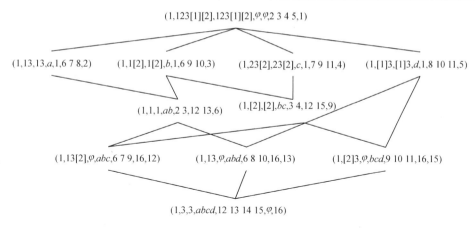

图 6.3　纵向合并后的区间概念格

$$\boxed{1\,|\,12[1][2]3\,|\,12[1][2]3\,|\,\varnothing\,|\,\varnothing\,|\,2345\,|\,1}$$

(b) 存在概念与冗余概念合并.

$L_\alpha^\beta 1$ 结点 $\boxed{1\,|\,13\,|\,13\,|\,a\,|\,1\,|\,678\,|\,2}$ 和 $L_\alpha^\beta 2$ 结点 $\boxed{2\,|\,3\,|\,3\,|\,a\,|\,1\,|\,678\,|\,2}$ 合并，前者存在概念，后者冗余概念，按照推论 6.1，合并后得到的区间概念依然是存在概念，即：$\boxed{1\,|\,13\,|\,13\,|\,a\,|\,1\,|\,678\,|\,2}$.

(c) 两个冗余概念合并.

$L_\alpha^\beta 1$ 中间结点 $\boxed{2\,|\,3\,|\,3\,|\,ac\,|\,2,4\,|\,12,14\,|\,7}$ 和 $L_\alpha^\beta 2$ 中间结点 $\boxed{2\,|\,3\,|\,3\,|\,ac\,|\,24\,|\,12,14\,|\,7}$ 合并，二者皆冗余概念，且其子概念相同：内涵属性 abc，因此合并后区间概念 $\boxed{2\,|\,3\,|\,3\,|\,ac\,|\,24\,|\,12,14\,|\,7}$ 仍是冗余概念.

(d) 两个空概念合并.

$L_\alpha^\beta 1$ 中间结点 $\boxed{3\,|\,\varnothing\,|\,\varnothing\,|\,bd\,|\,35\,|\,13,15\,|\,10}$ 和 $L_\alpha^\beta 2$ 中间概念 $\boxed{3\,|\,\varnothing\,|\,\varnothing\,|\,bd\,|\,35\,|\,13,15\,|\,10}$ 合并，二者皆空概念，合并后概念依然为空概念.

由于区间概念格 $L_\alpha^\beta(U,A,R)$ 只由 flag=1 的区间概念构成，且经上述算法得到的合并后的区间概念含父子关系，因此利用并后 flag=1 的概念可构造出合并后的区间概念格.

6.4　区间概念格的横向合并

6.4.1　动态横向合并的基本原理

定义 6.13　设形式背景 (U_1,A_1,R_1) 和 (U_2,A_2,R_2) 是一致的，由其构成的区间概念格分别为 $L_{\alpha_1}^\beta(U_1,A_1,R_1)$ 和 $L_{\alpha_2}^{\beta_2}(U_2,A_2,R_2)$.当 $\alpha_1=\alpha_2=\alpha$ ，$\beta_1=\beta_2=\beta$ 时，称区间

概念格 $L_\alpha^\beta(U_1,A_1,R_1)$ 和 $L_\alpha^\beta(U_2,A_2,R_2)$ 是一致的；当 $\alpha_1\neq\alpha_2$ 或者 $\beta_1\neq\beta_2$ 时，则称区间概念格 $L_{\alpha_1}^\beta(U_1,A_1,R_1)$ 和 $L_{\alpha_2}^{\beta_2}(U_2,A_2,R_2)$ 是不一致的.

定义 6.14 如果区间概念格 $L_\alpha^\beta(U_1,A_1,R_1)$ 和区间概念格 $L_\alpha^\beta(U_2,A_2,R_2)$ 是一致的，且 $U=U_1=U_2$，将二者进行合并得到 $L_\alpha^\beta(U,A,R)$，则称 $L_\alpha^\beta(U,A,R)$ 为 $L_\alpha^\beta(U,A_1,R_1)$ 和 $L_\alpha^\beta(U,A_2,R_2)$ 的横向合并. 设 $C_1\in L_\alpha^\beta(U,A_1,R_1)$，$C_2\in L_\alpha^\beta(U,A_2,R_2)$，则 $C=C_1\otimes C_2$ 是区间概念的横向合并.

如果区间概念格 $L_\alpha^\beta(U_1,A_1,R_1)$ 和 $L_\alpha^\beta(U_2,A_2,R_2)$ 是一致的，且 $U=U_1=U_2$，通过横向合并得到 $L_\alpha^\beta(U,A,R)$，则 $L_\alpha^\beta(U,A,R)$ 中概念可分为两类，第一类是原结构中概念内涵属性个数等于所求概念的层数，第二类是两原结构中概念内涵属性个数之和等于所求概念的层数. 两类概念具体合并情况如下.

定理 6.8 对于第一类概念而言，合并前后其自身上下界外延及内涵属性不变. 但其概念类型标记有所不同，当原格结构中概念标记 flag=2 和 flag=3 时，合并后不变；当原格结构中概念标记 flag=1 时，合并后可能为 flag=1 或者 flag=2.

证明 由于原格结构对应的形式背景包含于合并后格结构对应的形式背景中，原格结构中的概念的三元序偶完全保留到合并后格结构中. 同时，由于自身特点，空概念和冗余概念合并前后无变化. 而对存在概念而言，合并生成的新概念有可能使得自身冗余.

对于第二类概念而言，设区间概念格 $L_\alpha^\beta(U_1,A_1,R_1)$ 和区间概念格 $L_\alpha^\beta(U_2,A_2,R_2)$ 是一致的，且 $U=U_1=U_2$，将二者进行横向合并得到 $L_\alpha^\beta(U,A,R)$，$C=(M^\alpha,M^\beta,Y)\in L_\alpha^\beta(U,A,R)$，$C_1=(M_1^\alpha,M_1^\beta,Y_1)\in L_\alpha^\beta(U,A_1,R_1)$，$C_2=(M_2^\alpha,M_2^\beta,Y_2)\in L_\alpha^\beta(U,A_2,R_2)$，当 $Y_1\cap Y_2=\varnothing$，以上界外延为例，横向合并情况分为以下两种.

定理 6.9 当 $\lceil|Y_1|\alpha\rceil+\lceil|Y_2|\alpha\rceil=\lceil|Y_1\cup Y_2|\alpha\rceil$ 时，$M^\alpha=M_1^\alpha\cap M_2^\alpha$，同时验证 $x_1=M_1^\alpha-M^\alpha$ 和 $x_2=M_2^\alpha-M^\alpha$ 是否为空，如果不为空则将其带入 $\dfrac{|f(x)\cap(Y_1\cup Y_2)|}{|Y|}\geqslant\alpha$，满足则将对象加入 M^α 中，否则不加入其中. 其中，符号 $\lceil x\rceil$ 表示大于等于 x 的最小整数.

证明 由上界外延本身 $\dfrac{|f(x)\cap Y|}{|Y|}\geqslant\alpha$ 决定，满足此式的对象至少含有 $\lceil|Y|\alpha\rceil$ 个属性，且 $Y_1\cap Y_2=\varnothing$，$\lceil|Y_1|\alpha\rceil+\lceil|Y_2|\alpha\rceil=\lceil|Y_1\cup Y_2|\alpha\rceil$ 等同 $M^\alpha=M_1^\alpha\cap M_2^\alpha$. 但 $x_1=M_1^\alpha-M^\alpha$ 或 $x_2=M_2^\alpha-M^\alpha$ 中有可能依然含大于等于 $(|Y_1\cup Y_2|\alpha)$ 对象，因此，需要进一步验证，不可直接剔除.

定理 6.10 当 $\lceil|Y_1|\alpha\rceil=\lceil|Y_1\cup Y_2|\alpha\rceil$ 时，$M^\alpha=M_1^\alpha$，同时验证 $x_1=M_1^\alpha-M^\alpha$ 或

$x_2 = M_2^\alpha - M^\alpha$ 是否为空，如果不为空则将其带入 $\dfrac{|f(x) \bigcap (Y_1 \bigcup Y_2)|}{|Y|} \geqslant \alpha$ ，满足则将对象加入 M^α 中，否则不加入其中. 同理 $\lceil |Y_2| \alpha \rceil = \lceil |Y_1 \bigcup Y_2| \alpha \rceil$.

证明过程同定理 6.9.

定理 6.9、定理 6.10 同理下界外延的横向合并情况.

定理 6.11　设 $L_\alpha^\beta(U, A, R)$ 为 $L_\alpha^\beta(U, A_1, R_1)$ 和 $L_\alpha^\beta(U, A_2, R_2)$ 横向合并得到的区间概念格，且 $A_1 \bigcap A_2 = \varnothing$ ，则 $L_\alpha^\beta(U, A, R)$ 的第 m 层结点为

$$C_{|A_1|+|A_2|}^m = C_{|A_1|}^m + C_{|A_1|}^{m-1}C_{|A_2|}^1 + C_{|A_1|}^{m-2}C_{|A_2|}^2 + \cdots + C_{|A_1|}^1 C_{|A_2|}^{m-1} + C_{|A_2|}^m$$

其中 $C_{|A_1|}^m$ 指： $\overline{L_\alpha^\beta(U, A_1, R_1)}$ 中内涵属性个数为 m 的所有区间概念， $C_{|A_1|}^{m-1}C_{|A_2|}^1$ 指： $\overline{L_\alpha^\beta(U, A_1, R_1)}$ 中内涵属性个数为 $m-1$ 的所有区间概念和 $\overline{L_\alpha^\beta(U, A_2, R_2)}$ 中内涵属性个数为 1 的所有区间概念进行横向合并.

6.4.2　算法设计

算法的基本思想是：每当新数据集产生，即将其转化为区间概念格的形式表示，并与已合并的格结构进行合并. 这样周而复始，实现区间概念格信息汇总，为进一步关联规则挖掘奠定基础.

算法 6.5　DHM(Dynamic Horizontal Merger).

输入： $L_\alpha^\beta 1$ ， $\overline{L_\alpha^\beta 1}$ ， $L_\alpha^\beta 2$ ， $\overline{L_\alpha^\beta 2}\cdots L_\alpha^\beta i$ ， $\overline{L_\alpha^\beta i}$ ， $\cdots$.

输出： L_α^β 和 $\overline{L_\alpha^\beta}$.

步骤如下：

步骤 1：令 $L_\alpha^\beta = L_\alpha^\beta 1$ 和 $\overline{L_\alpha^\beta} = \overline{L_\alpha^\beta 1}$.

步骤 2：新产生的区间概念格 $L_\alpha^\beta i$ ， $\overline{L_\alpha^\beta i}$ $(i = 2,3\cdots n)$ 分别与 L_α^β ， $\overline{L_\alpha^\beta}$ 进行合并，合并结果赋值 L_α^β ， $\overline{L_\alpha^\beta}$. 其中，两个区间概念格的合并步骤如下：

(1) 令 $A_i^\wedge = A_i \bigcap A$ ，剔除新产生区间概念格 $L_\alpha^\beta(U, A_i, R_i)$ (简写为： $L_\alpha^\beta i$)中含重复概念属性集 $A_i^\wedge$ 中属性的概念，并将其格结构标记为 $L_\alpha^\beta(U, A_i^*, R_i^*)$ (简写为： $L_\alpha^\beta i^*$)，对应属性集为 $A_i^* = A_i - A_i^\wedge$.

(2) 令 $A^* = A \bigcup A_i^*$ ，计算属性集合 $P(A^*)$ 确定概念的内涵，生成初始化的 $\overline{L_\alpha^{\beta*}}$ 概念结点集 G^* . 根据结点集合 G^* ，按照偏序关系确定结点的层次及父子关系，令 flag=0，上下界外延为空.

(3) 根据定理 6.11，按层序遍历扫描 $\overline{L_\alpha^\beta}$ 和 $\overline{L_\alpha^\beta i^*}$ 中区间概念，并根据定理 6.8 —定理 6.10 生成 $\overline{L_\alpha^{\beta*}}$ 中概念. 其中，第 m 层横向合并算法见 Horizontal merger-M

Layer.

```
Horizontal merger-M Layer( L̄ᵦᵢ* , Cᵢ* , L̄ᵦ , C , L̄ᵦ* , C* )

{    For  Cᵢ*  in  L̄ᵦᵢ* ；

     For  C  in  L̄ᵦ ；
```

If $(C_i^*.|Y| = m)$ // $\overline{L_\alpha^\beta i}^*$ 中概念的内涵属性个数等于概念层数 m

```
{    If( C*.Y = Cᵢ*.Y )
     {    C*.flag = Cᵢ*.flag ；
          C*.Mᵅ = Cᵢ*.Mᵅ ；
          Cᵢ*.Mᵝ = Cᵢ*.Mᵝ ；
     }
     Else end
}
```

If $(C.|Y| = m)$ // $\overline{L_\alpha^\beta}$ 中概念的内涵属性个数等于概念层数 m

```
{    If( C*.Y = C.Y )
     {    C*.flag = C.flag ；
          C*.Mᵅ = C.Mᵅ ；
          C*.Mᵝ = C.Mᵝ ；
     }
     Else end
}
```

If$(C_i^*.|Y| + C.|Y| = m)$ // $\overline{L_\alpha^\beta i}^*$ 和 $\overline{L_\alpha^\beta}$ 中概念的属性数之和等于概念层数 m

```
{   For  (Cᵢ*.|Y| = 1；Cᵢ*.|Y| = m − 1；Cᵢ*.|Y| + +)
    C.|Y| = m − Cᵢ*.|Y|
    For  C*.Mᵅ
    If  (⌈Cᵢ*.|Y|* α⌉ + ⌈C.|Y|* α⌉ = ⌈(Cᵢ*.|Y| + C.|Y|)*α⌉)
    {    γ = α
         Merger1-Cᵢ*C ( Cᵢ* ， C ， C* )
    }
    If(⌈Cᵢ*.|Y| * α⌉ = ⌈(Cᵢ*.|Y| + C.|Y|) * α⌉ or⌈C.|Y| * α⌉ =
    ⌈(Cᵢ*.|Y| + C.|Y|) * α⌉)
    {    If  (⌈Cᵢ*.|Y| * α⌉ = ⌈(Cᵢ*.|Y| + C.|Y|) * α⌉
         {    γ = α ；
         C_g = Cᵢ* ；
         C_h = C ；
```

```
                Merger2-C_gC_h ( C_g , C_h , C* )
        }
            If  ( ⌈C.|Y| * α⌉ = ⌈(C_i*.|Y| + C.|Y|) * α⌉
        {      γ = α ;
               C_g = C ;
               C_h = C_i* ;
               Merger2-C_gC_h ( C_g , C_h , C* )
        }
        Else end
        }
}
For  C*.M^β
 If  ( ⌈C_i*.|Y| * β⌉ + ⌈C.|Y| * β⌉ = ⌈(C_i*.|Y| + C.|Y|) * β⌉ )
 {
        γ = β
        Merger1-C_i*C ( C_i* , C , C* )
 }
 If  ( ⌈C_i*.|Y| * β⌉ = ⌈(C_i*.|Y| + C.|Y|) * β⌉ or ⌈C.|Y| * β⌉ =
⌈(C_i*.|Y| + C.|Y|) * β⌉ )
 {      If  ( ⌈C_i*.|Y| * β⌉ = ⌈(C_i*.|Y| + C.|Y|) * β⌉
        {      γ = β ;
               C_g = C_i* ;
               C_h = C ;
               Merger2-C_gC_h ( C_g , C_h , C* )
        }
            If  ( ⌈C.|Y| * β⌉ = ⌈(C_i*.|Y| + C.|Y|) * β⌉
        {      γ = β ;
               C_g = C ;
               C_h = C_i* ;
               Merger2-C_gC_h ( C_g , C_h , C* )
        }
        Else end
 }
 }
Remove-redun(Ch, Gi)
```

```
If (C*.Mᵅ = C*.Mᵝ = ∅)
Flag=3
Else flag=1
}
}
```

算法 Horizontal merger-M Layer 中调用了三个子函数，分别为：Remove-redun (Ch, Gi)，Merger1-C_i^*C (C_i^*，C，C^*)，Merger2-C_i^*C (C_i^*，C，C^*). 子函数 Remove-redun(Ch, Gi)的作用是：找出合并后区间概念格的冗余概念并进行标记. 子函数 Merger1-C_i^*C (C_i^*，C，C^*)和 Merger2-C_i^*C (C_i^*，C，C^*)的作用分别是：针对定理 6.10 和定理 6.11 的合并情况，计算并检验删除对象，得到合并后区间概念.

步骤 3：将 $L_\alpha^{\beta*}$ 和 $\overline{L_\alpha^{\beta*}}$ 赋值为 L_α^β 和 $\overline{L_\alpha^\beta}$，令 $i=i+1$，循环步骤 2.

该算法直接从区间概念格出发，充分利用原区间概念格的格结构，且涵盖所有概念的合并情况. 因此，具有完备性和有效性. 与先合并形式背景再应用 ICAICL 算法构造区间概念格的方法相比，该算法降低了时间复杂度，值为 $O(n*n_i*(n+n_i))$，从而证明了该算法的高效性.

6.4.3 应用实例

已知有如表 6.4、表 6.5 所示的形式背景：

表 6.4　$L_\alpha^\beta 1$ 的形式背景

	a	b	c
1	1	0	1
2	0	1	0
3	1	1	0
4	1	0	0
5	1	0	1

表 6.5　$L_\alpha^\beta 2$ 的形式背景

	c	d	e	f
1	1	1	1	1
2	0	1	1	0
3	0	0	1	0
4	0	1	0	0
5	1	0	1	0

(1) 设 $\alpha = 0.6$，$\beta = 0.7$，应用改进的区间概念格的渐进式生成算法生成原区间概念格结构，如图 6.4 和图 6.5 所示.

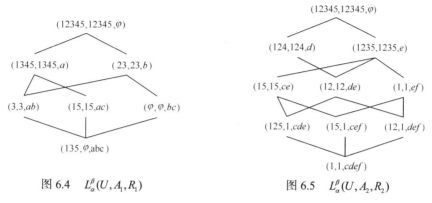

图 6.4 $L_\alpha^\beta(U, A_1, R_1)$ 图 6.5 $L_\alpha^\beta(U, A_2, R_2)$

(2) 可知 $A = \{a, b, c, d, e, f\}$，得到由 flag=0，上下界外延为空，父子关系已生成的区间概念构成的初始化 $\overline{L_\alpha^\beta}$.

(3) $A^* = A_1 \bigcap A_2 \neq \varnothing$，$A^* = c$，因此删除 $\overline{L_\alpha^\beta}1$ 中包含属性 c 的所有概念结点，此时标记格结构为 $\overline{L_\alpha^\beta}1^*$，$\overline{L_\alpha^\beta}1^*$ 的属性集为 $A_1^* = A_1 - A^*$.

(4) 按层序遍历扫描 $\overline{L_\alpha^\beta}1^*$ 和 $\overline{L_\alpha^\beta}2$，并分情况生成 $\overline{L_\alpha^\beta}$ 中区间概念，由 $\overline{L_\alpha^\beta}$ 可得 L_α^β，通过横向合并后区间概念格 L_α^β 如图 6.6 所示. 以第 3 层为例，简述区间概念横向合并的几种情况.

$\overline{L_\alpha^\beta}1^*$ 包含属性个数为 2，$\overline{L_\alpha^\beta}2$ 包含属性个数为 4，由公式可知 $C_6^3 = C_4^3 + C_2^1 C_4^2 + C_2^2 C_4^1$，因此 $\overline{L_\alpha^\beta}$ 中第三层概念结点的合并分三种情况.

情况一：在 $\overline{L_\alpha^\beta}2$ 中第三层概念有四个，根据内涵属性相同原理，找出与 $\overline{L_\alpha^\beta}2$ 中这四个概念对应的 $\overline{L_\alpha^\beta}$ 中在概念，并将概念中的上下界外延以及 flag 赋给对应区间概念.

情况二：$\overline{L_\alpha^\beta}1^*$ 中内涵属性个数为 1 的概念结点有 $(1345, 1345, a)$ 和 $(23, 23, b)$，$\overline{L_\alpha^\beta}2$ 中内涵属性个数为 2 的概念结点有 $(1, 1, cd)$，$(15, 15, ce)$，$(1, 1, cf)$，$(12, 12, de)$，$(1, 1, df)$，$(1, 1, ef)$，将其进行横向合并. 其中在 $(1345, 1345, a)$ 和 $(1, 1, cd)$ 合并过程中，首先判定出合并情况属于 $\lceil |cd| * 0.6 \rceil = \lceil (|a| + |cd|) * 0.6 \rceil$，因此 $M^{\alpha^*} = \{1\}$，与此同时 $\{1345\} - \{1\} = \{345\} \neq \phi$，将 $\{345\}$ 中元素分别带入 $\dfrac{|f(x) \bigcap acd|}{|acd|} \geqslant 0.6$，进一步判定删除对象所对应的内涵属性比例是否满足关系式，满足则将对象添加到

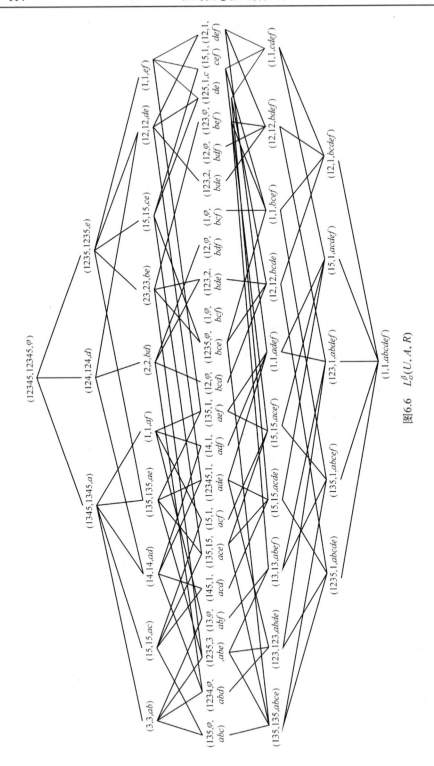

图6.6　$L_\alpha^\beta(U, A, R)$

$M^{\alpha*}$ 中，否则彻底剔除. 同样，对于下界外延而言则属于 $\lceil |a|*0.6+|cd|*0.6 \rceil =$ $\lceil (|a|+|cd|)*0.6 \rceil$，因此 $M^{\alpha*} = \{1345\} \bigcap \{1\} = \{1\}$，同时 $\{1345\} - \{1\} = \{345\} \neq \phi$，同样将 $\{345\}$ 带入关系式，满足则加入 $M^{\alpha*}$ 中，否则剔除. 以此类推，上下界外延分别进行判定所属合并情况，并对删除概念做进一步的验证. 最后概念生成后根据上下界外延判定所属类型.

情况三：将 $\overline{L_\alpha^\beta}1^*$ 中内涵属性个数为 2 的概念结点与 $\overline{L_\alpha^\beta}2$ 中内涵属性个数为 1 的概念结点分别进行合并. 经上述三种情况合并得到的区间概念共同构成 $\overline{L_\alpha^\beta}$ 的第三层.

通过概念结点间的横向合并可以得到 $\overline{L_\alpha^\beta}$，剔除 $\overline{L_\alpha^\beta}$ 中 flag=2 和 flag=3 的区间概念后即可转化 L_α^β. L_α^β 如图 6.6 所示.

6.5　本 章 小 结

区间概念格相比经典概念格而言，它是具备一定数量或者比例的内涵中属性的对象集的格结构. 因此，格结构的合并较经典概念要复杂得多. 本章引入一致性概念作为区间概念格合并的先决条件.在两区间概念格的参数区间一致时可进行区间概念格的纵横向合并. 为保持格结构的完整性，通过改进区间概念格的渐进式生成算法将格结构中的概念分为存在概念、冗余概念和空概念三类. 将格结构的合并具体到格结点的合并，将其分情况进行讨论. 实际生活中，信息的汇总、区间概念格的高效合并为关联规则的进一步挖掘提供可操作性.

第 7 章 区间概念格的带参数规则挖掘

7.1 问题的提出

在经典概念格中，数据集中的最大项集可以由概念结点的内涵表示，所以概念格是进行关联规则挖掘的有效数学模型. 国内外学者在概念格与关联规则挖掘方面做了很多工作，研究成果表明，利用概念格设计出的关联规则算法无论是在分类规则还是在决策规则的挖掘上都要比传统的数据挖掘工具有优势. 构建区间概念格的带参数关联规则挖掘算法模型对于不确定规则挖掘的研究有很大的现实意义.

结合区间概念格的结构特性和结点性质，给出了针对不确定规则的度量标准：精度和不确定度，构建了基于区间概念格的带参数规则挖掘模型，研究了区间参数 α 和 β 对区间关联规则的影响[89]；在此基础上，提出了直接从关联规则出发的区间关联规则动态纵向合并算法.

7.2 概念格上关联规则挖掘

在数据库的知识发现中，规则本身使用内涵集之间的关系来描述的，而体现于相应外延集之间的包含(或近似包含)关系. 由于概念格结点反映了概念内涵和外延的统一，结点间关系体现了概念之间的泛化和例化关系，因此非常适合作为规则发现的基础性数据结构. Godin 等提出了由概念格来提取蕴含规则和近似蕴含规则的算法[90].

7.2.1 基于概念格的关联规则挖掘算法

事务数据库可以转换成一个形式背景 (U, A, R) ，其中 U 是事务的集合，A 是数据库中特征(属性)的集合，当 $x \in U$ ， $a \in A$ ，xRa 表示 a 属于 x 的项集.

定义 7.1 对于概念格中任一结点 $C = (X, Y)$ ，若其外延中对象的数目不小于(大于或等于)$|U| \times \theta$ ，则 C 被称为一个频繁结点.

定义 7.2 设最小支持度阈值 θ 和最小置信度阈值 c，如果结点二元组满足$(C1,$ $C2)$满足 $|X_2|/|U| \geqslant \theta$ ， $X_2 \subseteq X_1$ 且 $|X_2|/|X_1| \geqslant c$ ，则结点二元组被称为(θ, c)-候

选二元组.

定义 7.3　$A \Rightarrow B$ 是 (θ, c)-关联规则当且仅当其生成二元组 $(C1, C2)$ 为 (θ, c)-候选二元组.

定义 7.4　对于概念格中的结点 $C_1 = (X_1, Y_1)$，特征子集 Y_2 被称为是 (X_1, Y_1) 的内涵缩减当且仅当

(1) $g(Y_2) = g(Y_1) = X_1$

(2) $\forall Y_3 \subset Y_2, g(Y_3) \supset g(Y_2) = X_1$

其中条件(1)称为内涵缩减的外延不变性，即结点 $C1$ 的内涵 Y_1 和它的内涵缩减 Y_2 具有相同的外延. 条件(2)称为内涵缩减的最小性，即从中任意去除一个属性将会导致外延的增加. $C1$ 的所有内涵缩减的族集被标记为 $INT - RED(C1)$.

定理 7.1　如果 $(C1, C2)$ 是 (θ, c)-候选二元组且 Rules$(C1, C2)$= red $\Rightarrow Y_2 - red$，$red \in INT - RED(C1)$，则 $(C1, C2)$ 生成的任意 (θ, c)-关联规则均可由该规则集导出.

性质 7.1　如果 A、B 和 C 是两两互不相交的项集，$A \Rightarrow B \cup C$ 是 (θ, c)-关联规则，则 $A \cup C \Rightarrow B$ 必然也是 (θ, c)-关联规则. 也就是说 $A \Rightarrow B \cup C$ 可以导出 $A \cup C \Rightarrow B$.

定理 7.2　如果 $(C1, C2)$ 和 $(C1, C3)$ 是 (θ, c)-候选二元组且 $C2 < C3$，则 Rules$(C1, C3)$ 中的每条规则都可以由 Rules$(C1, C2)$ 中的某条规则导出.

给定构建好的概念格，关联规则提取算法可以分为两个阶段：第 1 阶段得到所有的候选二元组；第 2 个阶段首先利用定理 7.1 生成关联规则，并利用性质 7.1 和定理 7.2 去除冗余规则.

7.2.2　从量化概念格中挖掘无冗余关联规则

概念格是进行数据挖掘和规则提取的有效工具，可以直接根据所有概念结点之间的泛化-例化关系来提取规则，用户需要的是数量较少的、容易理解的、更能反映真实情况的关联规则. 传统的关联规则挖掘算法往往生成大量冗余规则. 因此，从概念格中提取无冗余规则成为研究的重点.

为了简便起见，概念格中的每个结点的外延，可以用计数值来表示，若外延基数大于最小支持频度，则该结点的内涵是一个频繁项集. 因此，在挖掘规则之前，将概念结点的外延，用外延基数来表示，这样的概念格称为量化概念格，概念结点转化为 $C = (|X|, Y)$. 这种表示方法的优点在于：在概念结点中存储概念的外延基数，不考虑外延的具体信息，只考虑外延基数，可以快速计算关联规则的支持度和置信度.

定理 7.3　简单冗余规则. 如果对于规则 $A \Rightarrow B$，$C \Rightarrow D$，满足 $A \cup B = C \cup$

$D = X$．如果 $A \subset C$，那么相对于 $A \Rightarrow B$ 来说，$C \Rightarrow D$ 是简单冗余规则．换言之，如果 $A \Rightarrow B$ 以一定的支持度和置信度存在，那么 $C \Rightarrow D$ 也一定存在，与具体的形式背景无关．

定理 7.4 严格冗余规则．对于规则 $A \Rightarrow B$，$C \Rightarrow D$，满足 $A \cup B = X_i$，$C \cup D = X_j$，且 $X_j \cup X_i$．若 $A \subset C$ 成立，则规则 $C \Rightarrow D$ 是 $A \Rightarrow B$ 的严格冗余规则．

基于冗余规则的定义，给出从量化概念格中推出关联规则的如下几种策略．策略基于这样的认识：概念格中结点产生的规则依赖于它的父结点．首先对该结点的父结点进行遍历，找到包含 RHS(Right Hand Side of rule，规则的右边部分) 的最小概念，然后，根据外延基数的计算，对该结点生成所有非冗余规则．

策略 1 若结点 $C = (|X|, Y)$ 仅有一个父结点 $C_p = (|X_p|, Y_p)$，则：

(1) 由 C 产生蕴含规则的前件 LHS(Left Hand Side of Rule，规则的条件部分) 且 LHS 仅由一个属性值组成．

(2) 由 C 产生的蕴含规则的个数是 $|Y| - |Y_p|$，即该结点和其双亲结点内涵个数的差．

(3) 对于 $\forall p \in (Y - Y_p)$，存在蕴含规则 $p \Rightarrow Y - p$．规则的 LHS 只能是单个描述符，否则若存在 $p_1, \cdots, p_n \Rightarrow Y - p_1 \cdots p_n$，根据简单冗余规则的定义可以得知，该规则相对于 $p \Rightarrow Y - p$ 是冗余的．

(4) 支持度：support $= |Y - p|$；置信度：confidence $= |Y - p| / |p|$

策略 2 若结点 $C = (|X|, Y)$ 有两个父结点 $C_1 = (|X_1|, Y_1)$，$C_2 = (|X_2|, Y_2)$，则对于 $\forall p_1 \in (Y_1 - Y_1 \cap Y_2)$，$\forall p_2 \in (Y_2 - Y_1 \cap Y_2)$，存在规则 $p_1 p_2 \Rightarrow Y - p_1 p_2$．且此类关联规则的个数为 $|Y_1 - Y_1 \cap Y_2| \cdot |Y_2 - Y_1 \cap Y_2|$．

策略 3 若结点 $C = (|X|, Y)$ 有 d 个父结点 $C_1 = (|X_1|, Y_1)$，$C_2 = (|X_2|, Y_2)$，$\cdots$，$C_d = (|X_d|, Y_d)$，则对于 $\forall p \in (Y - Y_1 \cup Y_2 \cup \cdots \cup Y_d)$，存在一条蕴含规则 $p \Rightarrow Y - p$．LHS 为单个描述符的规则总数为 $|Y| - |Y_1 \cup Y_2 \cup \cdots \cup Y_d|$

以上三个策略都是根据概念格的结点与父结点之间的联系，推出的无冗余关联规则，置信度为 100%．除此之外，还要考虑概念结点内涵自身可能存在的强关联规则．

策略 4 在量化概念格中，当 min-conf $< |X| / |X_p| < 1$，且 $\forall p_1 \ldots p_n \in B$ 与策略 1、2、3 已经产生的规则前件不同时，结点 $C = (|X|, Y)$ 内涵自身存在强关联规则．

7.2.3 模糊关联规则的挖掘算法

模糊概念格是进行规则提取的工具．对于从具有连续属性的事务数据库中提取模糊关联规则, 可将事务数据库与模糊形式背景相对应, 使模糊概念格结点携带数据项集的信息. 从而便于规则的提取[91].

设事务数据库 $D = \{t_1, t_2, \cdots, t_n\}$, 其中 $t_i (1 \le i \le n)$ 为 D 的第 i 个事务, 它具有连续属性 $I = \{i_1, i_2, ..., i_m\}$, 做数据预处理, 引入模糊集合, 由领域专家将连续属性划分为若干个模糊集, 得到模糊属性项集 $I_f = \{I_1^1, I_1^2, \cdots, I_1^{q_1}, I_2^1, I_2^2, \cdots, I_2^{q_2}, I_m^1,$ $I_m^2, \cdots, I_m^{q_m}\}$, 此时原事务数据库 D 转化为模糊事务数据库 D_f, D 中的每个属性 I_j 在 D_f 中有 $q_j (1 \le j \le m)$ 个模糊属性与之相关. 计算模糊属性项集的支持度是利用各属性的隶属函数计算得来的, 其结果是一个结余 0 到 1 的实数, 用隶属度值 d_{ijq_m} 表示. 得到模糊属性事务数据库如表 7.1.

表 7.1 模糊属性事务数据库

事务	属性			
	$I_1^1, I_1^2, \cdots, I_1^{q_1}$	$I_2^1, I_2^2, \cdots, I_2^{q_2}$	$\cdots$	$I_m^1, I_m^2, \cdots, I_m^{q_m}$
t_1	$d_{111} d_{112} \cdots d_{11q_1}$	$d_{121} d_{122} \cdots d_{12q_2}$	$\cdots$	$d_{1m1} d_{1m2} \cdots d_{1mq_m}$
t_2	$d_{211} d_{212} \cdots d_{21q_1}$	$d_{221} d_{222} \cdots d_{22q_2}$	$\cdots$	$d_{2m1} d_{2m2} \cdots d_{2mq_m}$
$\vdots$	$\vdots$	$\vdots$		$\vdots$
t_n	$d_{n11} d_{n12} \cdots d_{n1q_1}$	$d_{n21} d_{n22} \cdots d_{n2q_2}$	$\cdots$	$d_{nm1} d_{nm2} \cdots d_{nmq_m}$

此时, 模糊属性事务数据库 D_f 可方便地理解为一个模糊形式背景 $K = (U, A, R)$, 其中 U 为 D_f 中的事务集合, A 为数据库中所有可能的模糊特征集合: I_f, I 表示对象与特征之间的模糊关系. 将模糊属性事务数据库与模糊形式背景相对应, 可实现模糊概念格结点与模糊属性项集相对应.

定义 7.5 模糊概念格中的结点 $C = (g(Y), f(g(Y)), \sigma, \lambda)$ 对应模糊属性项集 Y, C 的参数 σ 大于支持度阈值 θ, 参数 λ 小于某阈值 γ, 则称 C 为频繁结点, X 为频繁项集.

定义 7.6 若模糊概念格中结点 C_1, C_2 均为频繁结点, 满足 $C_2 \le C_1$, 其中 C_1 为父结点, C_2 为子结点, 则 (C_1, C_2) 为满足阈值的候选二元组.

对于模糊概念格中的结点对 (C_1, C_2), 其中 $C_1 = (g(A), f(g(A)), \sigma_1, \lambda_1)$, 与属性项集 A 对应: $C_2 = (g(A \cup B), f(g(A \cup B)), \sigma_2, \lambda_2)$ 与属性项集 $A \cup B$ 对应, (C_1, C_2) 为候选二元组时, 则有 $C_2 \le C_1 \Leftrightarrow g(A \cup B) \subseteq g(A) \Leftrightarrow f(g(A)) \subseteq f(g(A \cup B))$, 此时提取模糊关联规则 $A \Leftrightarrow B$, (其中 $A \ne \varphi$, $B \ne \varphi$, $A \cap B \ne \varphi$, 且 $A \cup B$ 中不包括来自同一属性的相关项).

在模糊概念格的基础上, 实现格结点与对应项集的压缩存储, 格结点对的父子关系体现项集间的关联规则关系的模糊概念格称为模糊关联规则格.

渐进式建格算法思想已广泛应用于概念格的构建,这里采取与之类似的形式,但对格结点做相应修改.

算法 7.1　模糊关联规则格构建算法

输入:具有连续属性的事务数据库 D,阈值 θ_d 和 φ_d.

输出:模糊关联规则格,模糊参数 σ,λ.

步骤:

步骤1:做数据预处理,对每个模糊属性确定阈值,小于该阈值的属性值取 0,相同属性且大于阈值的合并为一个结点,得到处理背景.

步骤2:格结构初始化为空,生成根结点 (φ, A).

步骤3:从处理背景提取项集,生成结点 $C = (g(X), f(g(X)))$ 连接到根结点的边.

步骤4:从根结点开始,自底向上将待插入的新结点 $C^* = (g(X^*), f(g(X*)))$ 与格中已有结点比较:

(1) 如果格中没有结点 C 使得 $f(g(X^*) \subseteq f(g(X))$,则将结点 C 插入.

(2) 如果结点 C 满足 $f(g(X^*) \supseteq f(g(X))$,此时待插入的概念结点的内涵包含了 C 的内涵,因此将结点 C 更新为 $C^* = (g(X) \bigcup g(X^*), f(g(X)))$,边不更新,回到根.

(3) 如果结点 C 与 C^* 的内涵交集不等于格中任意结点的内涵,即 $f(g(X) \bigcap f(g(X^*) \neq \varphi$,且格中不存在结点的内涵为 $f(g(X) \bigcap f(g(X^*)$,则向上搜索,C 为一个产生子结点,与新结点一起产生某父结点(新增结点) $C' = (g(X) \bigcup g(X^*), f(g(X)) \bigcap f(g(X^*)))$,连接新增结点到它的子结点. 可见新增结点是由格中原结点和待插入结点产生的.

步骤5:直到所有的对象加入格中.

步骤6:按自底向上方式搜索所有没有父结点的结点,生成顶结点 (U, φ),增加顶结点到这些点的边.

步骤7:对已构造格中的每个结点,回到初始背景,计算模糊参数 σ,λ.

实例 7.1　对于模糊属性事务数据库,如表 7.2 所示.

表 7.2　模糊属性事务数据库

项目	属性 1 $\{d_1, d_2\}$		属性 2 $\{d_3, d_4\}$		属性 3 $\{d_5, d_6\}$		属性 4 $\{d_7\}$
对象	d_1	d_2	d_3	d_4	d_5	d_6	d_7
1	0.9	0	0.6	0	0.9	0	0
2	0.7	0	0.6	0	0.9	0	0.1

续表

项目	属性 1 $\{d_1, d_2\}$		属性 2 $\{d_3, d_4\}$		属性 3 $\{d_5, d_6\}$		属性 4 $\{d_7\}$
对象	d_1	d_2	d_3	d_4	d_5	d_6	d_7
3	0.6	0	0	0.9	0.8	0	0.2
4	0	0.8	0.6	0	0	0.8	0.6
5	0	0.7	0.6	0	0	0.8	0.6
θ_{d_i}	0.5	0.5	0.5	0.5	0.5	0.5	0.5

做数据预处理, 在给定的模糊属性事务数据库表 7.2 中, 可先设定模糊属性项集中属性的阈值 θ_{d_i}, 超过此阈值的取原值, 加入概念的生成, 而对于偏差太大的那些概念应忽略, 使之不参与新概念的生成, 以避免提取因高标准偏差而导致的无意义的蕴含式.

此外扫描数据库, 将有相同属性集的对象合并, 由此导出的处理背景如表 7.3 所示.

表 7.3　处理背景

概念	对象集	属性集	σ	λ
C0	12345	ϕ	-	-
C1	1, 2	d_1, d_3, d_5	0.77	0.03
C2	3	d_1, d_4, d_5	0.77	0
C3	1, 2, 3	d_1, d_5	0.8	0.09
C4	4, 5	d_2, d_3, d_6, d_7	0.68	0.025
C5	4, 5	d_3	0.6	0
C6	ϕ	$d_1, d_2, d_3, d_4, d_5, d_6, d_7$	-	-

利用渐进式建格思想构建模糊关联规则格, 如图 7.1 所示.

构建好的模糊关联规则格结点与属性项集相对应, 结点携带了项集的信息, 实现了对项集的压缩存储, 频繁结点实现了对频繁项集的压缩存储. 此时从中提取关联规则, 只需将满足阈值及父子关系的结点提取出, 生成候选二元组就得到相应的模糊关联规则.

设定支持度阈值为 $\lambda < 0.03$, 则 C2, C4,

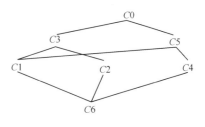

图 7.1　模糊关联规则格

C5 这三个结点为频繁结点，但满足父子关系的只有 C4，C5，因此得到频繁结点对 (C4，C5) 为候选二元组，可提取关联规则：$\{d_3\} \Rightarrow \{d_2, d_6, d_7\}$. 其逆规则为 $d_2 \wedge d_6 \wedge d_7 \Rightarrow d_3$，规则的直观含义是：$d_3$ 这一属性发生的原因是由 d_2, d_6, d_7 这 3 个属性的发生引起的.

算法分析：

(1) 做数据预处理以及引入模糊参数，有效避免标准偏差大的概念，从而避免导致冗余规则的生成，提高了挖掘效率，减少了挖掘关联规则的盲目性和机械性.

(2) 该方法简洁直观，对支持度小于阈值的结点，可直接从格结点上删除，避免了逐个遍历格结点的时间消耗，降低了算法的时间复杂度.

(3) 当用户的主观需求发生改变时，需要对支持度进行调整，此时借助于 Hasse 图找到满足支持度阈值的频繁结点即可，无需重构模糊关联规则格.

7.3　区间概念格带参规则挖掘

区间概念格与其它概念格在格结构及结点上有较大差异，首先重新给出区间规则挖掘过程中的一系列定义和相关定理；其次，定义了区间关联规则的度量精；最后，构建了基于区间概念格的关联规则挖掘模型，分析表明了模型的正确性.

7.3.1　区间关联规则及度量

事务数据库可以转换成一个形式背景 (U, A, R)，其中 U 是事务的集合，A 是数据库中特征（属性）的集合，当 $x \in U$，$a \in A$，xRa 表示 a 属于 x 的项集.

定义 7.7　设最小支持度阈值为 θ，对于区间概念格中任一概念结点 C，若其上界外延 (M^α) 中的对象个数不小于(大于或者等于)$|U| \times \theta$，则 C 称为 α-上界频繁结点，与 C 对应的内涵 Y 称为 α-上界频繁项集；若其下界外延 (M^β) 中的对象个数不小于 $|U| \times \theta$，则称 C 为 β-下界频繁结点，对应的 Y 称为 β-下界频繁项集.

与经典概念格不同，区间概念格中的父子概念在频繁性上不具有特定的关系.

关联规则 $A \Rightarrow B$ 对应于区间概念格中的结点二元组 $(C1, C2)$，$C1 = (M_1^\alpha, M_1^\beta, Y_1)$，$C2 = (M_2^\alpha, M_2^\beta, Y_2)$ 且 $C1 \geqslant C2$，称规则 $A \Rightarrow B$ 由结点二元组 $(C1, C2)$ 生成.

区间概念中有上下界两个概念外延，可分别提取 α-上界关联规则和 β-下界关联规则. 它们的支持度和置信度计算方法为：

α-上界规则 $A \Rightarrow B$: $\operatorname{Sup}(A \Rightarrow B) = \left| M_2^{\alpha} \right| / \left| U \right|$ 、 $\operatorname{Conf}(A \Rightarrow B) = \left| M_2^{\alpha} \right| / \left| M_1^{\alpha} \right|$

β-下界规则 $A \Rightarrow B$: $\operatorname{Sup}(A \Rightarrow B) = \left| M_2^{\beta} \right| / \left| U \right|$ 、 $\operatorname{Conf}(A \Rightarrow B) = \left| M_2^{\beta} \right| / \left| M_1^{\beta} \right|$

式中： $|\cdot|$ 表示对象的个数.

定义 7.8　设最小置信度阈值和最小置信度阈值分别为 θ 和 c ，区间概念格中两个频繁概念结点 $C1 = (M_1^{\alpha}, M_1^{\beta}, Y_1)$ 和 $C2 = (M_2^{\alpha}, M_2^{\beta}, Y_2)$ 构成的结点二元组 $(C1, C2)$ 满足 $M_2^{\alpha} \subseteq M_1^{\alpha}$ 且 $\left| M_2^{\alpha} \right| / \left| M_1^{\alpha} \right| \geqslant c$ ，则 $(C1, C2)$ 被称为 α-上界候选二元组；同样，当 $(C1, C2)$ 满足 $M_2^{\beta} \subseteq M_1^{\beta}$ 且 $\left| M_2^{\beta} \right| / \left| M_1^{\beta} \right| \geqslant c$ ，则 $(C1, C2)$ 被称为 β-下界候选二元组. 将由候选二元组 $(C1, C2)$ 得到的规则集合记为 $Rules(C1, C2)$.

定义 7.9　对区间关联规则 $A \Rightarrow B$ ，若满足如下两个条件，则被称为强关联规则.

1) $A \cup B$ 是频繁项集， $\operatorname{Sup}(A \Rightarrow B) \geqslant \theta$

2) $\operatorname{Conf}(A \Rightarrow B) \geqslant c$ ，即 $\left| P(A \cup B) \right| / \left| P(A) \right| \geqslant c$

式中： θ 为最小支持度阈值； c 为最小置信度阈值.

定理 7.5　区间概念格中，如果 $(C1, C2)$ 和 $(C1, C3)$ 是候选二元组且 $C3 > C2$ ，则 $Rules(C1, C3)$ 中的规则都可以由 $Rule(C1, C2)$ 中的某条规则导出.

区间概念格的上下界外延是具有内涵中一部分属性的对象的集合，所以，由区间概念格提取的规则是不确定的，需要对其进行度量.

定义 7.10　设规则 $A \Rightarrow B$ 是由候选二元组 $(C1, C2)$ 生成的 α-上界关联规则， $C1$ 的上界外延 $M_1^{\alpha} = \{x_1, x_2, \cdots, x_m\}$ ， $C1$ 的内涵 Y_1 ， $C2$ 的上界外延 $M_2^{\alpha} = \{o_1, o_2, \cdots, o_n\}$ ， $C2$ 内涵为 Y_2 ，则 $A \Rightarrow B$ 的规则精度为：

$$PD_{A \Rightarrow B} = \min \left\{ \min_{i=1}^{m} \frac{x_i \cdot Y \cap Y_1}{|Y_1|}, \min_{i=1}^{n} \frac{o_i \cdot Y \cap Y_1}{|Y_2|} \right\}$$

则规则 $A \Rightarrow B$ 的不确定度为： $UD_{A \Rightarrow B} = 1 - PD_{A \Rightarrow B}$.

定义 7.11　设 α-规则集为 $\Omega = \{Rules_1, Rules_2, \cdots, Rules_k\}$ ，规则集中的规则 $Rules_i$ 对应的不确定度为 $UD_{\alpha-Ri}$ ，则 α-规则集的不确定度为：

$$UD_{\alpha-Rluesset} = \max_{i=1}^{k} \{UD_{\alpha-Ri}\}$$

设 β-规则集为 $\Omega = \{Rules_1', Rules_2', \cdots, Rules_m'\}$ ，规则集中的规则 $Rules_j'$ 对应的不确定度为 $UD_{\beta-Rj}$ ，则 β-规则集的不确定度为：

$$UD_{\beta-Rluesset} = \max_{j=1}^{m} \{UD_{\alpha-Rj}\}$$

区间关联规则的不确定度： $UD = \max UD_{\alpha-Rluesset} - UD_{\beta-Rluesset}$.

7.3.2　带参规则挖掘算法

算法 7.2　区间概念格带参规则挖掘算法

输入：区间概念格 $L_\alpha^\beta(U, A, R)$，最小支持度阈值 θ，最小置信度阈值 c，区间参数 α 和 β.

输出：区间关联规则.

步骤 1：广度优先遍历区间概念格，得到 α-上界频繁结点集合 α-Fcset 及 β-下界频繁结点集合 β-Fcset.

```
Get-Fcset(Ci, θ, U)
{α - Fcset = β - Fcset = Φ
for each Ci = (Mᵢᵅ, Mᵢᵝ, Yᵢ) in Lᵅ_β(U, A, R)
{if (| Mᵢᵅ |⩾| U | ×θ)
α - Fcset = α - Fcset ∪ {Ci}
if (| Mᵢᵝ |⩾| U | ×θ)
β - Fcset = β - Fcset ∪ {Ci}}}
```

步骤 2：生成所有 α-上界候选二元组和 β-下界候选二元组.

```
Get-α - PAIRS(Ci, Cj, c)
{for each Ci = (Mᵢᵅ, Mᵢᵝ, Yᵢ) in α - Fcset
PAIRS(Ci) = Φ
for another Cj = (Mⱼᵅ, Mⱼᵝ, Yⱼ) in α - Fcset
if (Cj > Ci and | Mᵢᵅ | / | Mⱼᵅ |⩾ c)
PAIRS(Ci) = PAIRS(Ci) ∪ {Cj} }
Get-β - PAIRS(Ci, Cj, c)
{for each Ci = (Mᵢᵅ, Mᵢᵝ, Yᵢ) in β - Fcset
PAIRS(Ci) = Φ
for another Cj = (Mⱼᵅ, Mⱼᵝ, Yⱼ) in β - Fcset
if (Cj > Ci and | Mᵢᵝ | / | Mⱼᵝ |⩾ c)
PAIRS(Ci) = PAIRS(Ci) ∪ PAIRS{Cj} }
```

步骤 3：消除冗余的候选二元组.

```
Remove-α - rdundancy(Ci, Cj)
{for each Ci = (Mᵢᵅ, Mᵢᵝ, Yᵢ) and Cj = (Mⱼᵅ, Mⱼᵝ, Yⱼ) in α - Fcset
if (Ci > Cj)
PAIRS(Ci) = PAIRS(Ci) - PAIRS{Cj}
Remove-β - rdundancy(Ci, Cj)
```

{for each $Cj = (M_j^\alpha, M_j^\beta, Y_j)$ and $Cj = (M_j^\alpha, M_j^\beta, Y_j)$ in $\beta - Fcset$

if ($Ci > Cj$)

$PAIRS(Ci) = PAIRS(Ci) - PAIRS\{Cj\}$

步骤 4：由上一步中得到的 α-上界候选二元组和 β-下界候选二元组可以计算 α-上界频繁项集 $\alpha - Fcset$ 和 β-下界频繁项集 $\beta - Fcset$.

步骤 5：生成 α-上界关联规则集 $\alpha - Rulesset$ 和 β-下界关联规则集 $\beta - Rulesset$.

算法生成的频繁结点是基于外延基数不小于形式背景中对象个数与最小支持度阈值 θ 的乘积，即满足强关联规则的第 1 个判别条件；生成的候选二元组中两个概念的外延基数的比值不小于最小置信度阈值 c，即满足强关联规则的第 2 个判别条件. 综合以上两点，算法保障了提取的规则都是强关联规则. 此外，算法去除了冗余候选二元组，实现了对区间关联规则的缩减. 基于此算法能提取出较精炼的不确定强规则，提高了规则的可靠性.

7.3.3　实例验证

随着图书馆馆藏资源的增加和互联网技术的发展，高校图书馆中的图书信息得到了爆炸式增长，如何根据历史借阅数据库得到关联规则，并将这类规则直接作为知识推荐给用户，实现系统的书籍推荐功能和馆藏图书的高效利用成为当下图书馆管理系统研究的重点. 表 7.4 所示为 6 位读者对 6 本书的借阅情况形成的形式背景表. 设 $\alpha = 0.7$，$\beta = 0.8$.运用区间概念格构造[67]及其压缩[71]方法，得到如表 7.5 所示的区间概念和如图 7.2 所示的区间概念格结构

表 7.4　形式背景

	a	b	c	d	e	f
1	1	0	1	0	0	0
2	0	1	1	0	1	0
3	1	1	1	0	1	0
4	0	1	0	0	1	0
5	0	1	1	0	1	1
6	0	1	1	1	1	1

表 7.5　由表 7.4 中形式背景得到的区间概念

区间概念	上界外延	下界外延	内涵	区间概念	上界外延	下界外延	内涵
C1	Φ	Φ	Φ	C19	{2356}	{3}	{abce}
C2	{13}	{13}	{a}	C20	{356}	Φ	{abcf}
C3	{12356}	{12356}	{c}	C21	{36}	Φ	{abde}
C4	{1}	{1}	{ac}	C22	{6}	Φ	{abdf}
C5	{23456}	{23456}	{be}	C23	{356}	Φ	{abef}
…	…	…	…	…	…	…	…
C11	{6}	{6}	{bdf}	C29	{56}	{6}	{bcdf}
C12	{56}	{56}	{bef}	C30	{2356}	{56}	{bcef}
C13	{56}	{56}	{cde}	C31	{56}	{6}	{bdef}
C14	{56}	{56}	{cde}	C32	{56}	{6}	{cdef}
C15	{6}	{6}	{cdf}	C33	{36}	{36}	{abcde}
C16	{56}	{56}	{cef}	C34	{356}	{356}	{abcef}
C17	{6}	{6}	{def}	C35	{56}	{56}	{bcdef}
C18	{36}	Φ	{abcd}	C0	{6}	{6}	{abcdef}

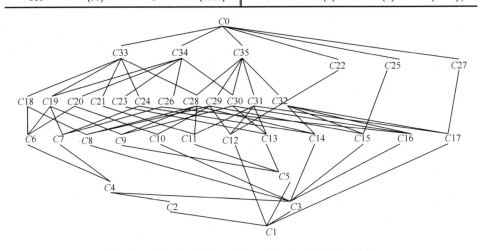

图 7.2　由表 7.4 中的形式背景得到的区间概念格结构

1. 基于区间概念格的规则提取

设定最小支持度阈值 $\theta = 50\%$ 和最小置信度阈值 $\theta = 80\%$. 通过遍历区间概念格中所有概念结点得到 0.7-上界频繁结点集合 $0.7 - Fcset = \{C3, C5, C9, C19, C20, C23, C26, C28, C30, C34\}$ 及 0.8-下界频繁结点集合 $0.8 - Fcset = \{C3, C5, C9, C34\}$.

其次，由 $0.7 - Fcset$ 和 $0.8 - Fcset$ 生成 0.7-上界候选二元组和 0.8-下界候选二

元组并去除冗余，结果如表 7.6 所示.

表 7.6 候选二元组

0.7-上界候选二元组		0.8-下界候选二元组	
概念	PAIRS	概念	PAIRS
C18	C3, C5, C9	C8	C3，C5
C27	C3, C5, C9		
C29	C3, C5, C9		
C33	C20, C23, C26		

由 0.7-上界候选二元组生成 0.7-上界关联规则 $0.7-Rluesset = \{c \Rightarrow abe, be \Rightarrow ac, bce \Rightarrow a, c \Rightarrow bde, be \Rightarrow cd, bce \Rightarrow d, c \Rightarrow bef, be \Rightarrow cf, bce \Rightarrow f, abcf \Rightarrow e, abef \Rightarrow c, acef \Rightarrow b\}$. 由 0.8-下界候选二元组生成 0.8-下界关联规则 $0.8-Rluesset = \{c \Rightarrow be, be \Rightarrow c\}$.

由以上可以看出：提取出的下界关联规则只有两条，在做推荐时可供参考的规则较少；此时，可将上界关联规则作为下界关联规则的一个补充，丰富推荐内容. 由下界关联规则 $be \Rightarrow c$ 做出的图书推荐为：当读者阅读了 b、e 时，为其推荐 c. 此时，读者可选择的图书只有一种，可将上界关联规则 $be \Rightarrow ac$ 作为一个有力的补充，即最终的图书推荐为：当读者阅读了 b、e 时，为其推荐 a、c.

计算 $0.7-Rluesset$ 和 $0.8-Rluesset$ 中所有关联规则的支持度、置信度、精度和不确定度，得到表 7.7 所示的结果.

表 7.7 关联规则四种度量结果

0.7-Rluesset							
规则	支持度	置信度	精度	不确定度	规则	支持度	置信度	精度	不确定度
c⇒abe	67%	80%	0.75	0.25	c⇒bef	67%	80%	0.75	0.25
be⇒ac	67%	80%	0.75	0.25	be⇒cf	67%	80%	0.75	0.25
bce⇒a	67%	100%	0.75	0.25	bce⇒f	67%	100%	0.75	0.25
c⇒bed	67%	80%	0.75	0.25	abcf⇒e	50%	100%	0.75	0.25
be⇒cd	67%	80%	0.75	0.25	abef⇒c	50%	100%	0.75	0.25
bce⇒d	67%	100%	0.75	0.25	acef⇒b	50%	100%	0.75	0.25
0.8-Rluesset							
c⇒be	0.67	0.8	1	0	be⇒c	0.67	0.8	1	0

由表 7.7 可以看出，提取出的规则的支持度均不小于 $\theta = 50\%$ 且置信度均不小于 $c = 80\%$，即全部为强关联规则. 由表 7.7，可以计算出 $0.7-Rluesset$ 和

$0.8-Rluesset$ 的不确定度分别为：$UD_{0.7-Rluesset} = 0.25$，$UD_{0.7-Rluesset} = 0$.所以，区间关联规则的不确定度 $UD = \max\{0.25, 0\} = 0.25$.

2. 对比与分析

在表 7.4 所示的形式背景下，基于概念格理论的不同关联规则挖掘模型的频繁结点数、关联规则数、精度与不确定度如表 7.8 所示.

表 7.8　基于概念格理论的不同模型对比分析汇总表

模型	概念格	NARMC 算法	DFCLA 算法	DFTFH 算法	基于FCIL的挖掘模型	粗糙概念格	区间概念格
频繁结点数	4	4	4	4	4	46	10
关联规则数	2	2	2	2	2	31	14
精度	1	1	1	1	1	0.17	0.75
不确定度	0	0	0	0	0	0.83	0.25

由表 7.8 可见，基于概念格的关联规则挖掘算法、基于概念格的无冗余规则挖掘算法（NARMC 算法）、FP-tree 上频繁概念格的无冗余关联规则提取算法（DFCLA 算法）、基于 FP-tree 和约束概念格的关联规则挖掘算法（DFTFH 算法)和基于频繁闭项集格（FCIL）的关联规则挖掘模型均提取出三条关联规则，且精度为 1，不确定度为 0，也就是说由这三个模型挖掘的规则不包含不确定信息，且规则数目少，不足以满足用户的需求；粗糙概念格提取出的规则数目多达 31 条，其精度仅为 0.17，说明挖掘的规则应用效率低且可靠性差，在实际应用时不能准确反映不确定信息. 由区间概念格提取的关联规则数目为 14，精度为 0.75，不确定度为 0.25，说明区间概念格可提取出不确定规则，弥补了概念格、NARMC 算法、DFCLA 算法、DFTFH 算法和基于 FCIL 的关联规则挖掘模型不能提取不确定规则的不足；与粗糙概念格比，提高了规则的应用效率与可靠性.

此外，由区间概念格提取的关联规则的数量、精度与不确定度均可根据用户需求，通过调整区间参数实现动态调控.

3. 区间参数对规则的影响

区间概念的外延是由区间参数 α 和 β 决定的，区间参数的变化会影响区间概念和区间概念格结构，进而对区间关联规则的数量、不确定度等产生影响.

当 $\alpha = 0.5$，β 变化时，生成的关联规则数量和区间关联规则不确定度的变化情况如图 7.3 所示. 图 7.3 表明，$\alpha = 0.5$ 时，β-下界关联规则数量和 β-下界关联规则不确定度都随着 β 增大而减小；区间关联规则的不确定度依赖 0.5-上界关联规则不确定度的变化.

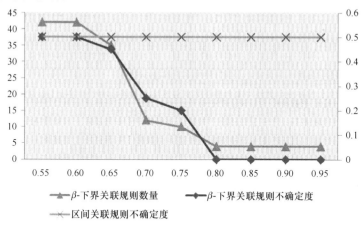

图 7.3　α =0.5，β 变化对关联规则的影响

当 $\beta = 0.9$，α 变化时，关联规则数量和区间关联规则不确定度的变化情况如图 7.4 所示. 由图 7.4 可知：$\beta = 0.9$ 时，α -上界关联规则数量和 α -上界关联规则不确定度都随着 α 增大而减小. α -上界关联规则不确定度与区间关联规则不确定度在图 7.4 中重合，所以，此时区间关联规则的不确定度依赖 α 的变化.

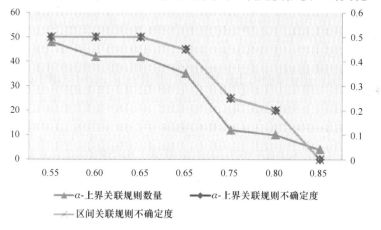

图 7.4　β =0.9，α 变化对关联规则的影响

7.4　区间关联规则的动态并行挖掘算法

随着大数据时代的到来，人们对数据处理的要求越来越高；数据的实时更新

性要求对动态数据进行高效处理. 例如：在超市的购物系统中，每天都会产生海量的交易信息. 分别构建每天交易信息的格结构，那么只能挖掘局部的关联规则，而无法从整体上为决策者提供及时准确的决策方案. 将每天的购物数据进行动态合并后再挖掘其潜在的关联规则，此过程的时间和空间复杂度会随着数据量的增大而迅速增大，不符合大数据时代的要求. 因此，为能够实时的从整体把握不确定规则进行区间关联规则的合并研究是十分必要的.

一般情况下，实现区间关联规则纵向合并的方法是先应用区间概念格的纵向合并算法合并格结构，再应用区间概念格的带参关联规则挖掘算法进一步提取关联规则. 由于区间概念格结构复杂，所需存储内存空间大，并且先纵向合并再挖掘区间关联规则的时间复杂度也较高. 因此，此方法不符合当前大数据时代的要求. 本节在区间概念格的纵向合并算法基础上设计了从区间关联规则到区间关联规则的纵向合并算法.

7.4.1 区间关联规则纵向合并原理

如果区间概念格 $\overline{L_\alpha^\beta(U_1, A_1, R_1)}$ 和区间概念格 $\overline{L_\alpha^\beta(U_2, A_2, R_2)}$ 是一致的，且 $A_1 = A_2 = A$，$U_1 \bigcap U_2 = \varnothing$，将二者进行区间概念格的纵向合并，得 $\overline{L_\alpha^\beta(U, A, R)}$. 设最小支持度阈值为 θ，最小置信度阈值为 c，提取 $\overline{L_\alpha^\beta(U_1, A_1, R_1)}$ 和 $\overline{L_\alpha^\beta(U_2, A_2, R_2)}$ 中的关联规则. 其中，设 $\alpha\text{-}Rulesset^*$ 是由 $\overline{L_\alpha^\beta(U_1, A_1, R_1)}$ 导出的上界关联规则集：$\alpha\text{-}Rulesset^{**}$ 是由 $\overline{L_\alpha^\beta(U_2, A_2, R_2)}$ 导出的上界关联规则集：$\alpha\text{-}Rulesset$ 是由 $\overline{L_\alpha^\beta(U, A, R)}$ 导出的上界关联规则集. 设 $C_1^* = (M_1^{\alpha^*}, M_1^{\beta^*}, Y_1)$，$C_2^* = (M_2^{\alpha^*}, M_2^{\beta^*}, Y_2)$ 且 $C_1^*, C_2^* \in \overline{L_\alpha^\beta(U_1, A_1, R_1)}$；$C_1^{**} = (M_1^{\alpha^{**}}, M_1^{\beta^{**}}, Y_1)$，$C_2^{**} = (M_2^{\alpha^{**}}, M_2^{\beta^{**}}, Y_2)$ 且 $C_1^{**}, C_2^{**} \in \overline{L_\alpha^\beta(U_2, A_2, R_2)}$；$C_1 = (M_1^\alpha, M_1^\beta, Y_1)$，$C_2 = (M_2^\alpha, M_2^\beta, Y_2)$ 且 $C_1, C_2 \in \overline{L_\alpha^\beta(U, A, R)}$. 现以上界外延为例(下界外延的合并原理同上界外延)，将 $\alpha - Rluesset^*$ 和 $\alpha - Rluesset^{**}$ 进行区间关联规则的纵向合并的过程中，有如下定理成立.

定理 7.6　如果 C_1^*, C_2^* 构成关联规则，且 $Rules(C_1^*, C_2^*) \in \alpha - Rluesset^*$：同时 C_1^{**}, C_2^{**} 构成关联规则，且 $Rules(C_1^{**}, C_2^{**}) \in \alpha - Rluesset^{**}$，则必然存在 $Rules(C_1, C_2) \in \alpha - Rluesset$.

证明　由于 $Rules(C_1^*, C_2^*) \in \alpha - Rluesset^*$ 和 $Rules(C_1^{**}, C_2^{**}) \in \alpha - Rluesset^{**}$，因此可以得出以下两关系式. 关系式一：$M_2^{\alpha^*} \subseteq M_1^{\alpha^*}$ 和 $M_2^{\alpha^{**}} \subseteq M_1^{\alpha^{**}}$，可以推导出

$$M_2^{\alpha^*} \bigcup M_2^{\alpha^{**}} \subseteq M_1^{\alpha^*} \bigcup M_1^{\alpha^{**}}, \quad 即 M_2^\alpha \subseteq M_1^\alpha. \quad 关系式二：\left| \frac{M_2^{\alpha^*}}{M_1^{\alpha^*}} \right| \geqslant c \text{ 和 } \left| \frac{M_2^{\alpha^{**}}}{M_1^{\alpha^{**}}} \right| \geqslant c，将$$

不等式移项后相加得 $\left|M_2^{\alpha^*}\right| + \left|M_2^{\alpha^{**}}\right| \geqslant c(\left|M_1^{\alpha^*}\right| + \left|M_1^{\alpha^{**}}\right|)$，整理为 $\dfrac{\left|M_2^{\alpha^*}\right| + \left|M_2^{\alpha^{**}}\right|}{\left|M_1^{\alpha^*}\right| + \left|M_1^{\alpha^{**}}\right|} \geqslant c$，

即 $\dfrac{\left|M_2^{\alpha}\right|}{\left|M_1^{\alpha}\right|} \geqslant c$. 由两关系式的推导出 $Rules(C_1, C_2) \in \alpha - Rluesset$，证毕.

定理 7.7 如果 $\overline{L_\alpha^\beta(U_1, A_1, R_1)}$ 中的关联规则 $Rules(C_1^*, C_2^*)$ 或 $\overline{L_\alpha^\beta(U_2, A_2, R_2)}$ 中的关联规则 $Rules(C_1^{**}, C_2^{**})$ 至少有一个不存在，则 $\alpha - Rluesset$ 中必然不存在 $Rules(C_1, C_2)$.

证明 以 $Rules(C_1^*, C_2^*)$ 存在而 $Rules(C_1^{**}, C_2^{**})$ 为例说明一个存在一个不存在的情况，$Rules(C_1^{**}, C_2^{**})$ 存在 $Rules(C_1^*, C_2^*)$ 不存在证明过程类似. $Rules(C_1^*, C_2^*) \in \alpha - Rluesset^*$ 可以导出 $M_2^{\alpha^*} \subseteq M_1^{\alpha^*}$ 和 $\dfrac{\left|M_2^{\alpha^*}\right|}{\left|M_1^{\alpha^*}\right|} \geqslant c$；由 C_1^{**}, C_2^{**} 未构成关联规则可以导出 $M_2^{\alpha^{**}} \not\subset M_1^{\alpha^{**}}$ 或 $\dfrac{\left|M_2^{\alpha^{**}}\right|}{\left|M_1^{\alpha^{**}}\right|} < c$. 由关系式 $M_2^{\alpha^*} \subseteq M_1^{\alpha^*}$ 和 $M_2^{\alpha^{**}} \not\subset M_1^{\alpha^{**}}$ 可推导出 $M_2^{\alpha^*} \bigcup M_2^{\alpha^{**}} \not\subset M_1^{\alpha^{**}} \bigcup M_1^{\alpha^*}$，即 $M_2^\alpha \subseteq M_1^\alpha$. 由关系式 $\dfrac{\left|M_2^{\alpha^*}\right|}{\left|M_1^{\alpha^*}\right|} \geqslant c$ 和 $\dfrac{\left|M_2^{\alpha^{**}}\right|}{\left|M_1^{\alpha^{**}}\right|} < c$ 可以导出 $\dfrac{\left|M_2^\alpha\right|}{\left|M_1^\alpha\right|} \geqslant c$ 不成立. 不满足不等式和包含关系其一就必然不存在 $Rules(C_1, C_2) \in \alpha - Rluesset$. C_1^*, C_2^* 和 C_1^{**}, C_2^{**} 均未构成关联规则，则 $\alpha - Rluesset$ 中必然不存在 $Rules(C_1, C_2)$. 显然，证毕.

由于区间概念格的关联规则挖掘建立在具有一定比例属性的对象的集合基础上，因此需要引入支持度、置信度、精度与不确定度，进行精确的度量. 设 C_1^*, C_2^* 的上界频繁度分别为 θ_1^* 和 θ_2^*；C_1^{**}, C_2^{**} 的上界频繁度分别为 θ_1^{**} 和 θ_2^{**}；(C_1, C_2) 的上界频繁度分别为 θ_1 和 θ_2. 经关联规则 $Rules(C_1^*, C_2^*)$ 和 $Rules(C_1^{**}, C_2^{**})$ 纵向合并得到的 $Rules(C_1, C_2)$ 的支持度、置信度、精度与不确定度可由频繁度推到其求解公式，具体情况如下.

定理 7.8 $Rules(C_1, C_2)$ 的支持度为：

$$Support(C_1 \Rightarrow C_2) = \frac{|U_1|\theta_2^* + |U_2|\theta_2^{**}}{|U_1| + |U_2|}$$

证明 $Rules(C_1, C_2)$ 的支持度为 $\dfrac{\left|M_2^{\alpha^*} \bigcup M_2^{\alpha^{**}}\right|}{|U_1| + |U_2|}$，由于 $U_1 \bigcap U_2 = \varnothing$，可变形为

$\dfrac{\left|M_2^{\alpha*}\right|+\left|M_2^{\alpha**}\right|}{\left|U_1\right|+\left|U_2\right|}$, 分别代入 C_2^* 和 C_2^{**} 的频繁度, 即可得 $\dfrac{\left|U_1\right|\theta_2^*+\left|U_2\right|\theta_2^{**}}{\left|U_1\right|+\left|U_2\right|}$, 证毕.

定理 7.9 $Rules(C_1,C_2)$ 的置信度为:

$$Conf(C_1 \Rightarrow C_2) = \frac{\left|U_1\right|\theta_2^*+\left|U_2\right|\theta_2^{**}}{\left|U_1\right|\theta_1^*+\left|U_2\right|\theta_1^{**}}$$

证明 $Rules(C_1,C_2)$ 的置信度为 $\dfrac{\left|M_2^{\alpha*}\bigcup M_2^{\alpha**}\right|}{\left|M_1^{\alpha*}\bigcup M_1^{\alpha**}\right|}$, 由于 $U_1\bigcap U_2=\varnothing$, 可变形为

$\dfrac{\left|M_2^{\alpha*}\right|+\left|M_2^{\alpha**}\right|}{\left|M_1^{\alpha*}\right|+\left|M_1^{\alpha**}\right|}$, 分别代入 C_1^*,C_2^* , C_1^{**},C_2^{**} 的频繁度, 即得 $\dfrac{\left|U_1\right|\theta_2^*+\left|U_2\right|\theta_2^{**}}{\left|U_1\right|\theta_1^*+\left|U_2\right|\theta_1^{**}}$, 证毕.

定理 7.10 $Rules(C_1,C_2)$ 的精度等于 $Rules(C_1^*,C_2^*)$ 和 $Rules(C_1^{**},C_2^{**})$ 精度的最小值.

证明 由 $C_1 \Rightarrow C_2$ 的规则精度 $PD_{C_1 \Rightarrow C_2} = \min\{\min_{i=1}^{m}\dfrac{\left|x_i.Y\bigcap Y_1\right|}{\left|Y_1\right|},\min_{i=1}^{m}\dfrac{\left|o_i.Y\bigcap Y_2\right|}{\left|Y_2\right|}\}$ 可推导.

7.4.2 区间关联规则动态纵向合并算法

根据定理 7.6 和 7.7, 在区间关联规则的纵向合并过程中, 结果只发生在数据之间存在相同区间关联规则且相邻数据中. 在进行一定周期的关联规则动态纵向合并过程中, 合并结果只包含周期内每单位时间数据中都存在的区间关联规则. 故, 导致合并后的区间关联规则单一, 不能多样反映周期内规则的合并情况. 因此, 该算法在合并相同规则的基础上, 保留未合并规则, 并用频数和频度度量相同规则出现的次数和频率. 算法基本思想: 每当区间关联规则产生, 即将其转化为数组形式表示, 并且与已合并且保留未合并规则的区间规则集进行纵向合并, 这样周而复始, 实现区间规则的汇总.

为区分不同的规则, 将区间概念格挖掘出的关联规则用数组的形式存储, 表示形式如下:

$$RS[i] = \{Rule, FN_1, FN_2, U, Support, Conf, PD, UD, Flag, Num\}.$$

其中, $RS[i]$ 表示区间关联规则集 RS 中的第 i 个关联规则: $Rule$ 表示挖掘出的区间关联规则 $Rule(C_x,C_y)$; FN_1,FN_2 分别表示规则 $Rule(C_x,C_y)$ 中频繁结点 C_x 和 C_y 的频繁度: U 表示此关联规则对应形式背景的对象个数, $Support$ 、 $Conf$ 、 PD 和 UD 分别表示规则 $Rule(C_x,C_y)$ 的支持度、置信度、精确度和不确定度, $Flag$ 根据是否进行过规则合并而标记, $Flag=0$ 表示规则未进行纵向合并, $Flag=1$ 表

示规则已进行纵向合并；　Num 表示规则 $Rule(C_x, C_y)$ 在之前合并过的规则集中出现的次数.

算法 7.3　IRDVM (Interval Rule Dynamic Vertical Merge)

输入：关联规则集 $RS_1, RS_2, \cdots RS_k \cdots$

输出：关联规则集 RS

步骤：

Step1，令 $RS = RS_1$；

Step2，将规则集 RS_k 中的区间关联规则分别用数组的形式进行存储. 设 RS^* 并初始化. 对比规则集 RS 与 RS_k 的 $Rule$，根据定理 7.6 和 7.7，进行区间关联规则的纵向合并，令 RS 与 RS_k 中已合并的规则 $Flag = 1$，并将合并后的规则编号放入 RS^* 中. 根据定理 7.8-7.10，分别计算 RS^* 中规则的前件后件 C_x、C_y 的频繁度，区间关联规则的支持度 $Support$、置信度 $Conf$、精度 PD 和不确定度 UD，$Flag$ 值设为 1，Num 值加 1. 剔除 RS 与 RS_k 中 $Flag = 1$ 的规则，并进行重新标号，令 RS^* 中规则数加 RS 中重新标号数，将 RS 中剩余规则放入 RS^* 中，完全放入后令此时标号加 RS_k 中重新编号，将 RS_k 中剩余规则放入 RS^* 中.

Step3，将纵向合并的关联规则集 $RS = RS^*$.

其中，Step2 的实现算法如下：

Rule Vertical Union(RS, RS_k)

```
1    {
2      g = 0：
3      RS[g]* = {Rule, FN₁, FN₂, U, Support, Conf,
    PD, UD, Flag, Num}
4      { Rule = ∅ ；
5      FN₁ = FN₂ = 0 ；
6      U = RS[1].U + RSₖ[1].U ；
7      Support = Conf = PD = UD = Flag = 0 ；
8      Num = 1：
9      }
10   For ( i=1； |RS| ；  i++)
11       {For (j=1； |RSₖ| ；  j++)
12           If( RS[i].Flag = RSₖ[j].Flag = 0 ||
    RS[i].Rule = RSₖ[j].Rule )
13               {   g+1 ；
```

14　　　　　　　　$Num + 1$;

15　　　　　　　　$RS[i].Flag = 1$;

16　　　　　　　　$RS_k[j].Flag = 1$;

17　　　　　　　　$RS[g]^*.FN_1 =$

$$\frac{RS[i].U * RS[i].FN_1 + RS_k[j].U * RS_k[j].FN_1}{RS[i].U + RS_k[j].U}$$

18　　　　　　　　$RS[g]^*.FN_2 =$

$$\frac{RS[i].U * RS[i].FN_2 + RS_k[j].U * RS_k[j].FN_2}{RS[i].U + RS_k[j].U}$$

19　　　　　$RS[g]^*.Support = RS[g]^*.FN_2$

20　　　　　$RS[g]^*.Conf =$

21　　$\dfrac{RS[i].U * RS[i].FN_2 + RS_k[j].U * RS_k[j].FN_2}{RS[i].U * RS[i].FN_1 + RS_k[j].U * RS_k[j].FN_1}$

22　　$RS[g]^*.PD = \min\{RS[i].PD, RS_k[j].PD\}$;

23　　　　　　　$RS[g]^*.UD = 1 - RS[g]^*.PD$;

24　　　　　　　　　}

25　　　　　}

26　　　For　each　$RS[i]$　in　RS ;

27　　　{If　$RS[i].Flag = 0$;

28　　　　　$g + 1$;

29　　　$RS^*[g] = RS[i]$;　}

30　　　For　each　$RS_k[j]$　in　RS_k ;

31　　　{If　$RS_k[j].Flag = 0$;

32　　　　　$g + 1$;

33　　　$RS^*[g] = RS_k[j]$;　}

34　　}

该算法主要内容体现在函数 Rule Vertical Union(RS, RS_k)中. 其中, 第 1~9 行实现合并后的规则集 RS^* 的初始化; 第 10~12 行嵌套式的 for 循环实现了在 RS 与 RS_k 中寻找规则对应相同且未经合并的区间关联规则; 第 13~16 行在 RS^* 中编号找到的区间关联规则, 令 Num+1 实现此规则的计数工作, 并将经合并的 RS, RS_k 中对应的规则 Flag 记为 1; 第 17~25 行实现区间关联规则 $RS^*[g]$ 的赋值工作; 第 26~34 行 RS, RS_k 中未经合并的规则放入 RS^* 中, 保持合并后规则集的多样性. 对比 Step2, 该算法实现了步骤要求, 加之 Step1 和 Step3 的赋值工作, 实现了 IRDVM

算法动态的进行，因此该算法具有完整性和正确性. 相比一般区间关联规则纵向合并方法，该算法实现了规则到规则的合并，省去区间概念格纵向合并的过程，所以大大降低了实现过程中的时间复杂度和空间复杂度. 设两子格结构中的关联规则个数分别为 n 和 m，那么该算法的时间复杂度小于 $O(n \times m) + O(n) + O(m)$，因此，算法具有高效性.

7.4.3 实例分析

设如表 7.9，表 7.10 所示的形式背景：

表 7.9 形式背景 FC_1

	a	b	c	d	e
1	1	1	1	0	0
2	0	0	0	1	0
3	1	1	0	1	0
4	1	0	1	0	1

表 7.10 形式背景 FC_2

	a	b	c	d	e
(1)	1	0	1	1	0
(2)	1	1	0	1	0
(3)	0	1	0	1	1

设 $\alpha = 0.6, \beta = 0.7$、最小支持度阈值 $\theta = 50\%$、最小置信度阈值 $c = 60\%$.通过 IRDVM 算法进行区间关联规则的纵向合并. 以上界区间关联规则为例(下界关联规则的纵向合并算法同上界).其中，FC_1 与 FC_2 得到的上界频繁结点分别如表 7.11、表 7.12 所示，FC_1 与 FC_2 得到的上界关联规则分别如表 7.13、表 7.14 所示.

表 7.11 FC_1 的频繁结点

频繁结点	频繁度	频繁结点	频繁度
a	75%	acd	100%
b	50%	ace	50%
c	75%	ade	50%
d	50%	bcd	75%
ab	50%	bce	50%
ac	50%	cde	50%
abc	75%	$abcd$	50%
abd	50%	$abce$	50%
abe	75%	$abcde$	75%

表 7.12　　FC_2 的频繁结点

频繁结点	频繁度	频繁结点	频繁度
a	67%	acd	67%
b	67%	ade	100%
d	100%	bcd	100%
ad	67%	bde	67%
bd	67%	cde	67%
abc	67%	$abcd$	67%
abd	100%	$abde$	67%
abe	67%	$abcde$	100%

表 7.13　　FC_1 的上届关联规则及度量结果

规则	支持度	置信度	精度	不确定度	频数
$a \Rightarrow bcde$	75%	100%	60%	40%	1
$abc \Rightarrow de$	75%	100%	60%	40%	1
$abe \Rightarrow cd$	75%	100%	60%	40%	1
$acd \Rightarrow be$	75%	75%	60%	40%	1
$a \Rightarrow bce$	50%	67%	75%	25%	1
$c \Rightarrow abe$	50%	67%	75%	25%	1
$ac \Rightarrow be$	50%	100%	75%	25%	1
$abc \Rightarrow e$	50%	67%	67%	33%	1
$abe \Rightarrow c$	50%	67%	67%	33%	1
$ace \Rightarrow b$	50%	100%	67%	33%	1
$a \Rightarrow bcd$	50%	67%	75%	25%	1
$b \Rightarrow acd$	50%	100%	75%	25%	1
$ab \Rightarrow cd$	50%	100%	75%	25%	1
$abc \Rightarrow d$	50%	67%	67%	33%	1
$abd \Rightarrow c$	50%	100%	67%	33%	1
$bcd \Rightarrow a$	50%	67%	67%	33%	1
$c \Rightarrow de$	50%	67%	67%	33%	1
$c \Rightarrow be$	50%	67%	67%	33%	1
$a \Rightarrow de$	50%	67%	67%	33%	1

规则	支持度	置信度	精度	不确定度	频数
$a \Rightarrow ce$	50%	67%	67%	33%	1
$c \Rightarrow ae$	50%	67%	67%	33%	1
$ac \Rightarrow e$	50%	100%	67%	33%	1
$a \Rightarrow be$	75%	100%	67%	33%	1
$a \Rightarrow bd$	50%	67%	67%	33%	1
$b \Rightarrow ae$	50%	100%	67%	33%	1
$ab \Rightarrow e$	50%	100%	67%	33%	1
$a \Rightarrow bc$	75%	100%	67%	33%	1
$a \Rightarrow c$	50%	67%	100%	0%	1
$c \Rightarrow a$	50%	67%	100%	0%	1
$a \Rightarrow b$	50%	67%	100%	0%	1
$b \Rightarrow a$	50%	100%	100%	0%	1

表 7.14 FC_2 的上届关联规则及度量结果

规则	支持度	置信度	精度	不确定度	频数
$d \Rightarrow abce$	100%	100%	60%	40%	1
$abd \Rightarrow ce$	100%	100%	60%	40%	1
$ade \Rightarrow bc$	100%	100%	60%	40%	1
$bcd \Rightarrow ae$	100%	100%	60%	40%	1
$b \Rightarrow ade$	67%	100%	75%	25%	1
$d \Rightarrow abe$	67%	67%	75%	25%	1
$bd \Rightarrow ae$	67%	100%	75%	25%	1
$abd \Rightarrow e$	67%	67%	67%	33%	1
$abe \Rightarrow d$	67%	100%	67%	33%	1
$ade \Rightarrow b$	67%	67%	67%	33%	1
$bde \Rightarrow a$	67%	100%	67%	33%	1
$a \Rightarrow bcd$	67%	100%	75%	25%	1
$d \Rightarrow abc$	67%	67%	75%	25%	1
$ad \Rightarrow bc$	67%	100%	75%	25%	1

续表

规则	支持度	置信度	精度	不确定度	频数
$abc \Rightarrow d$	67%	100%	67%	33%	1
$abd \Rightarrow c$	67%	67%	67%	33%	1
$acd \Rightarrow b$	67%	100%	67%	33%	1
$bcd \Rightarrow a$	67%	67%	67%	33%	1
$d \Rightarrow ce$	50%	67%	67%	33%	1
$b \Rightarrow de$	67%	100%	67%	33%	1
$d \Rightarrow be$	67%	67%	67%	33%	1
$bd \Rightarrow e$	67%	100%	67%	33%	1
$d \Rightarrow bc$	100%	100%	67%	33%	1
$d \Rightarrow ae$	100%	100%	67%	33%	1
$a \Rightarrow cd$	67%	100%	67%	33%	1
$d \Rightarrow ac$	67%	67%	67%	33%	1
$ad \Rightarrow c$	67%	100%	67%	33%	1
$b \Rightarrow ae$	67%	100%	67%	33%	1
$d \Rightarrow ab$	100%	100%	67%	33%	1
$a \Rightarrow bc$	67%	100%	67%	33%	1

通过 IRDVM 算法对 FC_1 和 FC_2 的上届关联规则进行纵向合并，相同关联规则的合并结果如表 7.15 所示，不同关联规则的合并结果分别为表 7.13 和表 7.14 中剔除相同关联规则合并后的部分.

表 7.15　纵向合并后上界规则集 **RS** 及度量结果

规则	支持度	置信度	精度	不确定度	频数
$a \Rightarrow bcd$	57%	80%	75%	25%	2
$abc \Rightarrow d$	57%	80%	67%	33%	2
$abd \Rightarrow c$	57%	80%	67%	33%	2
$bcd \Rightarrow a$	57%	67%	67%	33%	2
$a \Rightarrow bc$	71%	100%	67%	33%	2

7.5　本章小结

本章提出了基于区间概念格的带参数关联规则挖掘模型, 定义了度量区间关联规则的不确定度, 分析了区间参数 α 和 β 的变化对关联规则的影响. 通过实例证明了挖掘算法的正确性与可行性, 区间参数研究的实例表明区间关联规则的不确定度更依赖于参数 α 的变化, 为进一步研究调整参数以提高规则的可控性奠定了基础. 同时, 结合区间概念格的自身结构特点, 加之区间概念格纵向合并原理, 及其带参数关联规则挖掘原理, 提出一种区间关联规则动态并行挖掘算法, 并通过算法分析与实例证明说明该算法的正确性和高效性.

第8章 区间概念格的参数优化

8.1 问题的提出

模糊概念格和区间概念格理论中都需要设定参数来得到格结构，因此均存在如何通过优化参数来得到最优格的问题[17, 80, 81].

区间概念格的 α-上界外延和 β-下界外延均要满足给定精度的内涵属性，目前区间概念格参数的确定都具有一定的主观性，通常由用户自行指定，并未考虑数据集本身的特征及其蕴涵关联规则的数量和质量问题. 因此，有必要对区间概念格的参数确定(优化)提供一种切实可行的方法. 研究区间概念格参数优化问题不仅要考虑到最终用户对概念格结构的需求和进一步相关区间关联规则的挖掘，而且要明确参数的改变对格结构的影响是否有一定的规律可循.

基于以上分析，结合区间概念格结构特性，提出了基于参数变化的格结构更新算法. 研究不同参数对区间概念及关联规则的影响度，构建了区间参数优化模型，为挖掘不确定规则及制定不确定决策奠定基础[81].

8.2 模糊概念格的参数选择及优化

8.2.1 模糊概念格的 λ-模糊关联规则

定义 8.1 设 $K:(O,D,\tilde{I})$ 是模糊形式背景，O 是对象集，$O=\{o_1,o_2,\cdots,o_n\}$，D 为模糊属性标识集，$D=\{d_1,d_2,\cdots,d_m\}$，$\tilde{I}$ 是隶属度函数，$O\times D\to[0,1]$.

定义 8.2 在 $K:(O,D,\tilde{I})$ 中，定义模糊概念 $C_i=(O_i,D_i)$，$O_i\subseteq O$，$D_i\subseteq D$，$0<\lambda\leqslant 1$，O_i 和 D_i 间可定义两个映射 f 和 g，如下所示：

$$\forall O_i\subseteq O:f(O_i)=\{d\mid\forall o\in O_i,\tilde{I}(o,d)\geqslant\lambda\}$$

$$\forall D_i\subseteq D:g(D_i)=\{o\mid\forall d\in D_i,\tilde{I}(o,d)\geqslant\lambda\}$$

f，g 称为 $P(O)$ 和 $P(D)$ 之间的 Galois 联接.

定义 8.3 如二元组 $(O_1,D_1)(O_1\subseteq O$，$D_1\subseteq D)$ 满足：$O_1=g(D_1)$，$D_1=f(O_1)$，则称 (O_1,D_1) 为 K 的一个模糊概念，O_1,D_1 分别称作模糊概念 C_1 的内涵和外延. K

的所有模糊概念的集合记为 $FCS_\lambda(K)$.

$FCS_\lambda(K)$ 上的结构是通过泛化例化关系产生的. 定义为：如 $O_1 \subseteq O_2$，则 $(O_1,D_1) \leqslant (O_2,D_2)$. 通过此关系得到有序集 $FCS_\lambda(K)=(FCS_\lambda(K),\leqslant)$，称作 K 的 λ-模糊概念格.

定义 8.4 对于模糊形式背景 $K:(O,D,\tilde{I})$ 与固定精度 λ，$\forall o \in O, d \in D$，对模糊关系 I 进行 λ 截集，得

$$\tilde{I}_\lambda(o,d)=\begin{cases} 1, & 若 \tilde{I}(o,d) \geqslant \lambda, \\ 0, & 若 \tilde{I}(o,d) < \lambda, \end{cases}$$

则称 $K_\lambda:(O,D,\tilde{I}_\lambda)$ 为 $K:(O,D,\tilde{I})$ 的 λ-截断形式背景.

易知，$K_\lambda:(O,D,\tilde{I}_\lambda)$ 是一个经典形式背景，由其生成的概念格记为 $FCS(K_\lambda)$，为经典概念格.

由 λ 确定的变精度概念格与 λ-截断形式背景生成的概念格的定义，可得下面定理.

定理 8.1 设 $K:(O,D,\tilde{I})$ 为模糊形式背景，$0<\lambda\leqslant1$ 为固定精度，$K_\lambda:(O,D,\tilde{I}_\lambda)$ 是 $K:(O,D,\tilde{I})$ 的 λ-截断形式背景，$FCS_\lambda(K)$ 和 $FCS(K_\lambda)$ 分别是 $K:(O,D,\tilde{I})$ 和 $K_\lambda:(O,D,\tilde{I}_\lambda)$ 生成的概念格，则

$$FCS_\lambda(K)=FCS(K_\lambda)$$

模糊关联规则是形如 $A \Rightarrow B$ 的隐含式，A,B 是模糊属性集合 D 的两个子集，称作模糊关联规则的前件和结论.

定义 8.5 设 $K:(O,D,\tilde{I})$ 为模糊形式背景，$0<\lambda\leqslant1$ 为固定精度，$FCS_\lambda(K)$ 是由其生成的概念格，A,B 是模糊属性集合 D 的两个子集，若满足 A 中每个属性的隶属度大于等于 λ 的对象，也满足 B 中每个属性的隶属度大于等于 λ，则称 $(A \Rightarrow B)_\lambda$ 为模糊关联规则.

定义 8.6 设在模糊概念格 $FCS_\lambda(K)$ 中，C_1 和 C_2 是其中的两个模糊概念，C_1 的属性集合是 A，C_2 的属性集合是 $A \cup B$，则模糊关联规则 $A \Rightarrow B$ 的支持度和置信度定义为

$$\text{Sup}(A \Rightarrow B)=\frac{|\text{ext}(C_2)|}{|U|}$$

$$\text{Conf}(A \Rightarrow B)=\frac{|\text{ext}(C_2)|}{|\text{ext}(C_1)|}$$

定义 8.7　设 $K_\lambda:(O,D,\tilde{I}_\lambda)$ 是 $K:(O,D,\tilde{I})$ 的 λ-截断形式背景，$0<\lambda\leqslant1$ 为固定精度. $FCS(K_\lambda)$ 是由其生成的概念格,在此概念格中提取的关联规则 $A\overset{\lambda}{\Rightarrow}B$ 称为 λ-关联规则.

定理 8.2　设 $0<\lambda\leqslant1$，$(A\Rightarrow B)_\lambda$ 为由 $FCS_\lambda(K)$ 中提取的一条关联规则，则在 $FCS(K_\lambda)$ 提取的关联规则中必定存在一条与之等价的规则.

定理 8.3　设 $0<\lambda\leqslant1$，$\cup(A\Rightarrow B)_\lambda$ 是由 $FCS_\lambda(K)$ 提取的模糊关联规则集合，$\cup A\overset{\lambda}{\Rightarrow}B$ 是由 $FCS(K_\lambda)$ 提取的 λ-关联规则集合，则

$$\cup(A\Rightarrow B)_\lambda=\cup A\overset{\lambda}{\Rightarrow}B$$

8.2.2　λ 参数优化

1. 实例分析

设有模糊形式背景 $K:(O,D,\tilde{I})$，$O=\{o_1,o_2,o_3,o_4\}$，$\tilde{I}$ 如表 8.1 所示.

表 8.1　模糊形式背景 $K:(O,D,\tilde{I})$

O ＼ D	a	b	c	d
1	0.5	1	0.7	0.5
2	0.6	0.7	1	0.5
3	1	0.9	1	0.1
4	1	0.9	0.9	0.1

(1) 当 $\lambda=1$ 时，所得 λ-截断形式背景如表 8.2 所示，其所对应概念格为 $FCS(K_{\lambda=1})$. 如图 8.1 所示.

表 8.2　$\lambda=1$ 的 λ-截断形式背景 $K_{\lambda=1}:(O,D,\tilde{I}_{\lambda=1})$

O ＼ D	a	b	c	d
1	0	1	0	0
2	0	0	1	0
3	1	0	1	0
4	1	0	0	0

按照前面关联规则的定义，在图 8.1 所示的概念格中，提取关联规则如下：

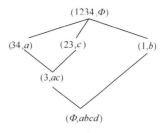

图 8.1 $K_{\lambda=1}:(O,D,\tilde{I}_{\lambda=1})$ 对应的概念格 $FCS(K_{\lambda=1})$

$a \overset{\lambda=1}{\Rightarrow} c$，支持度 $\mathrm{Sup}(a \overset{\lambda=1}{\Rightarrow} c) = \dfrac{1}{4} = 0.25$，

置信度 $\mathrm{Conf}(a \overset{\lambda=1}{\Rightarrow} c) = \dfrac{1}{2} = 0.5$

$c \overset{\lambda=1}{\Rightarrow} a$，支持度 $\mathrm{Sup}(c \overset{\lambda=1}{\Rightarrow} a) = \dfrac{1}{4} = 0.25$，

置信度 $\mathrm{Conf}(c \overset{\lambda=1}{\Rightarrow} a) = \dfrac{1}{2} = 0.5$

(2) 当 $\lambda = 0.9$ 时，所得 λ-截断形式背景如表 8.3 所示，其所对应概念格为 $FCS(K_{\lambda=0.9})$，如图 8.2 所示.

表 8.3 $\lambda = 0.9$ 的 λ-截断形式背景 $K_{\lambda=0.9}:(O,D,\tilde{I}_{\lambda=0.9})$

O\D	a	b	c	d
1	0	1	0	0
2	0	0	1	0
3	1	1	1	0
4	1	1	1	0

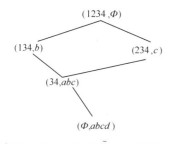

图 8.2 $K_{\lambda=0.9}:(O,D,\tilde{I}_{\lambda=0.9})$ 对应的概念格 $FCS(K_{\lambda=0.9})$

在图 8.2 所示的概念格中，提取关联规则如下：

$b \overset{\lambda=0.9}{\Rightarrow} ac$，支持度 $\mathrm{Sup}(b \overset{\lambda=0.9}{\Rightarrow} ac) = \dfrac{2}{4} = 0.5$，

置信度 $\mathrm{Conf}(b \overset{\lambda=0.9}{\Rightarrow} ac) = \dfrac{2}{3} \approx 0.67$

$c \overset{\lambda=0.9}{\Rightarrow} ab$，支持度 $\mathrm{Sup}(c \overset{\lambda=0.9}{\Rightarrow} ab) = \dfrac{2}{4} = 0.5$，

置信度 $\mathrm{Conf}(c \overset{\lambda=0.9}{\Rightarrow} ab) = \dfrac{2}{3} \approx 0.67$

(3) 当 $\lambda = 0.7$ 时，所得 λ-截断形式背景如表 8.4 所示，其所对应概念格为 $FCS(K_{\lambda=0.7})$ 如图 8.3 所示.

表 8.4 $\lambda = 0.7$ 的 λ-截断形式背景 $K_{\lambda=0.7}:(O,D,\tilde{I}_{\lambda=0.7})$

O\D	a	b	c	d
1	0	1	1	0
2	0	1	1	0

续表

O \ D	a	b	c	d
3	1	1	1	0
4	1	1	1	0

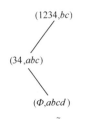

图 8.3　$K_{\lambda=0.7}:(O,D,\tilde{I}_{\lambda=0.7})$ 对应的概念格 $FCS(K_{\lambda=0.7})$

提取关联规则如下:

$bc \overset{\lambda=0.7}{\Rightarrow} a$，支持度 $\mathrm{Sup}(bc \overset{\lambda=0.7}{\Rightarrow} a) = \dfrac{2}{4} = 0.5$，

置信度 $\mathrm{Conf}(bc \overset{\lambda=0.7}{\Rightarrow} a) = \dfrac{2}{4} = 0.5$

（4）当 $\lambda = 0.5$ 时，所得 λ-截断形式背景如表 8.5 所示，其所对应概念格为 $FCS(K_{\lambda=0.5})$ 如图 8.4 所示.

表 8.5　$\lambda = 0.5$ 的 λ-截断形式背景 $K_{\lambda=0.5}:(O,D,\tilde{I}_{\lambda=0.5})$

O \ D	a	b	C	d
1	1	1	1	1
2	1	1	1	1
3	1	1	1	0
4	1	1	1	0

提取关联规则如下:

$abc \overset{\lambda=0.5}{\Rightarrow} d$，支持度 $\mathrm{Sup}(abc \overset{\lambda=0.5}{\Rightarrow} d) = \dfrac{2}{4} = 0.5$，置信度 $\mathrm{Conf}(abc \overset{\lambda=0.5}{\Rightarrow} d) = \dfrac{2}{4} = 0.5$

图 8.4　$K_{\lambda=0.5}:(O,D,\tilde{I}_{\lambda=0.5})$ 对应的概念格 $FCS(K_{\lambda=0.5})$

当选取不同的 λ 时，$K:(O,D,\tilde{I})$ 所对应的 λ-截断形式背景不同，所产生的概念格也就不同，但它们之间会有什么样的关系呢？应该选取什么样的 λ，所得概念格才能与实际情况更贴近，从而提取的关联规则最符合实际呢？为此，首先给出概念格的模糊等价关系.

定义 8.8　称 Eq 为论域 O 上的模糊等价关系，如果对于任意 $x,y,z \in O$，以下条件成立：

（1）$Eq(x,x) = 1$；

(2) $Eq(x,y) = Eq(y,x)$;

(3) $Eq(x,y) \otimes Eq(y,z) \leqslant Eq(x,z)$.

定义 8.9　设 $K_1 : (O, D_1, \tilde{I}_1)$ 和 $K_2 : (O, D_2, \tilde{I}_2)$ 为两个模糊形式背景, $FCS(K_1)$ 和 $FCS(K_2)$ 分别为其对应的模糊概念格, 则 $FCS(K_1)$ 和 $FCS(K_2)$ 的模糊等价关系为

$$Eq(FCS(K_1), FCS(K_2))$$

$$= (\bigwedge_{(O_1, D_1) \in FCS(K_1)} \bigvee_{(O_2, D_2) \in FCS(K_2)} Eq^*((O_1, D_1), (O_2, D_2)))$$

$$\wedge (\bigwedge_{(O_2, D_2) \in FCS(K_2)} \bigvee_{(O_1, D_1) \in FCS(K_1)} Eq^*((O_1, D_1), (O_2, D_2)))$$

其中

$$Eq^*((O_1, D_1), (O_2, D_2))$$

$$= \bigwedge_{o \in O} ((O_1(o) \to O_2(o)) \wedge (O_2(o) \to O_1(o))) = \bigwedge_{d \in D} ((D_1(d) \to D_2(d)) \wedge (D_2(d) \to D_1(d)))$$

定义 8.10　设 $K_1 : (O, D_1, \tilde{I}_1)$ 和 $K_2 : (O, D_2, \tilde{I}_2)$ 为两个模糊形式背景, 则 K_1 与 K_2 的模糊相等关系为

$$Eq(K_1, K_2) = Eq(\tilde{I}_1, \tilde{I}_2)$$

$$= \bigwedge_{(o,d) \in O \times D} ((\tilde{I}_1(o,d) \to \tilde{I}_2(o,d)) \wedge (\tilde{I}_2(o,d) \to \tilde{I}_1(o,d)))$$

定理 8.4　设 $K_1 : (O, D_1, \tilde{I}_1)$ 和 $K_2 : (O, D_2, \tilde{I}_2)$ 为两个模糊形式背景, 则

$$Eq(K_1, K_2) = Eq(FCS(K_1), FCS(K_2))$$

定理 8.4 说明了两个模糊概念格的模糊等价关系等于它们对应的模糊形式背景的模糊等价关系. 故我们在考虑用精度将模糊形式背景转化为经典形式背景而构建的概念格带来的差异时, 可将经典形式背景与原模糊形式背景的差异进行考察.

2. λ 截断形式背景

设模糊形式背景为 $K : (O, D, \tilde{I})$, 取精度 $\lambda (0 < \lambda \leqslant 1)$, 所产生的 λ-截断形式背景为 $K_\lambda : (O, D, \tilde{I}_\lambda)$.

定义 8.11　模糊形式背景 $K : (O, D, \tilde{I})$ 下的模糊参数 δ_K 为外延和内涵之间的平均二元关系隶属度:

$$\delta_K = \frac{\displaystyle\sum_{o \in O, d \in D} \tilde{I}(o_j, d_i)}{|O| \times |D|}$$

定义 8.12　λ-截断形式背景 $K_\lambda : (O, D, \tilde{I}_\lambda)$ 下的参数 δ_{K_λ} 为外延和内涵之间二元关系平均值：

$$\delta_{K_\lambda} = \frac{\sum\limits_{o \in O, d \in D} \tilde{I}_\lambda(o_j, d_i)}{|O| \times |D|}$$

定义 8.13　λ-截断形式背景与模糊形式背景外延和内涵之间二元关系的平均偏差 Δ_λ：

$$\Delta_\lambda = |\delta_{K_\lambda} - \delta_K|$$

定义 8.14　λ-截断形式背景与模糊形式背景下外延和内涵之间平均二元关系隶属度的均方差 ∇_λ：

$$\nabla_\lambda = \frac{\sqrt{\sum\limits_{o \in O, d \in D} (\tilde{I}(o_i, d_j) - \tilde{I}_\lambda(o_i, d_j))^2}}{|O| \times |D|}$$

定义 8.15　λ-截断形式背景与模糊形式背景的差异 η_λ：

$$\eta_\lambda = \Delta_\lambda + \nabla_\lambda$$

定义 8.16　λ-截断形式背景与模糊形式背景的贴近度 $\hbar_\lambda$：

$$\hbar_\lambda = 1 - \eta_\lambda$$

定理 8.5　λ-截断形式背景与模糊形式背景的贴近度 $\hbar_\lambda$ 越大，则由 λ-截断形式背景生成的概念格越贴近实际.

定理 8.6　λ-截断形式背景与模糊形式背景的差异度 η_λ 越小，则二者的贴近度越高.

在实例中，分别计算 $\lambda = 1$，$\lambda = 0.9$，$\lambda = 0.7$，$\lambda = 0.5$ 和 $\lambda = 0.1$ 时，λ-截断形式背景与模糊形式背景的贴近度如下：

$\delta_K = 0.7125$

$\delta_{K(\lambda=1)} = 0.3125$，则 $\Delta_{(\lambda=1)} = 0.4$，$\nabla_{(\lambda=1)} = 0.13317$，$\eta_{(\lambda=1)} = 0.53317$，$\hbar_{(\lambda=1)} = 0.46683$

$\delta_{K(\lambda=0.9)} = 0.5$，则 $\Delta_{1(\lambda=0.9)} = 0.2125$，$\Delta_{1(\lambda=0.9)} = 0.09143$，$\eta_{(\lambda=0.9)} = 0.30393$，$\hbar_{(\lambda=0.9)} = 0.69607$

$\delta_{K(\lambda=0.7)} = 0.625$，则 $\Delta_{(\lambda=0.7)} = 0.0875$，$\Delta_{(\lambda=0.7)} = 0.072349$，$\eta_{(\lambda=0.7)} = 0.159849$，$\hbar_{(\lambda=0.7)} = 0.840151$，$\delta_{K(\lambda=0.5)} = 0.875$，则 $\Delta_{(\lambda=0.5)} = 0.1625$，$\Delta_{(\lambda=0.5)} = 0.066732$，$\eta_{(\lambda=0.5)} = 0.229232$，$\hbar_{(\lambda=0.5)} = 0.770768$

$\delta_{K(\lambda=0.1)} = 1$，则 $\Delta_{(\lambda=0.1)} = 0.2875$，$\nabla_{(\lambda=0.1)} = 0.1034556$，$\eta_{(\lambda=0.1)} = 0.390956$，$\hbar_{(\lambda=0.1)} = 0.609044$

通过比较可知，$\lambda = 0.7$ 时，λ-截断形式背景与模糊形式背景的贴近度最大，即由其产生的概念格与实际情况最接近.

但是如何设置 λ，才能使其 λ-截断形式背景最接近实际呢？即求解 $\min\limits_{\lambda}(\Delta_{\lambda}+\nabla_{\lambda})$ 的 λ 值.

定义 8.17　设模糊形式背景 $K:(O,D,\tilde{I})$，每个对象 o 与属性 d 之间的模糊二元关系隶属度 $\tilde{I}(o,d)$ 与模糊参数 δ_K 之间的绝对偏离度 $\theta(o,d)$：

$$\theta(o,d)=|\tilde{I}(o,d)-\delta_K|$$

其中，$|\cdot|$ 是绝对值.

定义 8.18　若 $\theta(o,d)=0$，则对象 o 与属性 d 之间的模糊二元关系隶属度 $\tilde{I}(o,d)$ 为最优参数，即

$$\lambda_y=\tilde{I}(o,d)$$

定义 8.19　若 $\theta(o,d)\neq0$，但 $\theta(o,d)$ 是所有绝对偏离度中的最小值，如果满足该条件的二元关系隶属度 $\tilde{I}(o,d)$ 只有一个值，则其为偏优参数，即

$$\lambda_p=\tilde{I}(o,d)$$

定义 8.20　若 $\theta(o,d)\neq0$，但 $\theta(o,d)$ 是所有绝对偏离度中的最小值，如果满足该条件的二元关系隶属度 $\tilde{I}(o,d)$ 不只一个，则称使 $\tilde{I}(o,d)-\delta_K<0$ 的 $\tilde{I}(o,d)$ 为保险参数，即

$$\lambda_b=\tilde{I}(o,d)(\tilde{I}(o,d)-\delta_K<0)$$

定义 8.21　若 $\theta(o,d)\neq0$，但 $\theta(o,d)$ 是所有绝对偏离度中的最小值，如果满足该条件的二元关系隶属度 $\tilde{I}(o,d)$ 不只一个，则称使 $\tilde{I}(o,d)-\delta_K>0$ 的 $\tilde{I}(o,d)$ 为风险参数，即

$$\lambda_f=\tilde{I}(o,d)(\tilde{I}(o,d)-\delta_K>0)$$

定理 8.7　若 $\theta(o,d)=0$，则 $\lambda_b=\lambda_f=\lambda_y$.

定理 8.8　若偏优参数 λ_p 存在，则 $\lambda_b=\lambda_f=\lambda_p$.

定理 8.9　若 $\theta(o,d)\neq0$，且存在 $\tilde{I}(o_i,d_j)$，使 $\tilde{I}(o_i,d_j)-\delta_K>0$，同时存在 $\tilde{I}(o_k,d_l)$，使 $\tilde{I}(o_i,d_j)-\delta_K<0$，则：$\lambda_b<\lambda_f$.

3. 优化算法

算法 8.1　模糊概念格参数优化算法.

输入：模糊形式背景 $K:(O,D,\tilde{I})$.

输出：优化参数 λ.

步骤如下.

步骤 1：扫描整个形式背景，计算所有外延和内涵的二元关系隶属度之和 Sum.

步骤 2：计算平均隶属度，即模糊参数 δ_K.

步骤 3：对每个对象 o 与属性 d 之间的模糊二元关系隶属度 $\tilde{I}(o,d)$，计算绝对偏离度 $\theta(o,d)$.

步骤 4：找出最小绝对偏离度：$\min\theta(o,d)$ 及其所对应对象与属性.

步骤 5：若 $\min\theta(o,d)=0$，则取 $\lambda_y=\tilde{I}(o,d)$，并输出；$\min\theta(o,d)\neq0$，但是其对应对象与属性只有一对，则取 $\lambda_p=\tilde{I}(o,d)$，并输出；若 $\min\theta(o,d)\neq0$，但是其对应对象与属性不只一对，则取 $\lambda_b=\tilde{I}(o,d)$，$\tilde{I}(o_i,d_j)-\delta_K<0$，取 $\lambda_f=\tilde{I}(o,d)$，$\tilde{I}(o_i,d_j)-\delta_K>0$，输出.

步骤 6：算法结束.

4. 优化验证

另选取模糊形式背景 $K:(O,D,\tilde{I})$，$O=\{g_1,g_2,g_3\}$，$\tilde{I}$ 如表 8.6 所示.

表 8.6　模糊形式背景 $K:(O,D,\tilde{I})$

	$m1$	$m2$	$m3$
g_1	0.8	0.12	0.61
g_2	0.9	0.85	0.13
g_3	0.1	0.14	0.87

(1) 计算平均隶属度 $\delta_K=0.502222$.

(2) 计算每个 $\tilde{I}(o,d)$ 与 δ_K 的绝对偏离度 $\theta(o,d)$，如表 8.7 所示.

表 8.7　$\tilde{I}(o,d)$ 与 $\theta(o,d)$

$\theta(o,d)$	$m1$	$m2$	$m3$
g_1	0.297778	0.382222	0.107778
g_2	0.397778	0.347778	0.372222
g_3	0.402222	0.362222	0.367778

(3) 找出 $\min\theta(o,d)=0.107778$，与其对应的 $\tilde{I}(o,d)=0.61$.

(4) 选取 $\lambda_p=0.61$.

(5) 计算 $\lambda_p=0.61$ 下的截断形式背景如表 8.8 所示.

表 8.8　$\lambda_p=0.61$ 下的截断形式背景

	$m1$	$m2$	$m3$
g_1	1	0	1
g_2	1	1	0
g_3	0	0	1

(6) 计算 $\lambda_p=0.61$ 下的截断形式背景的平均隶属度 $\delta_{K_\lambda}=0.555556$，从而得 $\Delta=0.053333$.

(7) 计算 $\lambda_p=0.61$ 下的截断形式背景与模糊形式背景的均方差，得 $\nabla=0.0336$.

(8) 计算偏离度 $\eta_{(\lambda=0.61)}=0.086933$，贴近度 $\hbar_{(\lambda=0.61)}=0.913067$.

(9) 另设 $\lambda=0.8$，则通过计算得偏离度 $\eta_{(\lambda=0.8)}=0.115822$，贴近度 $\hbar_{(\lambda=0.8)}=0.884178$.

(10) 另设 $\lambda=0.13$，则通过计算得偏离度 $\eta_{(\lambda=0.13)}=0.471378$，贴近度 $\hbar_{(\lambda=0.13)}=0.528622$.

由此验证可知,此方法所得参数计算截断背景与模糊形式背景的贴近度最高，即与实际问题最贴近.

8.3　基于学习的区间概念格参数优化

对区间概念格参数优化的过程中，一个重要的环节就是调整参数，随着参数的变化，区间概念格结构必然发生改变，如何在已有格结构的基础上只对部分区间概念及其父子关系进行调整是参数优化的关键问题之一. 通过对不同参数的区间概念格进行规则挖掘，并对不同格结构挖掘的规则集进行比对，进而发掘参数变化对关联规则的影响程度，从而实现对区间参数的优化选取.

8.3.1　基于参数变化的区间概念格结构更新

区间概念格的更新并非是重构，很大程度上是一种维护. 其更新主要分为两类，一类是形式背景的数据发生变化导致格结构更新；一类是区间参数发生变化导致相应格结点更新. 第 5 章已对第一类更新进行了详细的讨论[72, 73]，现只讨论第二类情况.

　　根据区间参数的变化引起概念结点相应变化的特征,给出如下几类概念的定义.

定义 8.22　设区间概念格 $L_{\alpha_0}^{\beta_0}(U,A,R)$,当区间参数由 $[\alpha_0,\beta_0]$ 变为 $[\alpha_1,\beta_1]$ 时,若 $\exists G_1=(M^{\alpha_1},M^{\beta_1},Y)\in L_{\alpha_1}^{\beta_1}(U,A,R)$,且 $G_1=(M^{\alpha_1},M^{\beta_1},Y)=(M^{\alpha_0},M^{\beta_0},Y)=G_0\in L_{\alpha_0}^{\beta_0}(U,A,R)$,则称 G_0 为不变概念.

定义 8.23　设区间概念格 $L_{\alpha_0}^{\beta_0}(U,A,R)$,当区间参数由 $[\alpha_0,\beta_0]$ 变为 $[\alpha_1,\beta_1]$ 时,若 $\exists G_1=(M^{\alpha_1},M^{\beta_1},Y)\in L_{\alpha_1}^{\beta_1}(U,A,R)$, $M^{\alpha_1}\supseteq M^{\alpha_2}$, $M^{\beta_1}\supseteq M^{\beta_0}$, $(M^{\alpha_0},M^{\beta_0},Y)=G_0\in L_{\alpha_0}^{\beta_0}(U,A,R)$,则称 G_1 为 G_0 的扩展概念.

性质 8.1　如果 $\alpha'<\alpha$, $\beta'<\beta$,则 $M^{\alpha'}\supseteq M^{\alpha}$, $M^{\beta'}\supseteq M^{\beta}$.

证明　因为

$$M^{\alpha}=\{x\,|\,x\in M,|f(x)\bigcap Y|/|Y|\geqslant \alpha>\alpha'\},\quad M^{\beta}=\{x\,|\,x\in M,|f(x)\bigcap Y|/|Y|\geqslant\beta>\beta'\},$$ 所以 $M^{\alpha'}=M^{\alpha}\bigcup\{x'\}$,其中 $\{x'\,|\,\alpha\leqslant|f(x')\bigcap Y|/|Y|\leqslant\alpha'\}$,同理 $M^{\beta'}=M^{\beta}\bigcup\{x'\}$,其中 $\{x'\,|\,\beta\leqslant|f(x')\bigcap Y|/|Y|\leqslant\beta'\}$,显然 $M^{\alpha'}\supseteq M^{\alpha}$, $M^{\beta'}\supseteq M^{\beta}$.

定义 8.24　设区间概念格 $L_{\alpha_0}^{\beta_0}(U,A,R)$,当区间参数由 $[\alpha_0,\beta_0]$ 变为 $[\alpha_1,\beta_1]$ 时,若 $\exists G_1=(M^{\alpha_1},M^{\beta_1},Y)\in L_{\alpha_1}^{\beta_1}(U,A,R)$, $M^{\alpha_1}\subseteq M^{\alpha_0}$, $M^{\beta_1}\subseteq M^{\beta_0}$, $(M^{\alpha_0},M^{\beta_0},Y)=G_0\in L_{\alpha_0}^{\beta_0}(U,A,R)$,则称 G_1 为 G_0 的缩减概念.

性质 8.2　如果 $\alpha'>\alpha$, $\beta'>\beta$,则 $M^{\alpha'}\subseteq M^{\alpha}$, $M^{\beta'}\subseteq M^{\beta}$.

证明　因为

$$M^{\alpha}=\{x\,|\,x\in M,\alpha'>|f(x)\bigcap Y|/|Y|\geqslant\alpha\},\quad M^{\beta}=\{x\,|\,x\in M,\beta'>|f(x)\bigcap Y|/|Y|\geqslant\beta\},$$ 所以 $M^{\alpha'}=M^{\alpha}-\{x'\}$,其中 $\{x'\,|\,\alpha\leqslant|f(x')\bigcap Y|/|Y|\leqslant\alpha'\}$,同理 $M^{\beta'}=M^{\beta}-\{x'\}$,其中 $\{x'\,|\,\beta\leqslant|f(x')\bigcap Y|/|Y|\leqslant\beta'\}$,显然 $M^{\alpha'}\subseteq M^{\alpha}$, $M^{\beta'}\subseteq M^{\beta}$.

定义 8.25　设区间概念格 $L_{\alpha_0}^{\beta_0}(U,A,R)$,当区间参数由 $[\alpha_0,\beta_0]$ 变为 $[\alpha_1,\beta_1]$ 时,若 $\exists G_1=(M^{\alpha_1},M^{\beta_1},Y)\in L_{\alpha_1}^{\beta_1}(U,A,R)$,使得 $M^{\alpha_1}=\phi$,称 $G_1=(M^{\alpha_1},M^{\beta_1},Y)$ 为删除概念.

定义 8.26　设更新后区间概念格中的概念 G' ,且 $M_{G'.\text{father}}^{\alpha}\subseteq M_{G'.\text{children}}^{\alpha}$, $M_{G'.\text{father}}^{\beta}\subseteq M_{G'.\text{children}}^{\beta}$,则称 G'_{children} 为冗余概念.

　　由于在区间概念格参数优化中,随着参数的调整需对概念格进行更新,参数由 $[\alpha_0,\beta_0]$ 变为 $[\alpha_1,\beta_1]$ 时会有四种情况:① $\alpha_1>\alpha_0$;② $\alpha_1<\alpha_0$;③ $\beta_1>\beta_0$;④ $\beta_1<\beta_0$;前两种变化时要更新区间概念的上界外延 M^{α_0} 到 M^{α_1} ;后两者要更新区间概念的下界外延 M^{β_0} 到 M^{β} .为此,首先给出四个函数,分别实现这四种参数

变化时区间概念的更新.

(1) 函数：$\text{CL1}(C,\alpha_0,\alpha_1)$　//C 是概念格中的任一结点，α_0,α_1 为调整前后的参数，$\alpha_1 > \alpha_0$.

$\text{CL1}(C,\alpha_0,\alpha_1)$

$\{\text{Ma}=\{\phi\}$

对 C 的上界外延 M^{α_0} 中的每个对象 x 进行如下：

$\text{If}\ \dfrac{|f(x)\bigcap Y|}{|Y|} \geqslant \alpha_1\ \ \text{then Ma=Ma}\bigcup x$

$M^{\alpha_1} = \text{Ma}\}$

(2) 函数：$\text{CL2}(C,\alpha_0,\alpha_1)$　//C 是概念格中的任一结点，α_0,α_1 为调整前后的参数，$\alpha_1 < \alpha_0$.

$\text{CL2}(C,\alpha_0,\alpha_1)$

$\{\text{Ma}=M^{\alpha_0}$

对 C 的每个父结点 CF 的上界外延 Maf：

$\{$令 $\text{maf1}=\text{Maf}-M^{\alpha_0}$

对 $\forall x \in \text{maf1}$

$\text{If}\ \dfrac{|f(x)\bigcap Y|}{|Y|} \geqslant \alpha_1\ \text{then}$　//Y 是 C 的内涵集合

$\text{Ma=Ma}\bigcup x\}$

$M^{\alpha_1} = \text{Ma}\}$

(3) 函数：$\text{CL3}(C,\beta_0,\beta_1)$　//C 是概念格中的任一结点，β_0,β_1 为调整前后的参数，$\beta_1 > \beta_0$

$\text{CL3}(C,\beta_0,\beta_1)$

$\{\text{Mb}=\{\phi\}$

对 C 的下界外延 M^{β_0} 中的每个对象 x 进行如下：

$\text{If}\ \dfrac{|f(x)\bigcap Y|}{|Y|} \geqslant \beta_1\ \text{then}\ \text{Mb=Mb}\bigcup x$

$M^{\beta_1} = \text{Mb}\}$

(4) 函数：$\text{CL4}(C,\beta_0,\beta_1)$　//C 是概念格中的任一结点，β_0,β_1 为调整前后的参数，$\beta_1 < \beta_0$.

$\text{CL4}(C,\beta_0,\beta_1)$

$\{\text{Mb}=M^{\beta_0}$

对 C 的每个父结点 CF 的上界外延 Mbf：

$\{$令 $\text{mbf1}=\text{Mbf}-M^{\beta_0}$

对 $\forall x \in mbf1$

If $\dfrac{|f(x)\bigcap Y|}{|Y|} \geqslant \beta_1$ then　//Y是C的内涵集合

Mb=Mb$\bigcup$x}

M^{β_1}=Mb}

基于这四个函数, 当参数发生变化时, 对区间概念格从根结点开始采用广度优先的方法对每个结点进行访问判断, 根据不同情况对格结点进行更新调整, 并对新产生的冗余概念和空概念进行判断并将其从格结构中删除, 调整父子关系.

算法 8.2　基于参数变化的区间概念格更新算法 LCP1.

输入: 形式背景 M, $L_{\alpha_0}^{\beta_0}(U,A,R)$, 区间参数$[\alpha_1,\beta_1]$.

输出: $L_{\alpha_1}^{\beta_1}(U,A,R)$.

步骤如下

步骤 1: $C_1 = (M^\alpha, M^\beta, Y)$ 为 $L_{\alpha_0}^{\beta_0}(U,A,R)$ 的根结点, 若 $Y=\varnothing$, 则 C_1 不变; 若 $Y\neq\varnothing$, 则如果 $\alpha_1 > \alpha_0$, 则调用函数: $CL1(C,\alpha_0,\alpha_1)$, 否则调用函数: $CL2(C,\alpha_0,\alpha_1)$, 以此来更新 M^{α_0} 为 M^{α_1}; 同样, 如果 $\beta_1 > \beta_0$, 则调用函数: $CL3(C,\beta_0,\beta_1)$, 否则调用函数: $CL4(C,\beta_0,\beta_1)$, 以此来更新 M^{β_0} 为 M^{β_1}. 则 C_1 更新为 $(M^{\alpha_1}, M^{\beta_1}, Y)$.

步骤 2: 访问 C_1 的每个子结点 C_1.

步骤 3: 设 $C_1 = (M_i^\alpha, M_i^\beta, Y_i)$, 如果 $\alpha_1 > \alpha_0$, 则调用函数: $CL1(C,\alpha_0,\alpha_1)$, 否则调用函数: $CL2(C,\alpha_0,\alpha_1)$, 以此来更新 $M_i^{\alpha_0}$ 为 $M_i^{\alpha_1}$; 如果同样 $M_i^{\alpha_1} = \phi$, 则删除结点 C_i, 否则继续更新下界外延: 如果 $\beta_1 > \beta_0$, 则调用函数: $CL3(C,\beta_0,\beta_1)$, 否则调用函数: $CL4(C,\beta_0,\beta_1)$, 以此来更新 $M_i^{\beta_0}$ 为 $M_i^{\beta_1}$, 则整个结点 C_i 更新为 $(M_i^{\alpha_1}, M_i^{\beta_1}, Y_i)$.

步骤 4: 对 C_i 的每个父结点 $C_i' = C_i \to \mathrm{parent}$, 且 $C_i' = (M_i^{\alpha_1'}, M_i^{\beta_1'}, Y')$, 若 $M_i^{\alpha_1'} = M_i^{\alpha_1}$, $M_i^{\beta_1'} = M_i^{\beta_1}$, 则 $C_i \to \mathrm{parent} = C_i' \to \mathrm{parent}$, 即将 C_i' 从格中删除.

步骤 5: 对 C_i 的每个子结点, $C_i' = C_i \to \mathrm{children}$, 转到步骤步骤 3 执行, 直到 $L_{\alpha_0}^{\beta_0}(U,A,R)$ 中的最后一个结点为止.

步骤 6: 输出新的概念格结构 $L_{\alpha_1}^{\beta_1}(U,A,R)$.

在原有区间概念格的基础上, 当参数发生改变时, 局部结点的外延发生相应的变化, 更新算法通过遍历原有格结构的每个结点, 保留或更新结点外延, 获得新的概念格, 这样相比重建格结构, 更新算法在时间复杂性上要远小于重建.

8.3.2 区间概念格的参数优化算法

对于任意给定的形式背景，在给定参数的情况下，运用文献[82]中的区间概念格生成算法可以很快构建指定参数下的区间概念格结构，并可以基于此进一步挖掘区间关联规则，然而由于该参数是人为指定的，挖掘出的规则往往利用率和精确度都不高. 为此，本节构建一个区间概念格的参数优化模型，通过对不同参数下的区间概念格及其规则利用率进行分析，最终得出较优的参数.

1. 基本思想

根据给定的形式背景，该算法通过改变区间参数来达到满足用户对区间概念格结构以及关联规则置信度要求的目标. 在这里依据形式背景中条件属性个数 n，对区间参数 α 等步长划分，设步长 $\lambda = 1/n$，则 α_i 取值为 i/n (i=1, 2, 3, $\cdots$, n)，为了方便算法的描述，首先设定区间参数的初值为 $\alpha_0 = 1/n$，$\beta_0 = 1$，以此来构建概念格，并在给定最小支持度阈值和最小置信度阈值的基础上提取关联规则；当区间参数等步长变化时，我们在原有格结构的基础上进行更新，相继得到格结构、格更新度以及关联规则的变化情况；最终通过限定的更新度和关联规则数目来选取最优的区间参数.

2. 算法设计

定义 8.27 设区间概念格 $L_{\alpha_0}^{\beta_0}(U, A, R)$ 的区间概念集合为 L_0，当区间参数由 $[\alpha_0, \beta_0]$ 变为 $[\alpha_1, \beta_1]$ 时，形成的新区间概念格 $L_{\alpha_1}^{\beta_1}(U, A, R)$ 中区间概念集合为 L_1，则区间概念格的更新度可以表示为：$\omega = (|L_1| - |L_1 \bigcap L_0|)/|L_0|$.

算法 8.3 区间概念格参数优化算法 LPO.

输入：形式背景 M，最小支持度阈值 θ，最小置信度阈值 φ.

输出：合适的区间参数 α, β 对应的上、下界频繁结点数和上、下界关联规则数以及区间关联规则.

步骤如下.

步骤 1：从形式背景获得属性个数 n，设置步长 $\lambda = 1/n$.

步骤 2：初始化区间参数 $\alpha = 1/n, \beta = 1$，并构造区间概念格 $L_{\alpha}^{\beta}(U, A, R)$.

步骤 3：设置区间概念格的更新度 ω=0.

步骤 4：计算格结点的个数 con0；运用 7.3 节的关联规则挖掘算法，得出上界关联规则和下界关联规则.

步骤 5：令 $\alpha = \alpha + \lambda$，$\beta = \beta - \lambda$，依据 8.3.1 节的更新算法更新格结构.

步骤 6：计算概念格的结点个数 con1，并计算更新概念格与原格结构的更新

度 ω_1.

步骤 7：若 $\omega_1-\omega$ 趋近于 0，则结束，并输出相应的区间参数 α, β 对应的上、下界频繁结点数和上、下界关联规则数以及区间关联规则；否则：con0=con1，$\omega=\omega_1$，转步骤 5.

8.3.3　模型分析

在优化区间参数的问题上，我们试图找到区间参数与区间概念格结点以及区间关联规则的具体函数关系，并通过处理一般优化问题的方法求解函数的最值，然而这种具体函数关系是不确定的而且很难得到的，因此建立一种区间参数优化模型在处理该问题上是可行的，根据给定的形式背景，该模型的计算次数不会大于形式背景中条件属性的个数 n，并且根据等步长变化的参数更新区间概念格时，只需在已有格结构的基础上对部分区间概念及其父子关系进行调整，所以不必每次重新构建所有的概念格结点，大大降低了模型的时间复杂度. 虽然在提取相应概念结点以及关联规则上，该模型计算较为烦琐，但是一定程度上保持了精确性. 当形式背景过于复杂时，该模型的效率会降低.

8.3.4　应用实例

为了简便起见，我们固定参数 β 的取值为 1，只探讨参数 α 的改变对区间概念格结构以及 α-上界区间关联规则影响的规律. 下面给出形式背景见表 8.9.

表 8.9　形式背景

对象	a	b	c	d	e	f	g	h	对象	a	b	c	d	e	f	g	h
1	0	0	1	1	1	0	0	0	9	0	0	1	1	1	0	0	0
2	0	1	0	1	0	1	0	0	10	0	0	0	1	1	0	0	1
3	1	0	0	0	1	0	0	1	11	0	1	1	1	0	0	0	0
4	1	1	1	0	0	0	0	0	12	1	1	0	1	0	0	0	0
5	0	0	0	0	0	0	1	0	13	1	0	0	1	0	0	0	0
6	0	0	0	0	1	1	0	0	14	1	0	1	0	0	0	0	0
7	0	0	0	1	0	0	0	1	15	0	0	1	1	1	0	0	1
8	1	1	0	1	0	0	0	0									

1. 模型验证

根据表 8.9 给出的形式背景 (U, A, R)，其中属性 A 的个数为 8，对象 U 的个数为 15，即 15 个读者对 8 种图书的选读情况. 按照区间参数优化模型寻找最优参数：

(1) 初始化区间参数 $\alpha=1/8$，构建区间参数为 $(1/8, 1)$ 的区间概念格，并进一步在给定最小支持度阈值 $\theta=0.6$ 和最小置信度阈值 $\varphi=0.7$ 基础上提取 α-上界区间关联规则，得到关联规则数 16，概念结点数 110；

(2) 区间参数等步长增加到 $\alpha=2/8$ 时，在以 $\alpha=1/8$ 构建的区间概念格的基础上改变局部结点所覆盖的对象集，如属性集元素个数不小于 4 的区间概念结点的相应外延减小，而元素个数小于 4 的区间概念结点的相应外延不变，这样只需在上一参数构建的区间概念格中改变相应结点的外延即可得到下一参数构建的区间概念格.

(3) 以此类推，随着区间参数等步长增加，不断得到新的概念结点数以及关联规则数，并计算概念格更新度，如果新旧概念格更新度之差趋于 0，则输出相应的 α、区间概念格结点数、频繁结点数以及相应的关联规则. 参数 α 与更新度关系图如图 8.5 所示.

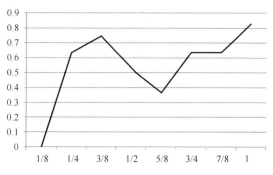

图 8.5　α 与区间概念格更新度关系图

易看出当参数 α 由 4/8 变化到 5/8 时，此时的更新度达到最小值为 0.363，则输出参数 $\alpha=4/8$，随着参数的再次增加，更新度逐渐趋于稳定，表明当区间参数变化到一定数值后，其对格结构的影响是逐渐趋于稳定的，进而由此提取出的区间关联规则数和置信度都不会有大幅度的改变.

最终模型输出：$\alpha=4/8$；区间概念格结点数：178；频繁结点数：32；关联规则数：27；关联规则：$ab{\Rightarrow}cdeh, ac{\Rightarrow}bdeh, ad{\Rightarrow}cf, ad{\Rightarrow}bceh, ae{\Rightarrow}dg, ae{\Rightarrow}bcde$，略. 根据区间参数优化模型的输出，我们可以认为在形式背景 U 下区间参数设为 $\alpha=0.5$，$\beta=1$ 时，得到了满足用户需求的关联规则，并且由于提前设定了最小支持度阈值和最小置信度阈值，所以输出的关联规则的置信度都是不低于给定的最小阈值的.

2. 实例对比

根据表 8.9 给出的形式背景 (U, A, R)，构建区间参数分别为 $(1/8, 1)$, $(2/8, 1)$, $(3/8, 1)$, $(4/8, 1)$, $(5/8, 1)$, $(6/8, 1)$, $(7/8, 1)$, $(1, 1)$ 的区间概念格，并依据进一步给定的

最小支持度阈值 θ=0.6 和最小置信度阈值 φ=0.7 提取关联规则，最终得到不同区间参数下概念结点数 con，α-上界频繁结点数 fre α 以及 α-上界关联规则数 pri α，然后绘制折线图，如图 8.6 所示.

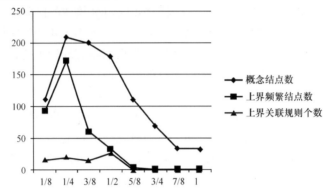

图 8.6　α 与概念结点数、上界频繁结点数、上界关联规则数关系图

由图 8.6 可观察出以下几点规律：

(1) 当 α 取得最小初值时，区间概念结点数一定，按照等步长增大 α，由于某一属性集的外延骤减，导致与其上一层概念结点冗余减少，保留的结点数大幅增加，随着 α 取值不断增大，冗余增加，概念结点数出现减少趋势，同时由于 α 值越来越大，导致的空集概念增加，有效概念结点数骤减，由此可以大概预估 α 的取值应该尽量靠近中间位置.

(2) 概念结点数和上界频繁结点数伴随着 α 取值的变化呈现大致相同的走势，这主要是由于上界频繁结点是取自外延数满足一定比例的概念结点，显然伴随着 α 取值的增大，上界频繁结点数不增. 当 α 取值为 0.5 时，上界关联规则数达到最大，并且随着 α 取值的增大，上界关联规则数不增.

下面利用多项式插值大致绘出 α 与上界关联规则数的函数关系. 如图 8.7 所示.

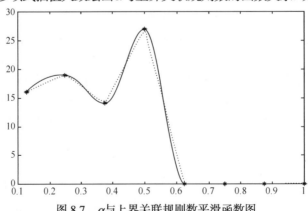

图 8.7　α 与上界关联规则数平滑函数图

　　显然，该函数的全局最大值取 α 为 0.5 时，此时上界关联规则数达到最大为 27，并且 α 再增大时，上界关联规则数明显骤降. 基于该形式背景，我们设定最小支持度阈值 $\theta=0.6$，意味着当概念结点上界外延数至少达到 9 个时，才可认为该概念结点为上界频繁结点，这一条件明显限定了上界频繁结点的个数，从而进一步影响了上界关联规则的个数，但是基于此提取的上界关联规则的置信度明显较高，基本上均满足最小置信度阈值 $\varphi=0.7$，由此我们可以得到当上界关联规则数达到最大时，即此时的区间参数为最优值，上界关联规则的利用率和置信度都在较高的水平.

　　对比区间参数优化模型，这两种方法都得到了最优的参数值，即在该参数的基础上挖掘的关联规则数达到用户需求，并且满足一定的置信度，因此在实际生活中具有较大的参考价值. 其中区间参数模型在运算量上要小于这种常规方法，并且能够在较短时间内找到满足要求的区间参数. 但是基于不同的形式背景，总结出最优参数 α 的取值一般在 0.5 附近, 这个结论在指导构建区间概念格进而挖掘区间关联规则上具有重大意义.

8.4　基于遗传算法的区间参数优化

8.4.1　优化思想

　　根据给定的决策形式背景，该算法通过改变区间参数来满足控制者对决策区间概念格结构以及关联规则置信度要求的目标. 随着区间参数的调整，概念格结构发生变化，提取的规则精度提高，相应的规则库不断优化更新，从而实现规则挖掘成本、应用效率与可靠性之间的整体最优化问题. 在这里依据形式背景中属性个数 n, 对区间参数 α 和 β 进行二进制编码，首先设定区间参数的初值，由此来构建决策区间概念格，并在给定最小支持度阈值和最小置信度阈值的基础上提取关联规则，当区间参数变化时，我们相继得到适应度，选择概率的变化情况，最终通过限定的适应度和概率来选取最优的区间参数.

8.4.2　优化算法

　　基于遗传算法的区间参数优化算法主要包括选择运算、交叉运算以及变异运算[83, 84].

　　选择运算：选择的主要目的是从群体中获取优良个体，使它们尽可能的作为父代产生下一代个体. 其中，个体的优良程度取决于自身适应度的大小，同进化原理类似，即个体的适应度越高，被选择的机会越大，反之，适应度越低，机会越小. 选择运算的具体操作是：首先对群体中所有个体的适应度求和，其总和用 $\sum f_i$ 表示；其次，分别对每个个体的适应度在总的适应度中所占的比例 $f_i/\sum f_i$ 进行计算，并将其作为衡量个体遗传到下一代群体的机会大小；最后从 0 到 1 之间产生一个随机数，用产生的随机数出现的概率区确定个体选中次数.

交叉运算：新个体的产生主要依赖于交叉运算，该操作主要是对两个个体的部分染色体通过一定的概率进行交换. 以单点交叉为例，首先随机配对各群体；其次，对交叉点位置进行随机设置，其中“：”意味着对交叉点的设置方位在基因座之后；最后对部分基因进行交换并配对处理.

变异运算：为了防止有用基因丢失，变异的操作至关重要. 变异操作按位进行，以二进制编码为例，若某位置编码数是 0，经过变异操作后，编码数值变为 1，反之亦然.

定义 8.28　区间决策规则的适应度定义为

$$f(\alpha,\beta)=\frac{1}{\min(UD_{\alpha-\text{Rluesset}},UD_{\beta-\text{Rluesset}})}$$

算法 8.4　区间参数优化算法.

输入：决策形式背景 U，最小支持度阈值 θ，最小置信度阈值 φ.

输出：合适的区间参数 α，β.

步骤如下.

步骤 1：从决策形式背景获得属性个数 n.

步骤 2：初始设定区间参数的初值 $[\alpha_0,\beta_0]$，对区间参数进行二进制编码.

区间参数 α，β，组成一个二进制形成个体的基因型，表示一个可行解，对于 [0，1]区间的连续参数，长度为 h，则参数 $\gamma=a+a_1\frac{1}{2}+a_2\frac{1}{2^2}+\cdots+a_n\frac{1}{2^h}$，对应着一个二进制的编码 $a_1,a_2,\cdots,a_n$，二进制编码与实际变量的最大误差为 $\frac{1}{2^h}$.

步骤 3：构建决策区间概念格，并提取区间关联规则，计算群体中每个染色体的适应度大小，并根据适应度判断个体是否符合优化标准，若符合，则输出最佳个体以及相应的最优值，同时结束计算，否则转步骤 4.

步骤 4：根据适应度大小选择再生个体，选择标准为保留适应度高的个体，淘汰适应度低的个体.

步骤 5：根据交叉概率和交叉操作步骤，生成新的个体.

步骤 6：根据变异概率和变异操作步骤，生成新的个体.

步骤 7：通过交叉和变异操作，产生新一代种群，返回到步骤 3.

选择的具体算法描述如下：

```
var pop, pop_new; /*pop 为前代种群, pop_new 为下一代种群*/
var fitness_value, fitness_table; /*fitness_value 为种群的适应度,
fitness_table 为种群积累适应度*/
for i=1: pop_size
r=rand*fitness_table(pop_new); /*随机生成一个随机数, 在 0 和总适应
度之间, 因为 fitness_table(pop_size)为最后一个个体的积累适应度, 即为总适应
度*/
        first=1;
        last=pop_size;
        mid=round((last+first)/2);
        idx=-1
    /*下面按照排中法选择个体*/
        while(first<=last) && (idx == -1)
            if r>fitness_table(mid)
            first=mid;
            elseif r<fitness_table(mid)
            last=mid
            else
                idx=mid;
            break
            end if
            mid=round((last+first)/2)
            if (last-first) == 1
                idx=last
                break
            end if
            end while
            for j=1: chromo_size
                pop_new(i,j)=pop_new(idx,j)
        end for
end for
/*是否精英选择*/
if elitism
    p=pop_size-1
else
```

```
  p＝pop＿size
 end if
 for i＝1：p
       for j＝1：chromo＿size
            pop(i,j)＝pop＿new(i,j);
```
/*若精英选择，则只将pop＿new前pop＿size－1个个体赋给pop，最后一个为前代最优个体保留*/
```
       end for
 end for
```

单点交叉的具体算法描述如下：

```
 for i＝1：2：pop＿size
       if rand＜cross＿rate
```
/*cross＿size为交叉概率*/
```
       cross＿pos＝round(rand * chromo＿size);
```
/*交叉位置*/
```
 if motute＿pos ＝ 0
         contunue;
```
/*若变异位置为0或1，则不进行交叉*/
```
         end if
         for j＝cross＿pos：chromo＿size
            pop(i,j)＜-＞pop(i+1,j);
```
/*交换*/
```
        end for
        end if
 end for
```

单点变异的具体算法描述如下：

```
 for i＝1：pop＿size
       if rand＜mutate＿rate
```
/*mutate＿rate为变异概率*/
```
       motute＿pos＝round(rand * chromo＿size);
```
/*变异位置*/
```
       if motute＿pos ＝＝ 0
       contunue;
```
/*若变异位置为0，则不进行变异*/
```
       end if
       pop(I,motute＿pos)＝1-pop(I,motute＿pos);
```
/*将变异位置上的数字至反*/
```
        end if
 end for
```

8.4.3　算法分析

在对区间参数进行优化的过程中，区间参数与概念结点以及决策规则之间存在的关系是不容忽视的. 我们试图找到它们之间的具体规律, 并依据规律寻求优化问题的最优解, 然而这种规律是不容易得到的, 为此, 提出一种区间参数的优化算法并构建优化模型在某种意义上是可行的. 根据决策形式背景, 随着参数的等步长变化对决策区间概念格进行更新, 只需在原有格结构基础上, 对部分概念以及概念结点间的关系进行调整, 如此操作使得模型在时间和空间上大大降低了其复杂程度.

8.4.4　实例验证

由于规则的适应度受参数 α 影响较大, 因此, 本章主要探讨参数 α 取值的改变对规则产生的影响. 设定参数 β 的取值为 1, 对表 8.10 的决策形式背景进行验证.

表 8.10　决策形式背景

U	a_2	a_3	a_4	b_2	b_3	c_1	c_2	d_2	d_3	d_4
1	0	1	0	1	0	0	1	0	0	1
2	1	0	0	1	0	0	1	0	0	1
3	1	0	0	1	0	1	0	0	0	1
4	1	0	0	1	0	0	1	0	1	0
5	0	1	0	1	0	0	1	0	1	0
6	0	1	0	0	1	1	0	1	0	0
7	0	0	1	0	1	0	1	1	0	0
8	0	1	0	0	1	0	1	1	0	0
9	1	0	0	0	1	0	1	1	0	0

根据表 8.10 给出的形式背景, 其中属性个数为 10, 对象个数为 9, 按照区间参数优化算法寻找最优参数:

(1) 设定初始群体规模大小为 4, 即初始设定 4 个区间参数初值 $\left[\frac{2}{10}, 1\right]$, $\left[\frac{4}{10}, 1\right]$, $\left[\frac{6}{10}, 1\right]$, $\left[\frac{8}{10}, 1\right]$, 对区间参数进行二进制编码, 编码后的基因型分别为 X_1=00101010, X_2=01001010, X_3=01101010, X_4=10001010.

(2) 构造决策区间概念格, 提取关联规则, 对群体中每个染色体计算适应度, 初始群体作为进化第一代, 其计算过程如表 8.11 所示.

表 8.11　计算过程

个体编号	初始群体	nx_1	nx_2	适应度 $f_i(x_1,x_2)$	选择概率 $f_i/\sum f_i$	选择次数	选择结果
1	00101010	2	10	3	0.143	0	00：101010
2	01001010	4	10	4	0.190	1	0100：1010
3	01101010	6	10	8	0.381	1	0110：1010
4	10001010	8	10	6	0.286	2	10：001010

(3) 根据表 8.11 可知，初始群体的个体适应度总和 $\sum f_i =21$，适应度最大值 $f_{max}=8$，适应度平均值 $\bar{f}=5.2$. 按照交叉和变异的概率和方法对群体进行操作，生成新的个体，其计算过程如表 8.12 所示.

表 8.12　计算过程

配对情况	交叉点位置	交叉结果	变异点	变异结果	子代群体	nx_1	nx_2
1—4	1—4：2	00001010	2	01001010	01001010	4	10
		11101010	1	01101010	01101010	6	10
2—3	2—3：4	01001010	4	01011010	01011010	5	10
		10101010	3	10001010	10001010	8	10

(4) 根据表 8.12 对群体进行交叉、变异运算操作后，产生了新一代个体，将二进制群体换算出新的解码值，对新群体分别计算其适应度和选择概率，其计算结果如表 8.13 所示.

表 8.13　计算结果

适应度 $f_i(x_1,x_2)$	选择概率 $f_i/\sum f_i$
4	0.148
8	0.296
9	0.333
6	0.225

(5) 由表 8.13 可知，子代群体的个体适应度总和 $\sum f_i =27$，适应度最大值 $f_{max}=9$，适应度平均值 $\bar{f}=6.75$. 因此，当 x 取 0.5 值时，其适应度值最大，最大

值为 9，即 $\alpha = 0.5$ 时为最优参数.

8.5　基于信息熵的区间参数优化方法

8.5.1　信息熵与信息量

知识的不确定的原因之一就是粗糙集的边界，当边界为空时知识是完全确定的，边界越大，知识就越粗糙或者越模糊. 等价关系对论域的划分越粗，每一个知识块就越大，则知识库中的知识就越粗糙，这种粗糙性称之为概念不确定性，衡量概念不确定性往往采用信息熵方法来处理[85]. 将热力学中熵的概念扩展到知识系统中，用以衡量对象和属性出现的概率，称之为信息熵[86]，它标志着知识信息量的多少. 基于区间概念格模型，用信息熵来判断概念分类域的不确定性，通过最小化信息熵[87]，以得到适合的区间参数.

定义 8.29[13]　设 $B = \{b_1, b_2, \cdots, b_n\}$ 是论域 U 上的一个划分，$\bigcup\limits_{i=1}^{n} b_i = U$，$b_i \bigcap b_j = \phi$

$(i \neq j)$，则有概率上的划分 $P_B = \left(\dfrac{|b_1|}{|U|}, \dfrac{|b_2|}{|U|}, \cdots, \dfrac{|b_n|}{|U|} \right)$，其中 $\dfrac{|b_i|}{|U|}$ 表示 b_i 出现的概率，

$\sum\limits_{i=1}^{n} \dfrac{|b_i|}{|U|} = 1$. 则信息熵定义为

$$H(B) = H(P_B) = -\sum_{i=1}^{n} \frac{|b_i|}{|U|} \log \frac{|b_i|}{|U|}$$

信息熵用来表示当随机选取论域中的一个对象，为了清楚 R 的等价类的划分情况所需要付出代价的平均值，也可以将信息熵看作是 R 在论域 U 上的划分粒度的度量. 当 $U / B = \hat{B}$，则 B 的粒度度量达到最大值 $\log |U|$，当 $U / B = \check{B}$，则 B 的粒度度量达到最小值 0.

8.5.2　基于信息熵的区间参数计算方法

给定区间参数 $[\alpha, \beta], 0 \leqslant \alpha < \beta \leqslant 1$，那么三个域产生了如下的划分：

$$B_\alpha^\beta = \{POS_\alpha^\beta(X), BND_\alpha^\beta(X), NEG_\alpha^\beta(X)\}$$

对这三个区域，可以使用信息熵来计算各个域的不确定性[87].

$$\begin{aligned} H(B_X \mid POS_\alpha^\beta(X)) = &-Pr(X \mid POS_\alpha^\beta(X)) \log Pr(X \mid POS_\alpha^\beta(X)) \\ &- Pr(X^C \mid POS_\alpha^\beta(X)) \log Pr(X^C \mid POS_\alpha^\beta(X)) \end{aligned}$$

$$\begin{aligned} H(B_X \mid NEG_\alpha^\beta(X)) = &-Pr(X \mid NEG_\alpha^\beta(X)) \log Pr(X \mid NEG_\alpha^\beta(X)) \\ &- Pr(X^C \mid NEG_\alpha^\beta(X)) \log Pr(X^C \mid NEG_\alpha^\beta(X)) \end{aligned}$$

$$H(B_X \mid BND_\alpha^\beta(X)) = -Pr(X \mid BND_\alpha^\beta(X))\log Pr(X \mid BND_\alpha^\beta(X))$$
$$- Pr(X^C \mid BND_\alpha^\beta(X))\log Pr(X^C \mid BND_\alpha^\beta(X))$$

其中 $B_X = \{X, X^C\}$，$Pr(X \mid POS_\alpha^\beta(X))$ 表示当对象 x 属于正域 $POS_\alpha^\beta(X)$ 时 x 在 X 中的条件概率；$Pr(X^C \mid POS_\alpha^\beta(X))$ 表示当对象 x 属于正域 $POS_\alpha^\beta(X)$ 时 x 不在 X 中的条件概率，则

$$\Pr(X \mid POS_\alpha^\beta(X)) = \frac{\mid X \cap POS_\alpha^\beta(X) \mid}{\mid POS_\alpha^\beta(X) \mid} = \frac{\mid X \cap M^\beta \mid}{\mid M^\beta \mid}$$

$$\Pr(X \mid NEG_\alpha^\beta(X)) = \frac{\mid X \cap NEG_\alpha^\beta(X) \mid}{\mid NEG_\alpha^\beta(X) \mid} = \frac{\mid X \cap (U - M^\alpha) \mid}{\mid U - M^\alpha \mid}$$

$$\Pr(X \mid BND_\alpha^\beta(X)) = \frac{\mid X \cap BND_\alpha^\beta(X) \mid}{\mid BND_\alpha^\beta(X) \mid} = \frac{\mid X \cap (M^\alpha - M^\beta) \mid}{\mid M^\alpha - M^\beta \mid}$$

同理可以得到：

$$\Pr(X^C \mid POS_\alpha^\beta(X)) = \frac{\mid X^C \cap POS_\alpha^\beta(X) \mid}{\mid POS_\alpha^\beta(X) \mid} = \frac{\mid X^C \cap M^\beta \mid}{\mid M^\beta \mid}$$

$$\Pr(X^C \mid NEG_\alpha^\beta(X)) = \frac{\mid X^C \cap NEG_\alpha^\beta(X) \mid}{\mid NEG_\alpha^\beta(X) \mid} = \frac{\mid X^C \cap (U - M^\alpha) \mid}{\mid U - M^\alpha \mid}$$

$$\Pr(X^C \mid BND_\alpha^\beta(X)) = \frac{\mid X^C \cap BND_\alpha^\beta(X) \mid}{\mid BND_\alpha^\beta(X) \mid} = \frac{\mid X^C \cap (M^\alpha - M^\beta) \mid}{\mid M^\alpha - M^\beta \mid}$$

那么，三个域的总不确定性可以通过各个域不确定性的平均值[87]得到：

$$H(B_X \mid B_\alpha^\beta) = \Pr(POS_\alpha^\beta(X))H(B_X \mid POS_\alpha^\beta(X))$$
$$+ \Pr(BND_\alpha^\beta(X))H(B_X \mid BND_\alpha^\beta(X))$$
$$+ \Pr(NEG_\alpha^\beta(X))H(B_X \mid NEG_\alpha^\beta(X))$$

其中，$\Pr(POS_\alpha^\beta(X)) = \dfrac{\mid POS_\alpha^\beta(X) \mid}{\mid U \mid}$，$\Pr(BND_\alpha^\beta(X)) = \dfrac{\mid BND_\alpha^\beta(X) \mid}{\mid U \mid}$，$\Pr(NEG_\alpha^\beta(X)) = \dfrac{\mid NEG_\alpha^\beta(X) \mid}{\mid U \mid}$.

条件熵考虑到区间概念中三个域划分的不确定性，而只含正域和负域的经典概念不具有不确定性，条件信息熵为 0.因此从区间概念中的三个域来看，这种划分显然具有一定的不确定性. 通过优化区间参数试图构造一个相对平衡的划分，因此可以将求解最优的区间参数转化成求解最小的信息熵：

$$\arg\min H(B_X \mid X_\alpha^\beta)$$

使得三个域的划分具有最小的不确定性，即最大的准确性. 通过计算所有可

能的概率阈值对 $[\alpha, \beta]$ 下的信息熵,搜索最小信息熵以获得最优区间参数值.

8.5.3 模型验证

本节给出实例来验证信息熵理论在区间参数优化上的应用. 概念 C 的概率信息以及概念 C 与 15 个等价类划分的关系见表 8.14,等价类表示为 X_i,其中 $i=1$,2,$\cdots$,15. 为了计算方便,等价类按照条件概率 $P(C|X_i)$ 降序排列,在该示例中总的对象数 $|U|=500$.

表 8.14 概念 C 的概率信息

	X_1	X_2	X_3	X_4	X_5	X_6	X_7	X_8
$P(X_i)$	0.0277	0.0985	0.1322	0.0167	0.0680	0.0169	0.0598	0.0970
$P(C\|X_i)$	1.0	1.0	0.98	0.95	0.93	0.90	0.82	0.71

	X_9	X_{10}	X_{11}	X_{12}	X_{12}	X_{13}	X_{14}
$P(X_i)$	0.1150	0.0797	0.0998	0.1190	0.0189	0.0420	0.0088
$P(C\|X_i)$	0.63	0.55	0.34	0.21	0.13	0.0	0.0

根据 $0 \leqslant \alpha < \beta \leqslant 1$,设定 α 和 β 所有可能的取值见表 8.15(短横线 "—" 代表该参数对不取,根据经验,该取值无意义).

表 8.15 α 和 β 的可能取值

β \ α	0	0.1	0.2	0.3	0.4	0.5	0.6
0.6	—	(0.1, 0.6)	(0.2, 0.6)	(0.3, 0.6)	(0.4, 0.6)	—	—
0.7	—	(0.1, 0.7)	(0.2, 0.7)	(0.3, 0.7)	(0.4, 0.7)	(0.5, 0.7)	(0.6, 0.7)
0.8	—	(0.1, 0.8)	(0.2, 0.8)	(0.3, 0.8)	(0.4, 0.8)	(0.5, 0.8)	(0.6, 0.8)
0.9	—	(0.1, 0.9)	(0.2, 0.9)	(0.3, 0.9)	(0.4, 0.9)	(0.5, 0.9)	(0.6, 0.9)
1	(0, 1)	(0.1, 1)	(0.2, 1)	(0.3, 1)	(0.4, 1)	(0.5, 1)	(0.6, 1)

对于 $(\alpha_1, \beta_1) = (0,1)$,三个区域的划分结果:

$$POS_0^1(X) = \bigcup(X_1, X_2)$$

$$BND_0^1(X) = \bigcup(X_3, X_4, X_5, X_6, X_7, X_8, X_9, X_{10}, X_{11}, X_{12}, X_{13})$$

$$NEG_0^1(X) = \bigcup(X_{14}, X_{15})$$

边界域的概率为

$$\Pr(BND_0^1(X))$$

$$= \sum_{i=3}^{13} P(X_i)$$

$$= 0.1322+0.0167+0.0680+0.0169+0.0598+0.0970+0.1150+0.0797+0.0998$$
$$\quad +0.1190+0.0189$$

$$= 0.8230$$

同理可以得到正域和负域的概率为

$$\Pr(POS_0^1(X)) = 0.1262$$

$$\Pr(NEG_0^1(X)) = 0.0508$$

正域和负域的条件概率为

$$\Pr(X \mid POS_0^1(X)) = 1$$

$$\Pr(X \mid NEG_0^1(X)) = 0$$

两个区域的不确定性都为 0, 即

$$H(B_X \mid POS_0^1(X)) = 0$$

$$H(B_X \mid NEG_0^1(X)) = 0$$

对于边界区域, 等价类 X 的条件概率的计算为

$$\Pr(X \mid BND_0^1(X))$$

$$= \frac{\displaystyle\sum_{i=3}^{13} P(C \mid X_i)P(X_i)}{\displaystyle\sum_{i=3}^{13} P(X_i)}$$

$$= 0.6312$$

则可以得到边界域的信息熵为

$$H(B_X \mid BND_0^1(X)) = -0.6312 \times \log 0.6312 - (1-0.6312) \times \log(1-0.6312)$$
$$= 0.3679$$

概念中三个区域的总不确定性可以表示为

$$H(B_X \mid B_0^1)$$
$$= (0.0277 + 0.0985) \times 0 + 0.6583 \times 0.823 + (0.0420 + 0.0088) \times 0$$
$$= 0.5418$$

同理可以计算其他参数对下概念的三个区域划分的不确定性. 例如: 参数对: (α_2, β_2)=(0.1,0.6), (α_3, β_3)=(0.2,0.7), (α_4, β_4)=(0.3,0.8), (α_5, β_5)=(0.4,0.9) 和 (α_6, β_6)=(0.5,1).结果见表 8.16.

表 8.16 各参数下三区域划分的不确定性

(α, β)	POS	BND	NEG	$H(B_X \mid B_\alpha^\beta)$
(0.1, 0.6)	$\bigcup\{X_1, X_2, \cdots, X_9\}$ 0.4130	$\bigcup\{X_{10}, X_{11}, X_{12}, X_{13}\}$ 0.6352	$\bigcup\{X_{14}, X_{15}\}$ 0	0.4625
(0.2, 0.7)	$\bigcup\{X_1, X_2, \cdots, X_8\}$ 0.3129	$\bigcup\{X_9, X_{10}, X_{11}, X_{12}\}$ 0.6814	$\bigcup\{X_{13}, X_{14}, X_{15}\}$ 0.1525	0.4541
(0.3, 0.8)	$\bigcup\{X_1, X_2, \cdots, X_7\}$ 0.1964	$\bigcup\{X_8, X_9, X_{10}, X_{11}\}$ 0.6861	$\bigcup\{X_{12}, X_{13}, X_{14}, X_{15}\}$ 0.4149	0.4294
(0.4, 0.9)	$\bigcup\{X_1, X_2, \cdots, X_6\}$ 0.1263	$\bigcup\{X_7, X_8, X_9, X_{10}\}$ 0.5664	$\bigcup\{X_{11}, X_{12}, X_{13}, X_{14}, X_{15}\}$ 0.2885	0.3940
(0.5, 1)	$\bigcup\{X_1, X_2\}$ 0	$\bigcup\{X_3, X_4, \cdots, X_{10}\}$ 0.5853	$\bigcup\{X_{11}, X_{12}, X_{13}, X_{14}, X_{15}\}$ 0.5177	0.4558

由此可以看出虽然经典概念中的正域和负域具有最小的不确定性，信息熵为 0，但是边界域有最大不确定性，信息熵最大. 相比较而言，在区间概念中的正域和负域都有相对于经典概念较大的不确定性，信息熵大于 0，但是边界域具有较小的不确定性，信息熵较小. 区间参数 α 和 β 控制着概念中三个域划分的不确定性，凭借这一点，说明区间概念格能够更精确更灵活地处理不确定信息.

经过相同的计算过程，所有可能区间参数对下的概念区域划分的信息熵如表 8.17 所示.

表 8.17 区间概念划分的信息熵

	$\alpha_1 = 0$	$\alpha_2 = 0.1$	$\alpha_3 = 0.2$	$\alpha_4 = 0.3$	$\alpha_5 = 0.4$	$\alpha_6 = 0.5$	$\alpha_7 = 0.6$
$\beta_1 = 0.6$	—	0.4625	0.4637	0.4620	0.4651	—	—
$\beta_2 = 0.7$	—	0.4529	0.4541	0.4441	0.4423	0.4423	0.4578
$\beta_3 = 0.8$	—	0.4324	0.4465	0.4294	0.4233	0.4234	0.4378
$\beta_4 = 0.9$	—	0.4539	0.4513	0.4286	0.3940	0.4188	0.4317
$\beta_5 = 1$	0.5418	0.5418	0.5350	0.4857	0.4556	0.4558	0.4597

根据表 8.17 中的元素寻找最小信息熵 0.3940 所对应的区间参数 α 和 β，即 $\alpha = 0.4$，$\beta = 0.9$，此时区间概念中三个区域的划分不确定性最小，有利于用户在此参数基础上进行更精确的不确定信息分析处理以及更准确的决策.

本节通过最小化区间概念中的三个区域划分的信息熵来解决区间参数优化问题，经举例验证发现当区间参数为[0.4,0.9]时，区域划分的信息熵最小，不确定性最弱. 相比之前对区间参数取值研究，建立在一般区间参数优化模型[88]以及三支决策的空间下的区间参数优化模型之中，通过实例这些模型得到的结论为：当 α 大致取得中间值 0.5 左右和 $\beta=1$ 时，由此构建的概念格结构最稳定，结点数适中，提取的关联规则精度较高，数目较多以及能够更有效地引导用户做出决策. 虽然处理区间参数的角度不同，但是最终的结论比较接近，因此在指导构建区间概念格的过程中，为参数的选取提供了可靠的依据. 后续的研究工作中将结合一些其他衡量不确定信息的方法对区间参数进行深入优化.

8.6 本章小结

本章主要讨论了两种概念格的参数优化问题. 一是提出了基于模糊概念格的 λ-模糊关联规则，在此基础上，从一个实例出发对 λ 参数设计了优化算法. 二是针对区间概念格提出了 3 种区间参数优化方法，分别是基于学习的方法、基于遗传算法的方法和基于信息熵的方法. 通过分析，发现了区间参数 α 与格结构更新度和上界关联规则数的大致增减关系，初步确定了参数 α 取得中间值时是确定格结构以及挖掘关联规则的最优值，对区间概念格的参数选取提供一种切实有效的方法.

第9章　区间概念格的应用

9.1　引　　言

前面几章从区间概念格的结构与性质出发，设计了区间概念格的构造算法，提出了区间概念格动态压缩、动态维护与动态合并原理；在此基础上，针对区间概念格中的两个参数，设计了基于学习的区间概念格参数优化算法，并提出了基于区间概念格的带参规则挖掘模型.

本章主要讨论概念格、区间概念格等的应用问题. 将概念格与层次分析法结合，建立了基于概念格的加权群体决策模型[92]；提出了基于 P-集合的本体形式背景抽取方法，并将其应用于萝藦科植物药用性的本体构建中，为本体逻辑描述和推理奠定了基础[93]；给出了基于模糊概念格的气象云图识别关系模型[94]；运用区间概念格的上下界外延划分成三个域，构建了基于区间概念格的三支决策空间模型，实现了动态决策[95]；在区间概念格建格算法基础上，提出了决策区间概念格的建格算法，并将决策区间概念格应用于水库调度的粗糙控制过程中，取得了良好的控制效果[96].

9.2　FAHP 中基于概念格的加权群体决策

层次分析法(AHP)是一种定性问题量化的方法. 对于大多数社会经济系统的评价与决策问题，由于问题的复杂性，人的判断往往起主要作用. 重视人的判断，特别是有丰富经验的和知识的专家的判断，将会使决策更符合客观规律，真正实现决策的科学化与民主化，同时专家判断的重要性不仅在于专家对待决策问题有着较一般人更深刻和更全面的认识，而且也在于专家判断往往是唯一可靠的信息来源，因此一个复杂系统通常是有多个决策者(即专家)或决策部门参与决策的，这样在用 FAHP 模型进行专家咨询时，对同一个准则将获得多个判断矩阵. 因此，有必要对多个决策，即所谓群组决策(群组 AHP)进行研究，以求获得一个合理的综合结果. 对于某些大系统的决策问题，为了充分发挥群体的智慧和经验，尽量避免和减少决策上可能产生的失误，更准确全面地对问题作出决断，也往往需要采用群体决策的方法来进行处理. 由于每位专家所处的社会环境不同，个人的经历、经验、文化背景及个人需求、偏好均不尽相同，给出的判断矩阵，求出的专家个体排序向量也不一定类同. 而概念格是一种概念层次结构，本质上描述了对象和属性之间的联系，表明了概念间的泛化与例化关系，同时体现了概念内涵和外延的统一. 构造概念格的过程实际上就是一个概念聚类的过程.因此，把概念格技术与模糊层次分析、群体决策进行学科交叉，二者互相嫁接，互相渗透，在 FAHP 中基于概念格的聚类方法讨论加权群体决策的研究，是 FAHP 的一种新的研究方向.

9.2.1　概念格在 FAHP 聚类分析中的应用

假设有 s 个专家，评价 n 个对象，根据专家评定的结果，用构造概念格的方法对专家评定的每个指标进行聚类. 概念格结点的外延是专家，内涵是指标属性.具有相同指标属性的专家聚为一类，只需根据结点的外延和内涵即可决定哪些专家具有相同的属性.

设有 5 个专家，评定 3 个对象 a，b，c，评定结果如表 9.1 所示.

表 9.1　专家评定结果

专家	a 比 b	a 比 c	b 比 c
1 号	0.6	0.6	0.1
2 号	0.6	0.6	0.7
3 号	0.9	0.1	0.8
4 号	0.6	0.1	0.9
5 号	0.9	0.4	0.1

为了描述此问题，我们设定如下.

a 比 b：$a1=0.6$，$a2=0.9$.

a 比 c：$b1=0.6$，$b2=0.1$，$b3=0.4$.

b 比 c：$c1=0.1$，$c2=0.8$，$c3=0.9$.

这样，我们构成一个形式背景，如表 9.2 所示.

表 9.2　专家评定后得到的一个形式背景

专家	a 比 b	a 比 c	b 比 c
1 号	$a1$	$b1$	$c1$
2 号	$a1$	$b1$	$c2$
3 号	$a2$	$b2$	$c2$

续表

专家	a 比 b	a 比 c	b 比 c
4 号	$a1$	$b2$	$c3$
5 号	$a2$	$b3$	$c1$

对此形式背景构造概念格, 可得到图 9.1 所示的与表 9.2 对应的概念格的 Hasse 图.

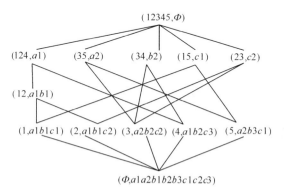

图 9.1　对专家评定结果构造的概念格

从此概念格中, 得出如下聚类结果.

对于 a 比 b: 1, 2, 4 号专家聚为一类; 3, 5 号专家聚为一类.

对于 a 比 c: 1, 2 号专家聚为一类; 3, 4 号专家聚为一类; 5 号专家聚为一类.

b 比 c: 3, 5 号专家聚为一类; 2, 3 号专家聚为一类; 4 号专家聚为一类.

9.2.2　FAHP 专家权重系数的确定

通过对专家判断矩阵元素的聚类分析, 可以将每个元素划分为不同类别, 每位专家对不同的元素应该有不同的权值, 然后采用加权平均的方法得到综合判断矩阵. 用概念格聚类之后, 如何确定相应的权重系数 λ_i 呢?

我们假设将 m 个专家的某一个元素聚成 b 类(当然 b 一定小于等于 m), 聚为一类的数量用 β 来代表, 即第一类的为 β_1, 第 i 类的为 β_i. 通过聚类可知, 聚为同一类的专家意见是相似的, 因此它们应该具有相同的权重; 并且, 聚为一类的数量越多, 它们所具有的权重系数也应该越大. 由此我们可以得到下面的推导:

$$\beta_i = c\lambda_i \quad (其中 c 为常数) \tag{9.1}$$

$$\sum_{i=1}^{b} \lambda_i \beta_i = 1 \qquad\qquad (9.2)$$

解(9.1)和(9.2)，可得

$$\sum_{i=1}^{b} \lambda_i^2 = \frac{1}{c} \qquad\qquad (9.3)$$

$$\sum_{i=1}^{b} \beta_i^2 = c \qquad\qquad (9.4)$$

因此，每一类的权值的平方和应为一常数，即每一类的平方和为其倒数(一固定常数). 用概念格方法得到每一类的容量 β_i，通过 β_i 计算出该常数的值 c，以该常数为分母，每个类容量为分子，即可求出 λ_i 的值，也就是每位专家的权重系数.

9.2.3　应用举例

我们设某名决策者对某 3 个因素判断所给矩阵为

$$M_1 = \begin{bmatrix} 0.5 & 0.7 & 0.6 \\ 0.3 & 0.5 & 0.4 \\ 0.4 & 0.6 & 0.5 \end{bmatrix}, \qquad M_2 = \begin{bmatrix} 0.5 & 0.8 & 0.7 \\ 0.2 & 0.5 & 0.5 \\ 0.3 & 0.5 & 0.5 \end{bmatrix}$$

$$M_3 = \begin{bmatrix} 0.5 & 0.9 & 0.7 \\ 0.1 & 0.5 & 0.4 \\ 0.3 & 0.6 & 0.5 \end{bmatrix}, \qquad M_4 = \begin{bmatrix} 0.5 & 0.7 & 0.6 \\ 0.3 & 0.5 & 0.3 \\ 0.4 & 0.7 & 0.5 \end{bmatrix}$$

$$M_5 = \begin{bmatrix} 0.5 & 0.8 & 0.7 \\ 0.2 & 0.5 & 0.4 \\ 0.3 & 0.5 & 0.5 \end{bmatrix}, \qquad M_6 = \begin{bmatrix} 0.5 & 0.7 & 0.6 \\ 0.3 & 0.5 & 0.5 \\ 0.4 & 0.5 & 0.5 \end{bmatrix}$$

用上面的概念格方法进行聚类，可得到如下结果：

第一个元素 m_{12}：1，4，6 号专家聚为一类；2，5 号专家聚为一类，3 号专家聚为一类.

第二个元素 m_{13}：1，4，6 号专家聚为一类；2，3，5 号专家聚为一类.

第三个元素 m_{23}：1，3，5 号专家聚为一类；2，6 号专家聚为一类，4 号专家聚为一类.

根据聚类结果进行权重系数的确定：

对 m_{12} 有：$\lambda_1 = \lambda_4 = \lambda_6 = \dfrac{3}{14}$，$\lambda_2 = \lambda_5 = \dfrac{2}{14}$，$\lambda_3 = \dfrac{1}{14}$.

对 m_{13} 有：$\lambda_1 = \lambda_4 = \lambda_6 = \dfrac{3}{18}$，$\lambda_2 = \lambda_3 = \lambda_5 = \dfrac{3}{18}$.

对 m_{23} 有：$\lambda_1 = \lambda_3 = \lambda_5 = \dfrac{3}{14}$，$\lambda_2 = \lambda_6 = \dfrac{2}{14}$，$\lambda_4 = \dfrac{1}{14}$.

再综合计算出六位专家的统一意见判断矩阵：

$$M = \begin{bmatrix} 0.5 & 0.742857 & 0.7 \\ 0.257143 & 0.5 & 0.421429 \\ 0.35 & 0.5758571 & 0.5 \end{bmatrix}$$

经验证，该矩阵比直接平均得出的矩阵更加科学合理，符合少数服从多数的原则，并且大大提高了决策的科学性.

9.2.4 结论

将概念格方法应用到 FHAP 中，对专家的判断进行聚类分析，使意见一致的专家占有较大比重，符合少数服从多数的原则，进而使决策结果更加科学化. 由于判断矩阵具有正互反的特点，只需要对每个矩阵的上三角元素进行聚类，这样既保证了修正专家个别判断的偏差，又不必花太多时间对所有元素进行分析，因此该方法在实际应用中取得了较理想的效果.

9.3 基于 P-集合的本体形式背景抽取

形式概念与 P-集合之间有共同的研究内容，即具有一定属性的个体集合. 形式概念偏重于对个体的划分，P-集合偏重于在属性集的动态变化的前提下个体集中元素的变化. 实际上，在形式背景产生的概念格 Hasse 图中从初始结点到末端子结点构成的一条折线，其途经的各个结点构成的集合即是一个 P-集合.

本体是实现语义 Web 的关键环节，是从文档描述到知识推理的转折点. 领域本体是专业性的本体，被表示的知识是针对特定学科领域的，所以确定领域本体的核心概念是非常重要的. 一个领域中的核心概念是很少的，支撑一个领域本体的存在所需要的大量概念都是相关领域的概念或通用概念，因而定义概念的领域属性就成为构建领域本体的关键，也就是形式背景的抽取问题.

9.3.1 形式背景的动态抽取

若要建立一个领域本体，需要领域学科专家根据自己头脑中的知识构架，对该领域下的知识进行分类，并且总结出本体中所涉及的个体集和属性集，既有利于个体的有效区分，又不能让属性集过于庞大造成系统资源的浪费.P-集合正是为了处理动态属性集而提出的，因此从 P-集合理论的角度来处理动态属性集是一个有潜力可挖的课题. 一个形式背景产生的 Hasse 图中从起始概念结点到末端结点之间的任一连线所途经的概念结点的外延(个体集)都可以看成一个 P-集合, 这可以看成在一个静态的形式背景中由上层概念结点到下层概念结点的外延组成的 P-集合. 当构成 P-集合的概念结点的外延是来自不同的形式背景, 即在不同的 Hasse 图中时, 可以根据前一个形式背景产生概念结点对应于下一个增加属性的形式背景中内涵中元素个数比前者多一个的概念结点, 两个概念结点外延构成 P-集合的一部分.

通过对数个形式背景中相应的概念结点会形成相应的 P-集合族, 根据 P-集合中最小信息颗粒的个体集, 也就能够找出相应的概念结点. 这些概念结点若存在于一个形式背景产生的概念格中, 则此形式背景为选定的形式背景. 这些概念结点若存在于不同的形式背景下, 需要通过个体相似度来通过领域专家的认证.

9.3.2　概念相似度计算

在本体构建过程中, 如何区分 sameAs 和 differentForm 两个构造子是一个关键问题. 个体之间的 sameAs 和 differentForm 关系可利用两个个体之间的属性交集的元素数量与两个个体属性集的元素数量之和的比值来衡量, 即个体相似度. 根据个体相似度矩阵最终确定经过 P-集合筛选的领域属性, 同时在一个被确认的形式背景下划定个体之间的 sameAs 和 differentForm 关系. 在计算机实际检索过程中, 用户检索时更多的是需要概念相似度. 概念相似度计算是在个体相似度基础上完成的, 分为以下三个步骤.

(1) 计算个体之间的相似度.

定义 9.1　个体相似度. 在一个形式背景 (U, A, R) 下, 两个个体 e_1, e_2 的相似度定义如下:

$$\text{sim}(e_1, e_2) = \frac{2|I_1 \bigcap I_2|}{|I_1| + |I_2|} \tag{9.5}$$

其中: I_1, I_2 是个体 e_1, e_2 对应的属性集. 若领域本体中的个体数有 m 个, 则如有的个体可构成一个 $m \times m$ 阶相似度矩阵, 领域专家可根据自己掌握的领域知识来判断其与客观实际是否相符, 然后选择最佳的形式背景. 在被确认的形式背景中, 可以设定一个相似度阈值, 若大于这个阈值就将其视为 sameAs 关系; 若小于这个阈值, 则视为 differentForm 关系.

(2) 构造概念格模型.

通过 Godin 算法构建概念格层次结构.

(3) 计算概念相似度.

通过概念结点的个体集来确定概念之间的相似度, 利用式(9.5)得到的个体相似度矩阵来找到两个概念的个体集对应的相似度, 并进行加权处理得到最终的概念相似度.

定义 9.2　概念相似度. 概念格中两个概念结点 (E_1, I_1) , (E_2, I_2) , 其中 $E_1 = \{e_{11}, e_{12}, \cdots, e_{1n}\}$, $E_2 = \{e_{21}, e_{22}, \cdots, e_{2n}\}$, 则两个概念结点的相似度公式定义为

$$\text{sim}((E_1, I_1), (E_2, I_2)) = \frac{\sum\limits_{i=1}^{n} \sum\limits_{j=1}^{m} \text{sim}(e_{1i}, e_{2j})}{2(|E_1| + |E_2| - |E_1 \cap E_2|)}, \quad e_{1i} \neq e_{2j} \tag{9.6}$$

上述公式利用个体的相似度来计算概念之间的相似度. 在计算出概念的相似度之后, 同样可以设定阈值来界定概念之间是否为等价关系.

9.3.3　实验仿真

运用9.3.1节中的方法可以构建萝藦科植物药用性的本体. 最终的形式背景如表 9.3 所示.

表 9.3　被确认的形式背景

	草本	灌木	藤本	叶对生	毒性	止咳	祛风湿	聚伞花序	圆锥花序	总状花序	伞形花序
杜柳	0	1	0	1	1	0	0	1	0	0	0
合掌消	1	0	0	1	0	0	1	1	0	0	0
牛皮消	1	0	0	1	0	0	0	1	0	0	0
飞来鹤	1	0	0	1	0	0	0	1	0	0	0
白薇	1	0	0	1	0	1	0	0	0	0	0
白前	0	1	0	1	0	0	0	1	0	0	0
徐长卿	1	0	0	1	0	0	0	0	1	0	0
一枝香	1	0	0	1	0	0	0	1	1	0	0
马利筋	1	0	0	1	1	0	0	0	0	0	1
萝藦	1	0	0	1	0	0	0	0	0	1	0
芄兰	1	0	0	1	0	0	0	0	0	1	0
夜来香	0	0	1	1	0	0	0	1	0	0	1

对这个形式背景中的元素应用式(9.5)可以计算得到其对应的个体相似矩阵, 如表 9.4 所示.

表 9.4　形式背景对应的两两个体相似度矩阵

	杜柳	合掌消	牛皮消	飞来鹤	白薇	白前	徐长卿	一枝香	马利筋	萝藦	芄兰	夜来香
杜柳	1.000											
合掌消	0.600	1.000										
牛皮消	0.667	0.667	1.000									
飞来鹤	0.667	0.667	1.000	1.000								
白薇	0.667	0.600	0.667	0.667	1.000							
白前	0.600	0.667	0.750	0.750	0.667	1.000						
徐长卿	0.889	0.667	0.667	0.667	0.600	0.444	1.000					
一枝香	0.400	0.400	0.667	0.667	0.600	0.444	1.000	1.000				
马利筋	0.444	0.400	0.500	0.500	0.600	0.222	0.500	0.444	1.000			
萝藦	0.250	0.444	0.570	0.570	0.444	0.285	0.500	0.500	0.570	1.000		
芄兰	0.250	0.444	0.570	0.570	0.444	0.285	0.500	0.500	0.570	1.000	1.000	
夜来香	0.444	0.444	0.500	0.500	0.222	0.500	0.222	0.222	0.500	0.285	0.285	1.000

　　经过领域专家对形式背景中的个体相似度获得认可之后可以确定这个形式背景为最终的形式背景，通过 Godin 算法可通过此形式背景来建立概念格. 使用 Progété 软件的插件来绘制概念格，如图 9.2 所示. 由于 Progété 软件中对类名有特殊要求，即不能在类名中出现除了 "—" "_" 的符号，因此对概念格中结点采用特殊的符号来表示，以免造成混淆. 表述的原则如下：

　　(1) 用数字 1—12 来分别代替表 9.3 中的 12 个个体，用 1—11 来分别代替表 9.3 中的 11 个属性.

　　(2) 若代表个体的数字是连续的用 "—" 来表示，比如 "2，3，4" 可表示为 2—4；若出现的数字不连续用字母 "x" 来隔开数字，例如 "4，7，9" 在概念结点中表示为 "$4x7x9$".

　　(3) 用 "_" 来作为个体集合与属性结合的分解. 例如一个概念结点为 $(E, I) = (\{1, 2, 3, 6\}, \{4, 5\})$，在图 9.2 所示的概念格中表示为 class_1—3x6_4x5.

　　在本体中由概念结点转换成的类名没有实际意义，因此需要根据领域知识对其标注. 经过修改的萝藦科植物药用性本体如图 9.3 所示.

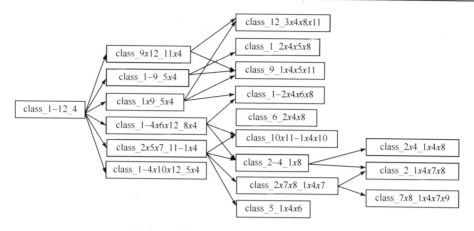

图 9.2　未修改结点名称概念格的 Hasse 图

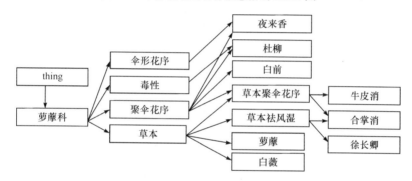

图 9.3　修改结点名称之后概念格的 Hasse 图

通过本体所示的概念黄子健的信息"徐长卿"与"合掌消"两种植物在祛风湿的属性控制下有一个共同父类, 而且两个概念结点之间的相似度为 0.667, 在阈值为 0.5 时可以判定两者相似, 在信息检索过程中可以认为两者是语义相关的, 可以作为结果显示出来.

9.3.4　结论

实验表明, 经过 P-集合筛选领域属性从而抽取本体形式背景的方法, 不仅科学有效, 向自动化构建本体迈进了一大步, 更为下一步本体逻辑描述和推理做好了技术支持, 为领域本体知识库的构建提供了一个新的研究思路.

9.4　基于模糊概念格的气象云图识别关系模型及应用

气象卫星云图在天气预报、大气环境监测、大气环流掌握以及灾害性天气学的研究中具有极其重要的作用. 观测大气环流情况的一个方法是在卫星云图上标出风矢. 风矢的大小和方向由云团移动的速度决定, 那么云团追踪是气象云图识别的主要方法, 也是遥感领域的研究热点. 充分考虑云团在漂移过程中形状、云量等特征属性的变化, 在先构造时刻点云团集合的基础上, 对集合元素做属性分析, 利用模糊概念格的方法, 找出两时刻点的同一云团, 进而为大气环流研究提供依据.

9.4.1　两时刻云团的属性评估

在卫星云图的研究中, 云团大小、搜索范围都是有固定大小的, 并且搜索范围大于云团大小. 例如, 计算云迹风时通常将云团大小限定为 16*16 个像素, 搜索范围限定为 64*64 个像素. 类似地, 这里所指云团是正方形区域内固定像素大小的云的状态综合, 其大小往往等同于像素块匹配所选用的窗口大小. 当云团在搜索范围内向水平、竖直任意方向移动 1 像素时, 都会形成新的云团, 因搜索范围的大小是固定的, 所以搜索范围内云团数量是确定的, 设为 M 个.

观测大气环流情况的一个方法是在卫星云图上标出风矢. 风矢的大小和方向由与图案移动的速度决定. 为研究云团的移动情况, 选取 T_1 时刻和 T_2 时刻的卫星云图进行研究. 用集合 A 表示 T_1 时刻对应的 M 个不同云团, 则 $A = \{A_1, A_2, \cdots, A_M\}$, 元素 $A_i(i = 1, 2, \cdots, M)$ 为云团, 且云团 A_i 在窗口中的位置如下所示:

$$\begin{bmatrix} A_{11} & A_{12} & \cdots & A_{1n} \\ A_{21} & A_{22} & \cdots & A_{2n} \\ \vdots & \vdots & & \vdots \\ A_{n1} & A_{n2} & \cdots & A_{nn} \end{bmatrix}, \quad n^2 = M$$

同样地, 集合 $B = \{B_1, B_2, \cdots, B_M\}$ 表示 T_2 时刻对应的 M 个云团, 元素 $B_j(j = 1, 2, \cdots, M)$ 为云团, 且在窗口中的位置如下所示:

$$\begin{bmatrix} B_{11} & B_{12} & \cdots & B_{1n} \\ B_{21} & B_{22} & \cdots & B_{2n} \\ \vdots & \vdots & & \vdots \\ B_{n1} & B_{n2} & \cdots & B_{nn} \end{bmatrix}, \quad n^2 = M$$

元素下标表示对应云团的地理位置, A_{ij}, B_{ij} 表示不同时刻处于相同的搜索范围位置.

经过一段时间后, T_1 时刻的某云团会随风漂到其他位置. 为了鉴定是否为统一云团, 就要研究云团特征, 如云厚、云状、云量、灰度和云图纹理等. 用 $v_i(i = 1, 2, \cdots, N)$ 表示云团的某一特征, 集合 V 表示云团的特征集, 那么有

$V = \{v_1, v_2, \cdots, v_N\}$.

利用评估值模型，将 T_1 时刻的云团集作为评估对象；云团特征属性集 $V = \{v_1, v_2, \cdots, v_N\}$ 作为评估属性集；$F = \{f_l : U \to V_l(l \leqslant N)\}$ 为评估对象与评估属性间的关系集，其中 $f_l(a_i)$ 为评估对象 a_i 关于评估属性 $v_l(l=1,2,\cdots,N)$ 的测定值.

$$R = \begin{bmatrix} f_1(A_1) & f_2(A_1) & \cdots & f_N(A_1) \\ f_1(A_2) & f_2(A_2) & \cdots & f_N(A_2) \\ \vdots & \vdots & & \vdots \\ f_1(A_M) & f_2(A_M) & \cdots & f_N(A_M) \end{bmatrix}$$

矩阵 R 的每行表示一个对象的 N 格属性测定值，每列表示一个属性下的 M 格对象的属性测定值. 同样的方法，可得到 T_2 时刻评估对象的评估值矩阵 R'：

$$R' = \begin{bmatrix} f_1(B_1) & f_2(B_1) & \cdots & f_N(B_1) \\ f_1(B_2) & f_2(B_2) & \cdots & f_N(B_2) \\ \vdots & \vdots & & \vdots \\ f_1(B_M) & f_2(B_M) & \cdots & f_N(B_M) \end{bmatrix}$$

评估关系模型的组成是评估对象集，评估对象之间的二元关系，表现形式是关系矩阵. 由评估值矩阵转化为评估关系的公式为

$$R_i(A_{kl}, B_{mn}) = \frac{\min\{f_i(A_{kl}), f_i(B_{mn})\}}{\max\{f_i(A_{kl}), f_i(B_{mn})\}} \tag{9.7}$$

式中：$i=1,2,\cdots,N$，$\max\{f_i(A_{kl}), f_i(B_{mn})\} \neq 0$.

若寻找 T_1 时刻云团 A_k 在 T_2 时刻的位置，则将云团 A_k 在 T_1 时刻的属性测定值向量 $(f_1(A_k), f_2(A_k), ..., f_N(A_k))$ 与 T_2 时刻的所有云团根据式(9.7)进行对应属性比较运算，若属性测定值相等，则属性对比值取"1"，即 $R_i(A_k, B_l)=1$.否则，$0 \leqslant R_i(A_k, B_l) < 1$，得到云团的评估关系为

$$\begin{array}{ccccc} & v_1 & v_2 & v_3 & \cdots & v_N \\ b_1 & R_1(A_k,B_1) & R_2(A_k,B_1) & R_3(A_k,B_1) & \cdots & R_N(A_k,B_1) \\ b_2 & R_1(A_k,B_2) & R_2(A_k,B_2) & R_3(A_k,B_2) & \cdots & R_N(A_k,B_2) \\ b_3 & R_1(A_k,B_3) & R_2(A_k,B_3) & R_3(A_k,B_3) & \cdots & R_N(A_k,B_3) \\ \vdots & \vdots & \vdots & \vdots & & \vdots \\ b_M & R_1(A_k,B_M) & R_2(A_k,B_M) & R_3(A_k,B_M) & \cdots & R_N(A_k,B_M) \end{array}$$

其中 $R(A_k, B_l)$ 为 T_1 时刻的云团 A_k 与 T_2 时刻的云团 $B_l(l=1,2,\cdots,M)$ 的相同程度，$R_i(A_k, B_l)$ 则为云团关于属性 v_i 的相似程度，则 $R(A_k, B_l) = (R_1(A_k, B_l), R_2(A_k, B_l), \cdots, R_N(A_k, B_l))$.

云团越相像，向量 $R_1(A_k, B_l)$ 的取值越趋向于向量 $(1, 1, \cdots, 1)$；云团差距越大，

向量 $R_1(A_k, B_l)$ 的取值越趋向于向量 $(0, 0, \cdots, 0)$.

9.4.2 模糊概念格的构造

对象集 U 为 T_1 时刻的某云团 A_k 与 T_2 时刻的所有云团 B_l 关于对应属性的相似度 $R(A_k, B_l)$；云团特征集 $V = \{v_1, v_2, \cdots, v_N\}$ 为属性集；I 为两云团对应属性间的相似关系，即式(9.7)，若两云团的属性 v_i 越相似，则二元关系值越接近于 1，反之为 0. 存在唯一的偏序集合与之对应，并且这个偏序集产生一种格结构，这种由背景 (U, V, I) 所诱导的概念格称为模糊概念格. 其对应的模糊形式背景如表 9.5 所示.

表 9.5 模糊形式背景

	v_1	v_2	$\cdots$	v_N
$R(A_i, B_1)$	$R_1(A_i, B_1)$	$R_2(A_i, B_1)$	$\cdots$	$R_N(A_i, B_1)$
$R(A_i, B_2)$	$R_1(A_i, B_2)$	$R_2(A_i, B_2)$	$\cdots$	$R_N(A_i, B_2)$
$R(A_i, B_3)$	$R_1(A_i, B_3)$	$R_2(A_i, B_3)$	$\cdots$	$R_N(A_i, B_3)$
$\vdots$	$\vdots$	$\vdots$		$\vdots$
$R(A_i, B_M)$	$R_1(A_i, B_M)$	$R_2(A_i, B_M)$	$\cdots$	$R_N(A_i, B_M)$

9.4.3 云团的相同判断

考虑到云团在实际漂移过程中会出现形状的变化，可知不同云团的相同属性比较值全取 1 是不现实的. 针对实际情况，集合模糊理论和概念标度理论确定云团相似属性边界值 t，如果两云团相同，那么它们对应的所有属性值应相近，即 $R_i(A_k, B_l) \geqslant t$. 若表 8.5 中的某个对象对应的所有属性相似值 $R_i(A_k, B_l) \geqslant t$，则说明云团 A_k 和云团 B_l 的所有对应特征大体是相同的，进而可做相同判断；若某个对象对应一个属性相似值 $R_j(A_k, B_l) < t$，则说明云团 A_k 和云团 B_l 的特征是不完全相似的，应放弃做云团相同判断，进而删除表 9.5 中对应的形式背景.

在云团相似的前提下，选取阈值 λ 界定两块云团相同时，对调整后的表 9.5 做 λ-截集 $(\lambda > t)$ 运算，即

$$\begin{cases} R_i'(A_k, B_l) = 1, & R_i(A_k, B_l) \geqslant \lambda \\ R_i(A_k, B_l) = 0, & R_i(A_k, B_l) < \lambda \end{cases} \tag{9.8}$$

利用式 9.8 将模糊形式背景进行转化，可得到经典形式背景，如表 9.6 所示.

表 9.6　经典形式背景

	v_1	v_2	$\cdots$	v_N
$R'(A_I, B_1)$	$R_1'(A_I, B_1)$	$R_2'(A_I, B_1)$	$\cdots$	$R_N'(A_I, B_1)$
$R'(A_I, B_2)$	$R_1'(A_I, B_2)$	$R_2'(A_I, B_2)$	$\cdots$	$R_N'(A_I, B_2)$
$R'(A_I, B_3)$	$R_1'(A_I, B_3)$	$R_2'(A_I, B_3)$	$\cdots$	$R_N'(A_I, B_3)$
$\vdots$	$\vdots$	$\vdots$		$\vdots$
$R'(A_I, B_M)$	$R_1'(A_I, B_M)$	$R_2'(A_I, B_M)$	$\cdots$	$R_N'(A_I, B_M)$

以表 9.6 为形式背景, 求其形式概念并构建经典概念格. 将表 9.5 和表 9.6 的形式背景相结合, 则经典概念格可转化为模糊概念格, 并给出各概念的相似度. 当概念中有多个相似度时, 则用它们的平均值作为此概念的相似度. 确定相同云团应选择对应内涵最多的概念, 且概念中相似度较大的外延.

值得说明的是, 在判断属性相似值 $R_i(A_k, B_i) \geq t$ 后对调整后的表 9.5 做 λ-截集运算时, 有可能导致形式背景不存在. 若形式背景不存在, 则说明 T_2 时刻的所有云团都与 T_1 时刻的云团 a_k 不相同.

9.4.4　实验结果与分析

设有搜索范围含有 6 个研究云团的窗口, 研究的云团具有 3 个属性 v_1, v_2, v_3, 已知 T_1 时刻的云团 A_1 在 T_2 时刻为离开搜索范围, 且有云团 A_1 在 T_2 时刻 6 个云团 B_1, B_2, B_3, B_4, B_5 和 B_6 的对应属性值(表 9.7). 识别云团 A_1 在 T_2 时刻的位置, 其中云团相似属性边界值 $t = 0.9$, 阈值 $\lambda = 0.95$.

表 9.7　云团属性值

	v_1	v_2	v_3
A_1	800	1000	200
B_1	560	990	180
B_2	720	900	195
B_3	735	955	197
B_4	1000	1020	175
B_5	820	985	215
B_6	560	500	200

利用公式(9.7)得到云团 A_1 在 T_2 时刻搜索范围内所有云团的对应属性关系值，见表 9.8.

表 9.8　对应属性关系值

	v_1	v_2	v_3
$R(A_1,B_1)$	0.7000	0.9900	0.9000
$R(A_1,B_2)$	0.9000	0.9000	0.9750
$R(A_1,B_3)$	0.9187	0.9550	0.9850
$R(A_1,B_4)$	0.8000	0.9804	0.8750
$R(A_1,B_5)$	0.9756	0.9850	0.9302
$R(A_1,B_6)$	0.7000	0.5000	1.0000

以云团 A_1 在 T_2 时刻的所有云团 B_l 关于对应属性的相似度 $R(A_1,B_l)(l=1,2,\cdots,6)$ 为对象，云团特征集 $V=\{v_1,v_2,v_3\}$ 为属性集；I 为两云团对应的属性间的相似关系建立模糊概念格. 由于云团相似属性边界值 $t=0.9$，对表 9.8 中的数据进行判断，得到满足条件 $R(A_1,B_l)\geqslant t$ 的模糊形式背景，见表 9.9.

表 9.9　模糊形式背景

	v_1	v_2	v_3
$R(A_1,B_2)$	0.9000	0.9000	0.9750
$R(A_1,B_3)$	0.9187	0.9550	0.9850
$R(A_1,B_5)$	0.9756	0.9850	0.9302

借助 Matlab 对表 9.9 中的数据做 λ-截集运算，其中 $\lambda=0.95$，对应得到经典形式背景，如表 9.10 所示.

表 9.10　经典形式背景

	v_1	v_2	v_3
$R'(A_1,B_2)$	0	0	1
$R'(A_1,B_3)$	0	1	1
$R'(A_1,B_5)$	1	1	0

表 9.10 对应的传统概念格如图 9.4 所示；结合表 9.9 和图 9.4 得到模糊概念格

如图 9.5 所示.

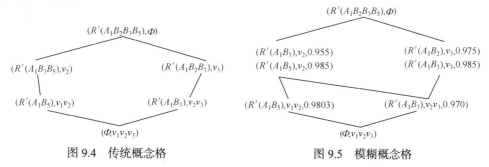

图 9.4　传统概念格　　　　　　　　图 9.5　模糊概念格

通过比较内涵、相似度可以确定云团 A_1 在 T_2 时刻漂到了云团 B_2 的位置.

9.4.5　结论

若能充分考虑云团在漂移过程中形状、云量等特征的变化，那么气象云图识别结果会更准确. 为此，选取两个相邻时刻的卫星云图进行云团移动研究；利用评估值模型给出每个云团的对应属性评估值，并结合评估关系模型，得到上一时刻的某云团与下一时刻的所有云团的评估关系；以云团间的评估关系为对象，云团的特征为属性，各属性的相似程度为二元关系建立模糊概念格；将模糊形式背景进行筛选，来寻找特征相同的云团；做模糊形式背景的 λ-截集，得到对应的经典概念格，结合之前的模糊形式背景，形成新的模糊概念格；利用概念中内涵最多，且相似度较大的单个外延确定相同云团.

9.5　基于区间概念格的三支决策空间模型

9.5.1　问题的提出

三支决策[97]是 Yao 在研究 Pawlak 粗集过程中，总结和提炼出来的一种决策理论，其将传统的正域、负域的二支决策拓展为正域、负域和边界域的三支决策语义. 从正域生成的规则代表接受某事物；从负域生成的规则代表拒绝某事物；从边界域生成的规则代表无法做出接受或拒绝的判断，即延迟决策. 三支决策是二支决策的拓展，是更符合人类实际认知能力的决策模式.

Pawlak 粗集并未考虑规则的容错性，只有完全正确和确定的规则才会被允许进入正域中，国内外学者提出了一系列基于概率粗糙集的模型，如决策粗糙集模型[98]、变精度粗糙集模型[99]、贝叶斯粗糙集模型[100]、区间决策粗糙集模型[101]等. 概率粗糙集模型将具有较高正确可能性的等价类划入正域，不满足较低划分阈值的等价类划入负域，介于二者之间的等价类则划入边界域，所以概率粗糙集模型具有较高的容错能力. 然而，这些模型只定义了三支决策的规则，并未给出划入边界域的对象的下一步决策方案. 文献[102]构建了基于构造性覆盖算法的三支决策模型，并对落入边界域样本提出了两种进一步的决策方案. 此模型未充分考虑信息系统中条件属性之间的关系，会有部分边界域样本无法进行处理，导致分类正确率低. 区间概念格是近年新提出的定义在区间参数上能灵活反映不确定信息的格结构. 区间概念的外延是在区间 $[\alpha, \beta](0 \leqslant \alpha \leqslant \beta \leqslant 1)$ 范围内满足内涵属性的对象集合，其可将对象论域 U 按照满足条件属性的情况分为三个区域. 区间概念格的生成过程实际上是聚类的过程，格结构中的父子关系可以为处理边界域样本和降低决策损失提供依据[103—105].

为此，本节基于区间概念格提出一种新的三支决策模型，由区间概念外延划分的三个区域给出了决策规则，定义了基于区间概念三支决策的度量和决策损失函数；进一步，给出了区间三支决策概念并构建了区间三支决策空间；最后，基于区间三支决策空间构建了动态策略优化模型，并通过医疗诊断实例证明了模型的正确性与可行性.

9.5.2　基于区间概念的三支决策

1. 三个域的划分

区间概念格的生成过程是一个聚类的过程，区间概念的上下界外延是由满足内涵中一定比例属性的对象构成的. 因此，由区间概念得到的决策规则具有一定的容错性. 由上下界外延可以将决策形式背景 $(U, C \cup D, R)$ 中的对象论域分为三个区域.

定义 9.3 设 $(U, C \cup D, R)$ 是一个决策形式背景，在区间 $[\alpha, \beta]$ 上其决定的区间概念格为 $L_\alpha^\beta (U, C \cup D, R)$，$G = (M^\alpha, M^\beta, Y)$ 是 $L_\alpha^\beta (U, C \cup D, R)$ 中的一个区间概念，区间概念的上下界外延将论域 U 分为三个域：

$$POS_\alpha^\beta(X) = M^\beta = \{x \in U \mid |f(x) \cap Y| / |Y| \geqslant \beta\}$$

$$BND_\alpha^\beta(X) = M^\beta - M^\alpha = \{x \in U \mid \alpha \leqslant |f(x) \cap Y| / |Y| < \beta\}$$

$$NEG_\alpha^\beta(X) = U - M^\alpha = \{x \in U \mid |f(x) \cap Y| / |Y| < \alpha\}$$

若 $x \in POS_\alpha^\beta(X)$，则对 x 进行接受决策，若 $x \in NEG_\alpha^\beta(X)$，则对 x 进行拒绝决策，否则做出不承诺决策.

当 $\alpha = 0$，$\beta = 1$ 时，基于区间概念的三支决策退化为基于经典粗糙集的三支决策模型.

2. 决策度量函数

三支决策的有效性取决于所选用的评价函数和阈值. 根据对评价函数的不同语义解释, 可以得到不同的三支决策模型. 因而, 每个模型的性能需要通过不同的指标度量和分析.

对多决策形式背景 $(U, C \cup D, R)$, $G = (M^\alpha, M^\beta, Y)$ 是区间概念格 $L_\alpha^\beta(U, C \cup D, R)$ 中的区间概念, 以实体两种状态为例, 给出基于区间概念的三支决策模型的有效性度量. 如表 9.11 所示, 行表示接受、拒绝和不承诺三种决策; 列表示满足条件 C 和不满足条件 C^c 两种状态; $|\cdot|$ 表示一个集合的势.

表 9.11　基于区间概念的三支决策分类结果分析表

决策动作	C(满足条件)	C^c(不满足条件)	总和
接受	正确接受 $\left|POS_\alpha^\beta(X) \cap C\right| = \left|M^\beta \cap C\right|$	错误接受 $\left|POS_\alpha^\beta(X) \cap C^c\right| = \left|M^\beta \cap C^c\right|$	$\left|POS_\alpha^\beta(X)\right| = \left|M^\beta\right|$
拒绝	正确拒绝 $\left|NEG_\alpha^\beta(X) \cap C\right| = \left|(U - M^\alpha) \cap C\right|$	错误拒绝 $\left|NEG_\alpha^\beta(X) \cap C\right| = \left|(U - M^\alpha) \cap C^c\right|$	$\left|NEG_\alpha^\beta(X) \cap C\right| = \left|U - M^\alpha\right|$
不承诺	正例不承诺 $\left|BND_\alpha^\beta(X) \cap C\right| = \left|(M^\alpha - M^\beta) \cap C\right|$	负例不承诺 $\left|BND_\alpha^\beta(X) \cap C\right| = \left|(M^\alpha - M^\beta) \cap C^c\right|$	$\left|BND_\alpha^\beta(X) \cap C\right| = \left|M^\alpha - M^\beta\right|$
总和	$\left|C\right|$	$\left|C^c\right|$	$\left|U\right|$

用总和行中的 $|U|$ 对三个域归一化处理, 可以给出以下三种基于区间概念三支决策的度量函数.

接受率: $\left|POS_\alpha^\beta(X)\right| / |U| = \left|M^\beta\right| / |U|$;

拒绝率: $\left|NEG_\alpha^\beta(X)\right| / |U| = \left|U - M^\alpha\right| / |U|$;

不承诺率: $\left|BND_\alpha^\beta(X)\right| / |U| = \left|M^\alpha - M^\beta\right| / |U|$.

这三个度量函数分别表示被接受的实体、被拒绝的实体和不承诺决策的实体占整个实体集的比例, 它们的总和为 1.

用总和列中对应的值 $\left|POS_\alpha^\beta(X)\right|$, $\left|NEG_\alpha^\beta(X)\right|$ 和 $\left|BND_\alpha^\beta(X)\right|$, 对三个域进行归一化处理, 可以得到如下三种度量函数.

正确接受率: $\left|C \cap POS_\alpha^\beta(X)\right| / \left|POS_\alpha^\beta(X)\right| = \left|C \cap M^\beta\right| / \left|M^\beta\right|$,

错误接受率: $\left|C \cap POS_\alpha^\beta(X)\right| / \left|POS_\alpha^\beta(X)\right| = \left|C^c \cap M^\beta\right| / \left|M^\beta\right|$;

正确拒绝率：$\left|C \cap NEG_\alpha^\beta(X)\right| / \left|NEG_\alpha^\beta(X)\right| = \left|C \cap (U - M^\alpha)\right| / \left|U - M^\alpha\right|$，

错误拒绝率：$\left|C^c \cap NEG_\alpha^\beta(X)\right| / \left|NEG_\alpha^\beta(X)\right| = \left|C^c \cap (U - M^\alpha)\right| / \left|U - M^\alpha\right|$；

正例不承诺率：$\left|C \cap BND_\alpha^\beta(X)\right| / \left|BND_\alpha^\beta(X)\right| = \left|C \cap (M^\alpha - M^\beta)\right| / \left|M^\alpha - M^\beta\right|$，

负例不承诺率：$\left|C^c \cap BND_\alpha^\beta(X)\right| / \left|BND_\alpha^\beta(X)\right| = \left|C^c \cap (M^\alpha - M^\beta)\right| / \left|M^\alpha - M^\beta\right|$.

以上三种度量函数可以表示决策结果的正确率与错误率，且正确率和错误率之和为 1. 当正确率较高或为 1 时，错误率较低或为 0；当正域、负域或边界域为空时，相应地正确率和错误率分别为 1 和 0.

用总和行中对应单元的值 $|C|$ 和 $|C^c|$，对满足条件和不满足条件及总和列进行归一化，得到两组度量函数：

满足-接受率：$\left|C \cap POS_\alpha^\beta(X)\right| / |C| = \left|C \cap M^\beta\right| / |C|$，

满足-拒绝率：$\left|C \cap NEG_\alpha^\beta(X)\right| / |C| = \left|C \cap (U - M^\alpha)\right| / |C|$，

满足-不承诺率：$\left|C \cap BND_\alpha^\beta(X)\right| / |C| = \left|C \cap (M^\alpha - M^\beta)\right| / |C|$；

不满足-接受率：$\left|C^c \cap POS_\alpha^\beta(X)\right| / |C^c| = \left|C^c \cap M^\beta\right| / |C^c|$，

不满足-拒绝率：$\left|C^c \cap NEG_\alpha^\beta(X)\right| / |C^c| = \left|C^c \cap (U - M^\alpha)\right| / |C^c|$，

不满足-不承诺率：$\left|C^c \cap BND_\alpha^\beta(X)\right| / |C^c| = \left|C^c \cap (M^\alpha - M^\beta)\right| / |C^c|$.

这两种度量可以看作接受率、拒绝率和不承诺率分别在满足条件的实体集和不满足条件的实体集上的分配.

这三类度量函数是相互关联的，它们通常具有反比关系. 高的正确接受率可以通过设定较高的 β 来获得，但可能导致较低的满足-接受率；高的正确拒绝率可以通过设定较低的 α 来获得，但可能会导致较低的不满足-拒绝率. 区间参数 α，β 的选择是不同度量函数的取舍或折中.

3. 决策损失函数

设状态集 $S = \{X, \overline{X}\}$，分别表示在形式背景的对象论域 U 中包含决策属性 d 的对象集合 X 和不包含 d 的对象集合 $\overline{X}$；行动集 $A = \{a_P, a_B, a_N\}$，分别表示接受某事件、延迟某事件和拒绝某事件三种决策行动. 决策代价矩阵如表 9.12 所示，λ_{PP}，λ_{BP}，λ_{NP} 表示当 x 真实属于 X 时，分别作出 a_P, a_B, a_N 三种决策所对应的损失函数值；λ_{PN}，λ_{BN}，λ_{NN} 表示当 x 真实属于 $\overline{X}$ 时，分别作出 a_P, a_B, a_N 三种决策所对应的损失代价函数值.

表 9.12　决策代价矩阵

决策动作	实体的客观状态	
	属于 X	不属于 X
接受决策	λ_{PP}	λ_{PN}
延迟决策	λ_{BP}	λ_{BN}
拒绝决策	λ_{NP}	λ_{NN}

则采取 a_P, a_B, a_N 三种决策行动下的期望损失函数分别表示为

$$R(a_P) = \lambda_{PP} \left(\left| X \bigcap M^\beta \right| / \left| M^\beta \right| \right) + \lambda_{PN} \left(\left| \overline{X} \bigcap M^\beta \right| / \left| M^\beta \right| \right)$$

$$R(a_B) = \lambda_{BP} \left(\left| X \bigcap (M^\alpha - M^\beta) \right| / \left| M^\alpha - M^\beta \right| \right) + \lambda_{BN}$$

$$\left(\left| \overline{X} \bigcap (M^\alpha - M^\beta) \right| / \left| M^\alpha - M^\beta \right| \right)$$

$$R(a_N) = \lambda_{NP} \left(\left| X \bigcap (U - M^\alpha) \right| / \left| U - M^\alpha \right| \right) + \lambda_{NN}$$

$$\left(\left| \overline{X} \bigcap (U - M^\alpha) \right| / \left| U - M^\alpha \right| \right)$$

9.5.3　区间三支决策空间的构建

定义　9.4　(区间三支决策概念)设决策形式背景 $(U, C \bigcup D, R)$ 决定的区间概念格 $L_\alpha^\beta(U, C \bigcup D, R)$ ，$G = (M^\alpha, M^\beta, Y)$ 是格中的区间概念，则称 $\overline{\overline{G}} = (M^\alpha, M^\beta, Y;$ $R(a_P), R(a_B), R(a_N))$ 为区间三支决策概念.

则对一新实体 x ，由区间三支决策概念得到的决策由决策动作 a_i(i 表示接受动作 P，不承诺动作 B 或拒绝动作 N)及对应的决策损失 R 共同构成，记为 $J = (a_i, R(a_i))$.

从形式背景生成区间概念格的过程实质上是概念聚类的过程，区间概念内涵之间的包含关系决定了格结构中的父子关系. 先验的形式背景生成的区间概念格构成三支决策空间，格中区间概念划分的三个决策域可作为新对象的决策依据，决策空间中的父子关系可以决定下一步的动作以降低决策的损失.

定义　9.5　设决策形式背景 $(U, C \bigcup D, R)$ ，由区间三支决策概念及父子关系构成区间三支决策空间 $\overline{\overline{L}}_\alpha^\beta(U, C \bigcup D, R)$.

9.5.4　基于区间三支决策空间的动态策略

对应于三个域的三支决策规则，即接受、拒绝和不承诺规则. 在实际应用中，只有接受决策和拒绝决策具有实际意义；对于某一个实体，如果既不能使

用接受规则，也不能使用拒绝规则，则选用不承诺决策. 在多决策形式背景中，某一实体可根据多个区间三支决策概念作出不同的决策. 针对此背景，提出基于区间三支决策空间的最小损失三支决策策略.

设某一新实体 x，已知其具有的条件属性集合为 A. 在区间三支决策空间中，搜索内涵中条件属性为 A 的区间三支决策概念.

情况一，若此类概念为 n 个，则可得到 n 个接受决策，即 $J_1, J_2, \cdots, J_n$，由这些决策构成 n 维决策策略空间 $JS = \{J_1, J_2, \cdots, J_n\}$.

决策 $J_k \in JS$ 是由区间三支决策概念 $\overline{\overline{G}} = (M^\alpha, M^\beta, Y; R(a_P), R(a_B), R(a_N))$ 产生的，若 J_k 对应的接受决策损失 R_{Pk} 满足：

$$R_{Pk} = n = \min(R_{P1}, R_{P2}, \cdots, R_{Pn})$$

则将决策 J_k 作为最终的决策. 若有多个 J 满足条件，则为新实体 x 增加衡量属性，直至得到满足条件的唯一决策.

情况二，若没有此类概念，则依据区间三支决策空间中内涵包含 A 的概念，由式(9.4)对 x 继续进行判断.

若得到的决策 J_k 为拒绝决策，对冒险主义者而言，他们更愿意作出损失相对较小的接受决策 J'. 设 J' 对应的区间三支决策概念为 $\overline{\overline{G'}}$，当作出损失相对较小的接受决策后，可以根据 $\overline{\overline{G'}}$ 的子概念划分的决策区域来降低对 x 采取接受决策的损失.

9.5.5　应用实例

有如表 9.13 所示的医疗诊断形式背景，其中 $c1 \sim c7$ 分别表示患者的症状：发热、咳嗽、头痛、乏力、食欲不振、恶心和胸闷，$d1 \sim d4$ 分别表示四种诊断结果：流行性感冒、水痘、麻疹和中暑. 设损失函数值分别为 $\lambda_{PP} = 0$，$\lambda_{BP} = 9$，$\lambda_{NP} = 15$；$\lambda_{PN} = 17$，$\lambda_{BN} = 2$，$\lambda_{NN} = 0$. 由表 9.13 的形式背景得到区间 [0.6, 0.8] 上的区间三支决策概念如表 9.14 所示，并得到如图 9.6 所示的区间三支决策空间 $\overline{\overline{L}}_\alpha^\beta(U, C \cup D, R)$.

表 9.13　医疗诊断形式背景 $(U, C \cup D, R)$

	$c1$	$c2$	$c3$	$c4$	$c5$	$c6$	$c7$	D
1	1	0	1	1	0	0	0	d1
2	1	1	0	0	1	0	0	d2
3	1	1	1	0	0	0	0	d3
4	0	0	1	0	0	1	1	d4
5	1	0	0	1	0	0	0	d1
6	0	0	1	1	0	0	0	d1

表 9.14　由表 9.13 中形式背景得到的区间三支决策概念

概念	上界外延	下界外延	内涵	接受损失	不承诺损失	拒绝损失
$G1$	$\varnothing$	$\varnothing$	c1c2c3c4c5c6c7d1d2d3d4	——	——	——
$G2$	1235	1235	c1d1	8.50	0.00	7.50
$G3$	1346	1346	c3d1	8.50	0.00	7.50
$G4$	156	156	c4d1	0.00	0.00	0.00
$G5$	13	13	c1c3d1	8.50	0.00	7.50
$G6$	15	15	c1c4d1	0.00	0.00	3.75
$G7$	16	16	c3c4d1	0.00	0.00	3.75
$G8$	1356	1	c1c3c4d1	0.00	6.67	0.00
$G9$	1235	1235	c1d2	12.75	0.00	0.00
$G10$	23	23	c1c2d2	8.50	0.00	0.00
$G11$	2	2	c1c5d2	0.00	0.00	0.00
$G12$	2	2	c2c5d2	0.00	0.00	0.00
$G13$	23	2	c1c2c5d2	0.00	2.00	0.00
$G14$	1235	1235	c1d3	12.75	0.00	0.00
$G15$	1346	1346	c3d3	12.75	0.00	0.00
$G16$	23	23	c1c2d3	8.50	0.00	0.00
$G17$	13	13	c1c3d3	8.50	0.00	0.00
$G18$	3	3	c2c3d3	0.00	0.00	0.00
$G19$	123	3	c1c2c3d3	0.00	2.00	0.00
$G20$	1346	1346	c3d4	12.75	0.00	0.00
$G21$	4	4	c3c6c7d4	0.00	0.00	0.00
$G0$	123456	123456	$\varnothing$	0.00	0.00	0.00

假设一新来病患 x，其已知症状为发热($c1$)和头痛($c3$)，首先在三支决策空间中查找内涵中条件属性为 $c1c3$ 的区间三支决策概念，得到 $G5 = (13,13, c1c3d1; 8.50, 0, 7.50)$，$G17 = (13,13, c1c3d3; 8.50, 0, 0)$，分别对应的接受决策为：$d1$ 接受决策 $J_1 = (a_{P_1}, R(a_{P_1}) = 0.85)$，$d3$ 接受决策 $J_1 = (a_{P_2}, R(a_{P_2}) = 0.85)$，构成二维决策策略空间 $JS = (J_1, J_2)$，可得 $R(a_{P_1}) = R(a_{P_2}) = 0.85$，也就说对 x 采用 $d1$ 接受决策和 $d3$ 接受决策的损失是一样的，此时需要继续搜索 $G5$ 和 $G17$ 的子概念 $G8 = (1356,1, c1c3c4d1; 0, 6.67, 0)$ 和 $G19 = (123,3, c1c2c3d1; 0, 2, 0)$．由 $G8$、$G19$ 分别对 x 进行增加考量属性：继续对 x 进行病症询问，若其有乏力($c4$)的症状则诊断为流行性感冒($d1$)，若其有咳嗽($c2$)的症状则诊断为麻疹($d3$)．

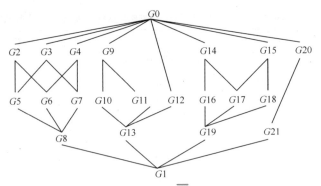

图 9.6　区间三支决策空间 $\overline{\underline{L}}_\alpha^\beta(U, C \cup D, R)$

9.6　基于决策区间概念格的粗糙控制模型

9.6.1　问题的提出

　　粗糙控制是应用粗糙集方法从控制行为的数据中获取控制规则, 然后利用这些规则设计智能控制器从而实现对系统实施控制的过程, 是一种新型的智能规则控制方法[106].规则决定了控制者对控制行为做出的决策, 因此, 规则提取是智能控制中至关重要的环节, 规则的精度直接影响着控制的效率和准确度.

　　许多学者对控制规则的挖掘算法进行了研究. 董威等[36]基于可变精度粗糙集理论提出一种根据粗糙规则集的不确定性量度进行粗糙规则挖掘的算法. Liu 和 Hao[107]则基于粗糙集给出了控制器的初始阈值设定方法. 粗糙控制在工业控制中已获得了一些成功的应用实例[108, 109], 但始终应用有限, 究其原因还存在着控制精度不够、规则数量庞大、控制效率低等问题. 使用粗糙集理论中的属性约简等方法对规则进行简化, 或应用粗糙概念格等工具进行不确定性规则挖掘, 可部分缓解规则库庞大等问题, 然而也带来了规则置信度难以测度与调控的新问题, 用区间概念格的理论进行规则的挖掘, 虽然可以缩减规则库, 提高精度, 然而产生的规则不具有决策性, 未能给决策者提供精确、简明的决策指导, 产生了规则挖掘成本、应用效率与可靠性之间的矛盾. 将规则作为控制规则应用于智能控制特别是粗糙控制时, 这一矛盾成为粗糙控制实用化难以逾越的瓶颈. 本节提出的决策区间概念格是区间概念格的拓展, 其概念外延是区间 $[\alpha, \beta]$ $(0 \leqslant \alpha \leqslant \beta \leqslant 1)$ 范围内满足内涵属性的对象集, 即具备一定数量或比例的内涵中属性的对象集合, 内涵包括条件属性和决策属性两部分. 基于决策区间概念格进行的规则挖掘具有较强的针对性, 可有效地降低挖掘成本, 对决策进行识别, 提高了控制效率. 因此,决策区间概念格理论对于粗糙控制的规则提取及其质量控制有着重要的理论意义与应用价值.

本节将决策区间概念格应用到粗糙控制规则的挖掘过程中，以期实现规则挖掘成本、应用效率与可靠性的整体最优. 首先，通过粗糙集理论对数据进行离散化、归一化、合并等处理，将原始的数据转化为布尔型的形式背景表，构建与粗糙控制实际背景相匹配的决策区间概念格；将决策区间概念格的控制规则挖掘算法应用到粗糙控制中，建立了基于决策区间概念格的粗糙控制模型，通过分析表明模型实现了规则挖掘成本与效率的最优化目标，并通过实例验证了该模型的合理性.

9.6.2 决策区间概念格的构建

由于文献[77]中构建的区间概念格的内涵是由属性集合幂集生成的，未区分条件属性和决策属性，由此提取的规则，应用于粗糙控制，不能进行决策识别，因此，提出决策区间概念格的构建方法 (DICLCA).

算法 9.1 construct algorithm of decision interval concept lattice (DICLCA)

输入：形式背景 $(U, C \times D, R)$.

输出：区间概念格 $L_\alpha^\beta(U, C \times D, R)$.

步骤如下.

步骤1：设定 α, β，确定决策区间概念内涵，生成初始化的概念节点集 G.

内涵包括条件属性和决策属性，设条件属性 $A = \{a_1, a_2, \cdots, a_m\}$，$B = \{b_1, b_2, \cdots, b_n\}$，$\cdots$，等. 决策属性为 $D = \{d_1, d_2, \cdots, d_l\}$，以决策属性 d_2 为例，则内涵构成的集合为 $\{a_i b_j \cdots d_2\}$，其中 $i = 0, 1, \cdots, m$，$j = 0, 1, \cdots, n$，$m, n, \cdots$ 不同时为0.定义 $|\cdot|$ 为集合中包含的个数，则内涵个数为 $|a_i b_j \cdots|$ $i = 0, 1, \cdots, m$，$j = 0, 1, \cdots, n$，$m, n, \cdots$ 不同时为 0.

步骤2：确定 α 上界外延集 M^α 和 β 下界外延集 M^β.

步骤3：形成格结构. 对节点集合 G，按照前驱后继关系确定结点的层次及父子关系，根据父子节点的独特性质自下而上渐进式地生成决策区间概念格结构.

9.6.3 决策区间规则挖掘算法

在已设定的 α, β 参数值的前提下，对上述构建的决策区间概念格进行控制规则的挖掘，通过对参数值的调整，规则库不断更新优化，提取的规则更具高效性，从而为决策者提供更优的决策. 具体描述如下.

算法 9.2 control rule mining algorithm of decision interval concept lattice (DICLCR).

输入：$L_\alpha^\beta(U, C \times D, R)$，$\alpha, \beta$ 参数.

输出：决策区间规则.

步骤1：对于设定的 α, β 参数，广度优先遍历决策区间概念格，得到决策概念结点集合 Dcset．对于 Dcset 中的任一概念结点，其对象 x 对条件属性 A 的适应要求在区间 $[\alpha, \beta]$ 内.

对于 $L_\alpha^\beta(U, C \times D, R)$，其中有 $A \subseteq C$，若 $\exists y$ 满足条件 $y \in f(x)$ 且 $y \in A$，$\alpha \leqslant |y|/|A| \leqslant \beta$ $(0 \leqslant \alpha \leqslant \beta \leqslant 1)$，称 x "在区间 $[\alpha, \beta]$ 的程度满足" 条件属性 A.

步骤2：对 Dcset 中每一个概念结点，挖掘相应的控制规则 $r : A_\alpha^\beta \Rightarrow B$，组成决策规则集 Diset．

由于 $L_\alpha^\beta(U, C \times D, R)$ 中每个结点的内涵都包括条件属性和决策属性，因此，每个结点都可以提取一条规则，提取的规则前者是条件属性，后者是决策属性．重复步骤，直到提取所有的规则，组成决策规则集 Diset．

步骤3：对规则集 Diset 的每一条规则，分别求其粗糙度和属性贡献度，根据粗糙度和属性贡献度的大小，判断精确性和可靠性，提取更优的规则，即去除冗余规则，得到最终的控制决策规则集 Disset．

算法生成的决策概念结点集合是基于条件属性 A 的适应要求在区间 $[\alpha, \beta]$ 内生成的，因此，算法保障了提取的规则都在所规定的参数范围内．在算法提取过程中，去除了冗余规则，实现了对区间关联规则的缩减．基于此算法能提取出较精炼的决策规则，提高了规则的高效性.

9.6.4　粗糙控制决策区间规则挖掘

1. 模型设计

采用规则库中的最简决策规则来实现粗糙控制，实际上是在规则库中查询具有相同或者相似条件属性的决策规则，将其用于粗糙控制．运用决策区间概念格挖掘粗糙控制决策可得到一组决策区间规则，其挖掘模型如图9.7所示.

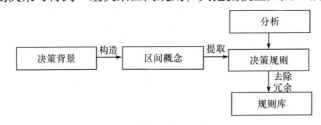

图 9.7　决策规则获取流程

基于决策区间概念格的粗糙控制规则挖掘模型的最突出优点是在保证规则可

靠性的同时，使规则库的规模与挖掘成本之间达到整体最优，其最优性取决于对区间参数的设置，区间参数决定了所构造的决策区间概念格的结构，进而影响着区间关联规则的数量和精确度. 采用决策区间概念格的决策规则获取方法，实现了挖掘成本与效率的最优化. 具体步骤如下.

步骤1：原始数据采集与预处理，得到决策表.

(1) 根据实际的粗糙控制背景，将观测量和控制量分别作为条件属性和决策属性. 记录下调度人员对代表性状态采取的控制策略，形成原始决策表；

(2) 工业控制中的数据在大部分情况下都是连续取值的，采用决策区间概念格进行控制规则挖掘时，必须将连续变量离散化. 借助工业过程的背景知识进行离散化，并用数字标记各离散区间；

(3) 利用粗糙集理论的方法对数据进行约简、合并等处理，得到处理后的原始决策表.

步骤2：构建布尔型的决策形式背景表.

(1) 由上一步得到的初始决策表中各属性的出现情况，标记属性并构建属性集合，其中集合元素的下标为标记数字，例如把某一属性标记为 A ，表中出现的标记数字为 $2,3,4$ ，则该属性集合为 $A = \{a_2, a_3, a_4\}$ ；

(2) 由得到的相应属性集合，构建布尔型的决策形式背景表.

步骤3：设定 α , β ，运用9.6.3节的算法构建与实际粗糙控制背景相匹配的决策区间概念格.

步骤4：运用9.6.4节中的算法提取粗糙控制决策区间规则.

步骤5：计算规则的粗糙度与属性贡献度，结合粗糙度与属性贡献度以及粗糙控制的实际成本去除冗余规则，以得到应用效率与可靠性整体最优的粗糙控制规则库.

在决策区间概念格构建的过程中，内涵由条件属性和决策属性共同构成，因此，在能接受的范围内，对于同样的控制操作有了多重选择，提高了控制的高效性. 将其应用于粗糙控制，可以根据具体的条件属性实现所需的成本来权衡各规则，最终获取最优控制规则.

2. 模型分析

决策区间概念格的决策规则获取方法主要分为两大部分：构建符合粗糙控制实际的决策区间概念格与挖掘粗糙控制决策规则. 其中，将原始数据表转化成布尔型的形式背景是将决策区间概念格应用到粗糙控制中的关键步骤. 根据领域知识将原始数据表中的连续属性进行离散化，对原始数据表中的某一个条件属性 A ，在离散化之后得到的属性为 $a_1, a_2, \cdots, a_k$ ，数据表中某一对象最多具有其中一个属性, 所以粗糙控制中决策区间概念格的构建与文献[77]中不同. 为了构建符合粗糙控制实际的决策区间概念格, 概念的内涵是由条件属性与决策属性共同组成的.

决策区间概念格外延是具备一定数量或比例的内涵中属性的对象集合, 由此挖掘出的规则更具针对性, 在规则提取后去除了冗余, 提高了规则的可靠性和控制的高效性. 传统的粗糙控制规则提取过程中, 决策信息表的建立、连续量的离散化、决策表的完备化、决策规则的去离散化、决策规则的一致性等一系列问题的解决, 时间复杂度较之更大, 挖掘成本高. 该模型在保证规则可靠性的前提下, 提高了粗糙控制规则的挖掘精度和控制效率, 达到了规则挖掘成本、应用效率与可靠性的整体最优.

9.6.5 应用实例

水库是一个复杂的系统, 根据水库运行特点进行水库调度, 使现有工程发挥最大效益, 越来越受到重视. 在本实例中, 甲水电站是个以发电为主, 发电与防洪同时并举的大型水电站, 甲水电站上游的乙水电站对甲水电站的调度起到很大影响, 对水库调度的决策规则进行挖掘, 具体步骤如下.

(1) 原始数据采集与预处理.

分析甲水电站的具体情况, 将影响电站调度的主要因素所选取的观测量形成条件属性集, 控制变量组成决策属性集.

取乙水电站放流量, 甲、乙区间的自然径流状态组成条件属性集, 一个控制变量水电站日平均发电量组成决策属性集, 对其中的连续属性值进行离散化处理, 具体过程如下.

条件属性: a—— 乙水电站放流量, b—— 区间自然径流状态.

决策属性: d—— 水电站日平均发电量.

(a) 离散化的乙水电站放流量属性集表示范围 (m^3/s):

1——$[100—200)$; 2——$[200—300)$; 3——$[300—400)$; 4——$[400—500)$;

(b) 离散化的区间自然径流状态属性集表示范围:

1——枯; 2——中; 3——丰;

(c) 离散化的水电站日平均发电量属性集表示范围 $(kW \cdot h/d)$:

1——$[250—300)$; 2——$[300—350)$; 3——$[350—400)$; 4——$[400—450)$.

对调度人员1—6月采取的调度措施进行记录并构成原始数据表, 合并相同的决策, 得到如表9.15所示的原始数据表.

表 9.15　原始数据表

U	a	b	d
1	3	1	2
2	2	1	2
3	2	2	2
4	3	2	3
5	2	3	3
6	1	3	3

(2) 构建水库调度的决策形式背景表. 根据表9.15所示的数据进行属性的标记并构建属性集合，得到 $A = \{a_2, a_3, a_4\}$, $B = \{b_1, b_2, b_3\}$, $D = \{d_2, d_3, d_4\}$. 其中属性下标表示表9.15中相应的属性编号. 最终，得到决策形式背景表，如表9.16所示.

表 9.16　决策形式背景表

U	a_1	a_2	a_3	b_1	b_2	b_3	d_2	d_3
1	0	0	1	1	0	0	1	0
2	0	1	0	1	0	0	1	0
3	0	1	0	0	1	0	1	0
4	0	0	1	0	1	0	0	1
5	0	1	0	0	0	1	0	1
6	1	0	0	0	0	1	0	1

(3) 构造水库调度背景下的决策区间概念格. 对表9.16所示的决策形式背景，设 $\alpha = 0.4$, $\beta = 0.8$，确定由条件属性和决策属性两部分组成的概念内涵，α 上界外延 M^{α} 和 β 下界外延 M^{β}，根据定义得出如表 9.17 所示的决策区间概念. 构造的决策区间概念如图 9.8 所示.

表 9.17　决策区间概念

区间 概念	上界 外延	下界 外延	内涵	区间 概念	上界 外延	下界 外延	内涵
F_1	ϕ	ϕ	ϕ	F_{17}	$\{456\}$	$\{6\}$	$a_1 d_3$
F_2	$\{1236\}$	ϕ	$a_1 d_2$	F_{18}	$\{23456\}$	$\{5\}$	$a_2 d_3$
F_3	$\{1235\}$	$\{2\}$	$a_2 d_2$	F_{19}	$\{1456\}$	$\{4\}$	$a_3 d_3$
F_4	$\{6789\}$	$\{1\}$	$a_3 d_2$	F_{20}	$\{12456\}$	ϕ	$b_1 d_3$
F_5	$\{123\}$	$\{12\}$	$b_1 d_2$	F_{21}	$\{3456\}$	$\{4\}$	$b_2 d_3$
$\vdots$	$\vdots$	$\vdots$	$\vdots$	$\vdots$	$\vdots$	$\vdots$	$\vdots$
F_{13}	$\{235\}$	ϕ	$a_2 c_3 d_2$	F_{29}	$\{14\}$	ϕ	$a_3 b_1 d_3$
F_{14}	$\{12\}$	$\{1\}$	$a_3 b_1 d_2$	F_{30}	$\{4\}$	$\{4\}$	$a_3 b_2 d_3$
F_{15}	$\{134\}$	ϕ	$a_3 b_2 d_2$	F_{31}	$\{456\}$	ϕ	$a_3 b_3 d_3$
F_{16}	$\{1\}$	ϕ	$a_3 c_3 d_2$	F_0	ϕ	ϕ	Ω

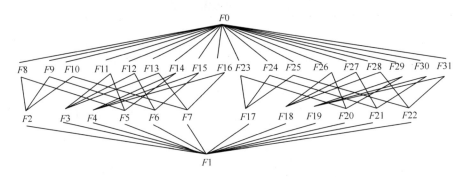

图 9.8　水库调度的决策区间概念格

(4) 根据决策区间概念格的决策规则挖掘算法提取水库调度的控制规则.

在设定 $\alpha = 0.4, \beta = 0.8$ 前提下，广度遍历决策区间概念格中所有的概念结点，由于决策概念结点的条件属性基数满足 $\alpha \leqslant |y|/|A| \leqslant \beta$，因此得到决策概念结点集合 Dcset $= \{ F_3, F_4, F_5, F_6, F_{11}, F_{12}, F_{14}, F_{17}, F_{18}, F_{19}, F_{21}, F_{22}, F_{25}, F_{28}, F_{30} \}$，根据集合中的每一个结点内涵生成相应的规则后，分别计算其粗糙度与属性贡献度，Diset 中所有关联规则的粗糙度和属性贡献度如表 9.18 所示.

表 9.18　决策区间规则

规则	粗糙度	属性贡献度	规则	粗糙度	属性贡献度
$a_2 \Rightarrow d_2$	25%	$(a_2,\delta)=100\%$	$a_2 \Rightarrow d_3$	20%	$(a_2,\delta)=100\%$
$a_3 \Rightarrow d_2$	25%	$(a_3,\delta)=100\%$	$a_3 \Rightarrow d_3$	25%	$(a_3,\delta)=100\%$
$b_1 \Rightarrow d_2$	67%	$(b_1,\delta)=100\%$	$b_2 \Rightarrow d_3$	25%	$(b_2,\delta)=100\%$
$b_2 \Rightarrow d_2$	67%	$(b_2,\delta)=100\%$	$b_3 \Rightarrow d_3$	34%	$(b_3,\delta)=100\%$
$a_2b_1 \Rightarrow d_2$	34%	$(a_2,\delta)=75\%$ $(b_1,\delta)=50\%$	$a_1b_3 \Rightarrow d_3$	50%	$(a_1,\delta)=50\%$ $(b_3,\delta)=100\%$
$a_2b_2 \Rightarrow d_2$	50%	$(a_2,\delta)=75\%$ $(b_2,\delta)=50\%$	$a_2b_2 \Rightarrow d_2$	50%	$(a_2,\delta)=75\%$ $(b_2,\delta)=50\%$
$a_3b_1 \Rightarrow d_2$	50%	$(a_3,\delta)=67\%$ $(b_1,\delta)=67\%$	$a_3b_2 \Rightarrow d_3$	100%	$(a_3,\delta)=67\%$ $(b_2,\delta)=67\%$
$a_1 \Rightarrow d_3$	34%	$(a_1,\delta)=100\%$			

(5) 水库调度的规则库构建与优化.

根据粗糙度与属性贡献度, 进行冗余规则的去除, 例如, 规则 $a_2 \Rightarrow d_3$ 与 $a_3 \Rightarrow d_3$ 相比, 在属性贡献度相同的前提下, 由于前者规则粗糙度比后者低, 规则相对更精确, 因此, 后者可认为是冗余, 由此操作, 最终可得到规则集 Disset .从粗糙控制实际意义下的成本考虑, 进行二次冗余规则的去除, 最终获取的规则组成的集合即为所要得到的粗糙控制规则库. 在二次去除冗余规则时, 例如, 规则 $a_2 \Rightarrow d_2$ 与 $a_3 \Rightarrow d_2$, 在粗糙度与属性贡献度都相同的前提下, 条件属性 a_3 跟 a_2 相比, 达到要求所需的成本相对较高, 因此, 后者规则被认为是冗余规则. 经过二次冗余规则的去除, 最终得到的规则组成的集合即为所要求的规则库. 粗糙控制规则库为

$$\{a_2 \Rightarrow d_2, b_1 \Rightarrow d_2, a_2b_1 \Rightarrow d_2, a_3b_1 \Rightarrow d_2, a_1 \Rightarrow d_3, b_2 \Rightarrow d_3, a_1b_3 \Rightarrow d_3, a_2b_3 \Rightarrow d_3, a_3b_2 \Rightarrow d_3\}.$$

随着参数的不断调整, 规则库也在不断地发生变化, 获取的规则精度更高, 效率更大, 实现了挖掘成本与效率的整体最优.

在水库调度实例中, 对于提取出的规则, 采取相同的决策, 都可以达到同等的效果. 因此, 在粗糙控制实际应用中, 可以根据各条件属性中成本需求、能源消耗等相关因素权衡, 从而获取最优控制规则.

9.7　本　章　小　结

概念格已被广泛应用于信息检索、知识发现等方面，本章将其推广应用到加权群体决策、本体形式背景抽取、气象云图识别等方面. 在区间概念格的应用研究中，将其与三支决策理论结合，提出了基于区间三支决策空间的动态策略；此外，将决策区间概念格应用到粗糙控制领域，并获得了良好的应用效果.

参 考 文 献

[1] 刘保相, 张春英. 一种新的概念格结构——区间概念格 [J]. 计算机科学, 2012, 39(8): 273-277.

[2] Godin R. Incremental concept formation algorithm based on galois concept lattices[J]. Computational Intelligence, 1995, 11(2): 246-267.

[3] 齐红, 刘大有, 胡成全, 等.基于搜索空间划分的概念生成算法 [J]. 软件学报, 2005, 16(12): 2029-2035.

[4] 胡健, 杨炳儒.增量式广义概念格结构的生成算法研究与实现[J].计算机科学, 2009, 36(5):223-224, 228.

[5] Lv L L, Zhang L, Zhu A F, Zhou FN. An incremental algorithm for formation a concept lattice based on the intent waned value [C]. International Conference on Intelligent Control and Information Processing, 2011.

[6] 胡学钢, 张玉红, 唐志军, 等. 一种新的概念格并行构造方法 [J]. 合肥工业大学学报(自然科学版), 2005, 28(12):1523-1527.

[7] 智慧来, 智东杰, 刘宗田.概念格合并原理与算法 [J]. 电子学报, 2010, 38(2): 455-459.

[8] 王俊红, 梁吉业, 曲开社.基于优势关系的概念格 [J].计算机科学, 2009, 36(7):161-163, 201.

[9] 张春英, 刘保相, 等.基于属性链表的关联规则格的渐进式构造算法 [J].计算机工程与设计, 2005, 26(2):320-322.

[10] Valerie C, Meenakshi K. Fuzzy Concept Lattice Construction: A basis for building fuzzy ontologies [C]. IEEE International Conference on Fuzzy Systems, 2011:1743-1750.

[11] 姚佳岷, 杨思春, 李心磊, 彭月娥. 双序渐进式概念格合并算法 [J].计算机应用研究, 2013, 30(4): 1038-1040

[12] Isabelle B. Lattices of fuzzy sets and bipolar fuzzy sets and mathematical morphology [J]. Information Sciences, 2011, 181(10):2002-2015.

[13] Michal K. Factorization of fuzzy concept lattices with hedges by modification of input data [J]. Annals of Mathematics and Artificial Intelligence, 2010, 59(2): 187-200.

[14] Pavel M. Completely lattice L-ordered sets with and without L-equality [J].Fuzzy Sets and Systems , 2011, 166(1): 44-55.

[15] 刘宗田, 强宇, 等.一种模糊概念格模型及其渐进式构造算法 [J].计算机学报, 2007, 30(2): 184-188.

[16] 强宇, 刘宗田, 等.模糊概念格在知识发现的应用及一种构造算法 [J].电子学报, 2005, 33(02):350-353.

[17] 仇国芳, 马建敏, 杨宏志, 张文修.概念粒计算系统的数学模型[J].中国科学(F辑):信息科学, 2009, 39(12):1239-1247.

[18] Zhang C Y, Liu B X, Wang J. λ-Association rules extracted on fuzzy concept lattice and parameters optimized[J]. Journal of Convergence Information Technology, 2012, 7(15):294-302.

[19] 刘耀华, 周文, 刘宗田.一种区间数分解与定标算法及其扩展形式背景的概念格生成方法 [J].计算机科学, 2009, 36(10):213-216.

[20] Aswanikumar, Srinivas S. Concept lattice reduction using fuzzy *k*-means clustering [J]. Expert Systems With Applications, 2010, 37(3): 2696-2704.

[21] Li L F, Zhang J K. Attribute reduction in fuzzy concept lattices based on the T implication [J]. Knowledge Based Systems, 2010, 23(6): 497-503.

[22] 魏玲, 祁建军, 张文修.决策形式背景的概念格属性约简 [J].中国科学(E 辑), 2008, 38(6): 195-208.

[23] 仇国芳, 陈劲.概念格的规则约简与属性特征 [J].浙江大学学报(理学版), 2007, 34(2): 158-162.

[24] Valtchev P, Missaoui R, Godin R. A Framework for Incremental Generation of Frequent Closed Itemsets. http://citeseer.nj.nec.com/valtchev02framework.html. 2006.5.

[25] Zaki M J, Hsiao C. Efficient algorithms for mining closed item sets and their lattice structure [J]. IEEE Transactions on Knowledge and Data Engineering, 2005, 17(4):462-478.

[26] Liang J Y, Wang J H. A new lattice structure and method for extracting association rules based on concept lattice [J]. International Journal of Computer Science and Network Security, 2006, 6(11):107-114.

[27] 刘宗田.容差近似空间的广义概念格模型研究 [J]. 计算机学报, 2000, 23(1):66-70.

[28] 胡学钢, 王媛媛.一种基于约简概念格的关联规则快速求解算法 [J].计算机工程与应用. 2005, 41(22):180-183.

[29] 李金海, 吕跃进. 基于概念格的决策形式背景属性约简及规则提取 [J]. 数学实践与认识, 2009, 7: 137-144.

[30] 仇国芳.基于变精度概念格的决策推理方法[J].系统工程理论与实践, 2010, 30(6):1092-1098.

[31] Tang J S, He W, Zhang W, Fan L. An algorithm of extracting classification rule based on classified concept lattice [C].Database Technology and Applications, 2010:1-4.

[32] Greco S, Inuiguchi M, Slowinski R. Fuzzy rough sets and multiple-premise gradual decision rules [J]. International Journal of Approximate Reasoning, 2006(41):179-211.

[33] Fan Y N, Liang T T, Chen C C. Rule induction based on an Incremental rough set [J]. Expert Systems With Applications, 2009(36):11439-11450.

[34] Leung Y, Manfred M F, Wu W Z. A rough set approach for the discovery of classification rules in interval-valued information systems [J]. International Journal of Approximate Reasoning, 2008(47):233-246.

[35] Tzung P H, Li H T, Chien B. Mining from incomplete quantitative data by fuzzy rough sets [J]. Expert Systems with Applications, 2010(37):2644-2653.

[36] 董威, 王建辉, 顾树生. 基于可变精度粗糙集理论的规则获取算法 [J]. 控制工程, 2007, 14(1):73-75.

[37] 官礼和, 王国胤, 胡峰. 一种基于属性序的决策规则挖掘算法 [J]. 控制与决策, 2012, 27(2):313-316.

[38] 黄加增. 基于粗糙概念格的属性约简及规则获取 [J]. 软件, 2011, 32(10):16-23.

[39] Yao Y Y, Chen Y H.Rough set approximations in formal concept analysis [G]//LNCS 4100. Berlin: Springer, 2006: 285-305.

[40] 魏玲, 祁建军, 张文修.概念格与粗糙集的关系研究 [J]. 计算机科学, 2006, 33(3):18-21.

[41] 曲开社, 翟岩慧, 梁吉业, 李德玉.形式概念分析对粗糙集理论的表示及扩展 [J]. 软件学报, 2007, 18(9): 2174-2182.

[42] 张春英, 薛佩军, 刘保相.CS(K)上的 S-粗集特征 [J]. 山东大学学报(理学版), 2006, 41(2):18-23.

[43] 吴强, 周文, 刘宗田, 陈慧琼. 基于粗糙集理论的概念格属性约简及算法 [J]. 计算机科学, 2006, 33(6): 179-181.

[44] 丁卫平, 王建东, 朱浩, 管致锦, 施俭. 基于粗糙度的近似概念格动态分类集成学习模型研究与应用 [J]. 计算机科学, 2010, 37(7):174-232.

[45] Liu M, Shao M W, Zhang WX, Wu C. Reduction method for concept lattices based on rough set theory and its application [J]. Computers and Mathematics with Applications, 2007, 53:1390-1410.

[46] Wu Q, Liu Z T. Real formal concept analysis based on grey-rough set theory [J]. Knowledge-Based Systems, 2009, 22:38-45.

[47] 杨海峰, 张继福. 粗糙概念格及构造算法 [J]. 计算机工程与应用, 2007, 24:172-175.

[48] 杨凌云, 徐罗山.L-可定义集与 L-粗糙概念格 [J].模糊系统与数学, 2011, 25(2):131-137.

[49] 张玉红, 胡学钢, 刘晓平.基于 VPRS 的近似概念格模型及其构造 [J].计算机技术与应用进展, 2008:991-995.

[50] 谢润, 李海霞, 马骏, 宋振明. 概念格的分层及逐层建格法 [J]. 西南交通大学学报, 2005, 40(06):837-841.

[51] 张继福, 张素兰. 加权概念格及其渐进式构造 [J]. 模式识别与人工智能, 2005, 18(2):171-176.

[52] 刘保相, 李言. 随机决策形式背景下的概念格构建原理与算法 [J]. 计算机科学, 2013, 40(S1):90-92, 119.

[53] 杨亚锋, 刘保相.P-概念格及其基本性质 [J]. 计算机科学, 2014, 41(01):283-285, 289.

[54] 王立亚. 区间概念格的高效建格算法研究与应用 [D].唐山:华北理工大学, 2015.

[55] Pang N T, STEINBACH M, KUMAR V. 数据挖掘导论 [M]. 北京:人民邮电出版社, 2011.

[56] 阎红灿, 王会芳, 刘保相. 区间概念格的结构特性与应用 [J]. 微型机与应用, 2014, 33(09):98-100.

[57] 李言. 基于区间概念格的决策模型构建原理与优化 [D].唐山:华北理工大学, 2015.

[58] Bordat J P. Calcul pratique du treillisde galois d'une correspondance [J]. Math EtSci Humaines, 1986, 96:31-47.

[59] 陈庆燕. Bordat 概念格构造算法的改进 [J]. 计算机工程与应用, 2010, 46(35):33-35.

[60] Kuznetsov S, Obiedkov S. Comparing performance of algorithms for generating concept lattices [J]. Journal of Experimental and Theoretical Artificial Intelligence, 2002, 14(2-3):189-216.

[61] 曲立平, 刘大昕, 杨静, 等.基于属性的概念格快速渐进式构造算法 [J].计算机研究与发展, 2007, 44:251-256.

[62] 习慧丹. 一种概念格渐进式构造算法 [J].计算机工程与应用, 2012, 48(23):115-119.

[63] Kourie D G, Obiedkov S, Watson B W, et al. An incremental algorithm to construct a lattice of set intersections [J]. Science of Computer Programming, 2009, 74(3):128-142.

[64] 智慧来, 智东杰.基于属性的概念格渐进式构造原理与算法 [J].计算机工程与应用, 2012, 48(26):17-21.

[65] Godin R. Incremental concept formation algorithm based on galois (concept) lattices [J].Computational Intelligence, 1995, 11(2):246-267.

[66] 刘保相, 陈焕焕, 柳洁冰. 粗糙概念格分层建格算法及应用 [J]. 计算机科学, 2013, 41(04):214-216.

[67] 张春英, 王立亚. 基于属性集合幂集的区间概念格 L_α^β 的渐进式生成算法 [J]. 计算机应用研究, 2014, 31(3):731-734.

[68] 魏玲, 李强.面向属性概念格基于覆盖的压缩 [J].电子科技大学学报, 2012, 41(2):299-304.

[69] 刘雅丽. 概念格的属性约简研究 [D].昆明:昆明理工大学, 2008.

[70] 刘建明, 刘保相. 基于概念格同构下的属性约简及其算法研究 [J]. 计算机应用与软件, 2014, 31(05):34-36, 140.

[71] 张春英, 王立亚, 刘保相.基于覆盖的区间概念格动态压缩原理与实现 [J]. 山东大学学报(理学版). 2014, (8):15-21.

[72] Zhang C Y, Wang L Y, Liu BX. Transverse maintenance algorithm of interval concept lattice [J]. ICIC Express Letters, Part B: Applications, 2015, 1:27-32.

[73] 张春英, 王立亚, 刘保相. 区间概念格的纵向维护原理与算法 [J]. 计算机工程与科学, 2015, 37(6): 1221-1226.

[74] 张春英, 郭景峰, 刘保相. 基于属性链表的概念格纵横向维护算法 [J]. 计算机工程与应用, 2004, 40(05):185-187.

[75] Li Y, Liu Z, Shen X, et al. Theoretical research on the distributed construction of concept lattices [C]//Proceedings of the Second International Conference on Machine Learning and Cybernetics. Piscataway: IEEE, 2003: 474-479.

[76] 姚佳岷. 概念格合并算法及匹配模型研究 [D].马鞍山:安徽工业大学, 2013.

[77] 张磊, 沈夏炯, 韩道军, 安广伟. 基于同义概念的概念格纵向合并算法 [J]. 计算机工程与应用, 2007, 43(02):95-98, 195.

[78] 李海霞. 概念格的一种纵向合并算法 [J]. 哈尔滨师范大学自然科学学报, 2010, 26(02):27-31.

[79] 张茹, 张春英, 王立亚, 刘保相. 区间概念格的纵向合并算法 [J]. 计算机应用, 2015, 35(11):3213-3217.

[80] 冯兴华. 基于公理模糊集的模糊决策树算法研究 [D].大连:大连理工大学, 2013.

[81] Li M X, Zhang C Y, Wang LY, Liu BX, Parameters optimization and interval concept lattice update with change of parameters [J]. ICIC Express Letters, 2016, 10(2): 339-346.

[82] Zhang C Y, Wang L Y, Liu BX. An effective interval concept lattice construction algorithm [J]. ICIC Express Letters, Part B:Applications, 2014, 12:1573-1578.

[83] 霍禹嘉. 基于改进的遗传算法实现的车间调度系统 [D]. 长春:吉林大学, 2015.

[84] 侯伟. 云计算中基于遗传算法的能效管理研究 [D]. 武汉:武汉理工大学, 2013.

[85] 陈湘晖, 朱善君, 吉吟东. 基于熵和变精度粗糙集的规则不确定性量度 [J]. 清华大学学报 (自然科学版), 2001, 41(3):109-112.

[86] Liang J Y, Meng X W. The application of information entropy on rough sets [J]. Journal of Shan xi University (Nat & Sci Ed), 2002, 25(3):281-284.

[87] Deng X F, Yao Y Y. An information-theoretic interpretation of thresholds in probabilistic rough sets [C]//Proceedings of the 8th International Conference on Rough Sets and Current Trends in Computing (RSCTC2012).2012.

[88] Li M X, Zhang C Y, Wang L Y, Liu B X. Parameters optimization and interval concept lattice update with change of parameters [J]. ICIC Express Letters, 2016, 10(2):339-346.

[89] 王立亚, 张春英, 刘保相.带参数区间关联规则挖掘算法与应用 [J].计算机科学与探索, 2016.1.

[90] 王玮. 基于概念格的关联规则挖掘及变化模式研究 [D].济南:山东大学, 2012.

[91] 柳洁冰, 刘保相, 陈焕焕. 模糊关联规则挖掘研究 [J]. 河北农业大学学报, 2013, 36(3): 125-128.

[92] 张春英, 张东春, 刘保相. FAHP 中基于概念格的加权群体决策 [J]. 数学的实践与认识, 2006, 36(04):158-163.

[93] 阎红灿, 王坚, 刘保相. 基于 P-集合的本体形式背景抽取 [J]. 计算机应用研究, 2012, 28(06):2196-2199, 2204.

[94] 刘保相, 孟肖丽. 基于关联分析的气象云图识别问题研究 [J]. 智能系统学报, 2014, 9(05):595-601.

[95] 王立亚, 张春英, 刘保相.基于区间概念格的三支决策动态策略调控模型 [J].计算机工程与 应用, 2016. 52(24): 80-84.

[96] 孙爱玲, 张春英, 王立亚, 王志江. 决策区间概念格的粗糙控制规则挖掘模型与应用 [J]. 河北联合大学学报(自然科学版), 2016, 38(01):53-59.

[97] Yao Y Y. An outline of a theory of three-way decision [C]//Proceedings of the 8th International RSCTC Conference. 2012.

[98] Yao Y Y. Decision-theoretic rough set models [J]. Lecture Notes in Artificial Intelligence, 2007, (4481):1-12.

[99] Ziarko W. Variable precision rough set model [J]. Journal of Computer and System Sciences, 1993, 46:39-59.

[100] Slezak D. Rough sets and Bayes factor [J]. LNCS Transactions on Rough Sets Ⅲ, 2005:202-229.

[101] 刘盾, 李天瑞, 李华雄.区间决策粗糙集 [J].计算机科学, 2012, 39(7):178-181.

[102] 邢航.基于构造性覆盖算法的三支决策模型 [D].合肥:安徽大学, 2014.

[103] 刘保相, 李言, 孙杰. 三支决策及其相关理论研究综述 [J]. 微型机与应用, 2014, 33(12): 1-3.

[104] 李丽红, 李言, 刘保相. 三支决策中不承诺决策的转化代价与风险控制 [J]. 计算机科学, 2016, 43(01):77-80.

[105] 魏玲, 万青, 钱婷, 祁建军. 三元概念分析综述 [J]. 西北大学学报(自然科学版), 2014,

44(05):689-699.

[106] 潘爱先，高赟. 粗糙控制中面临的问题 [J]. 中国海洋大学学报，2009, 39(06):1315-1320.

[107] Liu B X, Hao S S. Optimal design of weigh for networks based on rough sets [C]. Lecture Note in Computer Science, 2011, 7030:521-528.

[108] James F P, Andrzej S, Zbigniew S. An application of rough set methods in control design [J].Fundamental Informaticae, 2011, 43(1): 269-290.

[109] Wang H F, Rong Y, Wang T. Rough control for hot rolled laminar cooling [C]. International Conference on Industrial Mechatronics and Automation, 2010.